高等职业教育土建类新编技能型规划教材

建筑工程计量与计价

主　编　冯桂云
副主编　唐　杰

黄河水利出版社
·郑　州·

内 容 提 要

本书针对建设工程施工项目在工程量清单计价模式下广大造价人员的需要，根据国家建设工程计价与计量规范和地方取费标准，介绍了建筑工程计价的内容、方法和步骤，以表格的形式全面陈述了组成房屋建筑与装饰工程工程造价的各分部工程的工程量清单项目和工程量计算规则，以及清单项目所对应的计价项目、工程量计算规则和取费方法。同时，结合实际工程设例题，使理论与实践密切关联，加以应用，设习题加以练习，强化技能，力求实用。

本书可作为高等教育土木工程相关专业的教材，也可作为成人教育、自学考试、注册考试教材，还可作为建筑企业从事造价管理与咨询的有关技术人员的学习、培训选用教材。

图书在版编目(CIP)数据

建筑工程计量与计价/冯桂云主编. —郑州：黄河水利出版社，2016.4

高等职业教育土建类新编技能型规划教材

ISBN 978-7-5509-1303-5

Ⅰ.①建… Ⅱ.①冯… Ⅲ.①建筑工程-计量-高等职业教育-教材②建筑工程-工程造价-高等职业教育-教材 Ⅳ.①TU723.3

中国版本图书馆 CIP 数据核字(2015)第 299312 号

组稿编辑：贾会珍　电话：0371-66028027　E-mail：110885539@qq.com

出 版 社：黄河水利出版社

地址：河南省郑州市顺河路黄委会综合楼 14 层　　邮政编码：450003

发行单位：黄河水利出版社

发行部电话：0371-66026940、66020550、66028024、66022620(传真)

E-mail：hhslcbs@126.com

承印单位：黄河水利委员会印刷厂

开本：787 mm×1 092 mm　1/16

印张：16.25

字数：395 千字　　印数：1—4 000

版次：2016 年 4 月第 1 版　　印次：2016 年 4 月第 1 次印刷

定价：36.00 元

前 言

近年来，高等职业教育的建设取得了快速的发展，主要从市场的实际需求出发，坚持以就业为导向，以职业能力为本位，基于工作任务和工作过程，整合、序化教学内容，突出课程的针对性，强化工作任务的实用性；以学生职业能力培养为核心，加强工学结合，"教、学、做"一体，努力培养适应现实和未来的生产、建设、管理和服务第一线需要的高素质技能型人才。

建设工程造价管理受国家的政策性限制，同时地域性较强，受地方建筑市场的约束。为顺应高等职业教育的改革思路，倡导国家工程计价标准，兼顾服务区域经济发展的需要，突出实用性及应用性和可操作性，创建"工学结合"的人才培养模式，着力于实际应用能力的培养，我们吸纳市场造价咨询专家的意见，编写了《建筑工程计量与计价》教材。

本书旨在研究建筑产品与生产消耗之间的数量关系及建筑产品价格的构成因素。其内容重在介绍应用国家计价规范和地方取费定额编制施工图预算的编制原理和方法步骤，相应配有大量的例题、练习题及一套完整的实训施工图，能够培养学习者具有熟练使用规范、定额、建筑结构标准图集、施工手册进行建筑工程施工图预算编制的能力，为工程造价管理工作提供所必备的专业知识和技能。

本书可作为高职高专工程造价、建筑工程技术、建筑工程管理及建筑装饰工程技术等专业的教学用书，也可作为工程造价管理岗位培训用书或相关专业人员的学习参考用书。

全书共分 4 个模块，各模块的内容如下：模块 1 主要介绍基本建设项目的内容组成及建设程序、工程造价的内容构成和基本计算方法与步骤、建设工程定额的编制方法和使用方法；模块 2 主要介绍建筑工程工程量计算依据、计算规则和计算方法以及建筑面积的计算规则；模块 3 主要介绍应用《房屋建筑与装饰工程工程量计算规范》(GB 50854—2013)和《河南省建设工程工程量清单综合单价 2008》对建筑与装饰工程各分部工程进行清单项目划分、工程量计算、工程量清单编制、综合单价分析，完成相应清单计价；模块 4 是综合实训，附一套工程施工图纸，要求学习完课程后完成该工程的施工图预算编制，提高相应操作技能。

本书由河南工业职业技术学院冯桂云担任主编，由河南工业职业技术学院唐杰担任副主编，参编人员有河南工业职业技术学院刘长玲、陈静思、丁舒媚。具体编写分工如下：模块 1 及模块 3 的 3.5 ~ 3.7 由丁舒媚编写，模块 4 由唐杰编写，模块 2 及模块 3 的 3.1 ~ 3.3 由刘长玲编写，模块 3 的 3.4、3.8、3.11 ~ 3.15 由冯桂云编写，模块 3 的 3.9、3.10、3.16 由陈静思编写。

由于本书涉及内容多、规范多、案例多、数字多、运算多，在编写过程中难免存在不足之处，敬请有关专家及同行和广大读者批评指正。

编 者

2016 年 1 月

前言

目　录

前　言
模块1　建筑工程计价概述 ……………………………………………… (1)
1.1　建设项目概述 ……………………………………………… (1)
1.2　建筑工程造价概述 ……………………………………………… (5)
1.3　建筑工程定额 ……………………………………………… (20)
习　题 ……………………………………………… (42)
模块2　建筑工程计量综述 ……………………………………………… (44)
2.1　工程计量基础知识 ……………………………………………… (44)
2.2　建筑面积 ……………………………………………… (48)
习　题 ……………………………………………… (54)
模块3　建筑工程的工程造价计算 ……………………………………………… (57)
3.1　土石方工程 ……………………………………………… (57)
习　题 ……………………………………………… (67)
3.2　地基处理与边坡支护工程 ……………………………………………… (68)
3.3　桩基工程 ……………………………………………… (72)
习　题 ……………………………………………… (79)
3.4　砌筑工程 ……………………………………………… (79)
习　题 ……………………………………………… (91)
3.5　混凝土及钢筋混凝土工程 ……………………………………………… (92)
习　题 ……………………………………………… (134)
3.6　金属结构工程 ……………………………………………… (135)
习　题 ……………………………………………… (140)
3.7　木结构工程 ……………………………………………… (141)
3.8　门窗工程 ……………………………………………… (144)
习　题 ……………………………………………… (151)
3.9　屋面及防水工程 ……………………………………………… (151)
习　题 ……………………………………………… (161)
3.10　防腐、隔热、保温工程 ……………………………………………… (162)
习　题 ……………………………………………… (171)
3.11　楼地面工程 ……………………………………………… (172)
习　题 ……………………………………………… (180)
3.12　墙柱面工程 ……………………………………………… (181)
习　题 ……………………………………………… (187)
3.13　天棚工程 ……………………………………………… (187)

习　题 …………………………………………………………………… (195)
3.14　油漆、涂料、裱糊工程 ………………………………………… (196)
习　题 …………………………………………………………………… (205)
3.15　其他装饰工程 …………………………………………………… (205)
3.16　建筑工程措施项目费 …………………………………………… (210)
习　题 …………………………………………………………………… (225)
模块4　综合实训……………………………………………………… (227)
参考文献 ……………………………………………………………… (253)

模块1　建筑工程计价概述

1.1　建设项目概述

1.1.1　基本建设项目相关概念及其分类

1.1.1.1　基本建设的概念

基本建设是指国民经济各部门用投资方式来实现以扩大生产能力和工程效益等为目的的新建、改建、扩建工程的固定资产投资及其相关管理活动。它是通过建筑业的生产活动和其他部门的经济活动，把大量资金、建筑材料、机械设备等，经过购置、建造及安装调试等施工活动转化为固定资产，形成新的生产能力或使用效益工程的过程。基本建设是一种特殊的综合性经济活动，基本建设的结果是形成建设项目。

建设项目的内容包括：

(1)建筑安装工程。指通过对各类房屋建筑及其附属设施的建造和其配套的线路、管道、设备的安装活动所形成的工程实体。

(2)设备、工器具的购置。指按设计文件规定，对用于生产或服务于生产的达到固定资产标准的设备、工器具的购置。

(3)工程建设其他工作。主要包括土地征用、青苗赔偿、拆迁安置、勘察、设计、设计招标、施工招标、工程监理等一系列与建设项目有关的各项工作。

1.1.1.2　建设项目

建设项目是一项固定资产投资活动，它是将一定量的投资，在一定的约束条件下，按照科学的程序，经过投资决策和实施，最终形成固定资产特定目标的一次性建设任务。其特点包括：

(1)技术上有总体设计。

(2)构成上由一个或几个相互关联的单项工程组成。

(3)建设中，行政上实行统一管理，经济上实行统一核算，管理上具有独立的组织形式。

如一所大学、住宅小区、一个工厂、一个企业等都是建设项目。

1.1.1.3　建设项目的分类

建设项目是基本建设活动的体现。由于工程建设项目种类繁多，为了适应科学管理的需要，要正确反映工程建设项目的性质、内容，可以从不同角度对工程建设项目进行分类。

(1)按建设性质不同可分为新建项目、扩建项目、改建项目、恢复项目、迁建项目。

新建项目是指从无到有平地起家的全新建设项目，或对原有项目重新进行总体设计，并使其新增固定资产价值超过原有固定资产价值3倍的建设项目。

扩建项目是指现有企业为扩大原有产品的生产能力或效益和为增加新品种生产能力而增建的主要生产车间或工程项目，事业或行政单位增建的业务用房等。

改建项目是指对原有设备、工艺流程进行的技术改造，以提高生产效率或使用效益。

恢复项目是指企事业单位和行政单位的原有固定资产因自然灾害、战争和人为灾害等已全部或部分报废，又投资重建的项目。

迁建项目是指现有企事业单位由于改变生产布局或环境保护和安全生产以及其他特殊需要，搬迁到另外地方进行建设的项目。

(2)按建设项目在国民经济中的用途分为生产性建设项目和非生产性建设项目。

生产性建设项目是指直接用于物质生产或满足物质生产需要的建设项目，包括工业建设项目、农业建设项目、基础设施建设项目和商业建设项目。

非生产性建设项目是指用于满足人民物质和文化生活需要的建设项目以及其他非物质生产的建设项目，包括办公用房建设项目、居住建设项目、公共建设项目和其他建设项目。

(3)按建设规模分为大中型建设项目和小型建设项目。

大中型建设项目是指根据财政部财建〔2002〕394 号文件规定，经营性项目投资额在5 000万元(含5 000 万元)以上及非经营性项目投资额在3 000 万元(含3 000 万元)以上的建设项目。

小型建设项目是指经营性项目投资额在5 000 万元以下及非经营性项目投资额在3 000万元以下的建设项目。

(4)按行业性质和特点分为竞争性建设项目、基础性建设项目和公益性建设项目。

竞争性建设项目是指投资效益比较高、竞争性比较强的一般性建设项目。

基础性建设项目是指具有自然垄断性、建设周期长、投资额大而效益低的基础设施和需要政府重点扶持的一部分基础工业项目，以及直接增强国力的符合经济规模的支柱产业项目。

公益性建设项目主要包括科技、文教、卫生、体育和环保等设施，公、检、法等政权机关以及政府机关、社会团体办公设施等。

(5)按建设项目资金来源渠道不同可分为国家投资项目、自筹投资项目、引进外资项目、银行信用筹资项目等。

(6)按建设项目建设过程的不同可分为筹建项目、在建项目、投产项目和收尾项目。

1.1.1.4 建设项目的组成划分

为了工程管理和确定工程造价的需要，建设项目由大到小可以划分为单项工程、单位工程、分部工程和分项工程四个基本层次，如图 1-1 所示。

1. 单项工程

单项工程是指在一个建设项目中，具有独立的设计文件，建成后能独立发挥生产能力或效益的工程。单项工程是建设项目的组成部分，如一个学校(建设项目)中的教学楼、办公楼、食堂、宿舍楼等，能满足生产、工作和生活需要的每个建筑物均属于一个单项工程。

单项工程是具有独立存在意义的完整工程项目，是一个复杂的综合体。一个单项工程由多个单位工程组成。

2. 单位工程

单位工程是指具有独立设计，可以独立组织施工和进行单位核算，但不能独立发挥生产能力和效益的工程项目。单位工程是单项工程的组成部分。在工业与民用建筑中一般包括建筑工程、装饰工程、电气安装工程、给水排水工程、采暖通风工程等多个单位工程。

一个单位工程由多个分部工程组成。

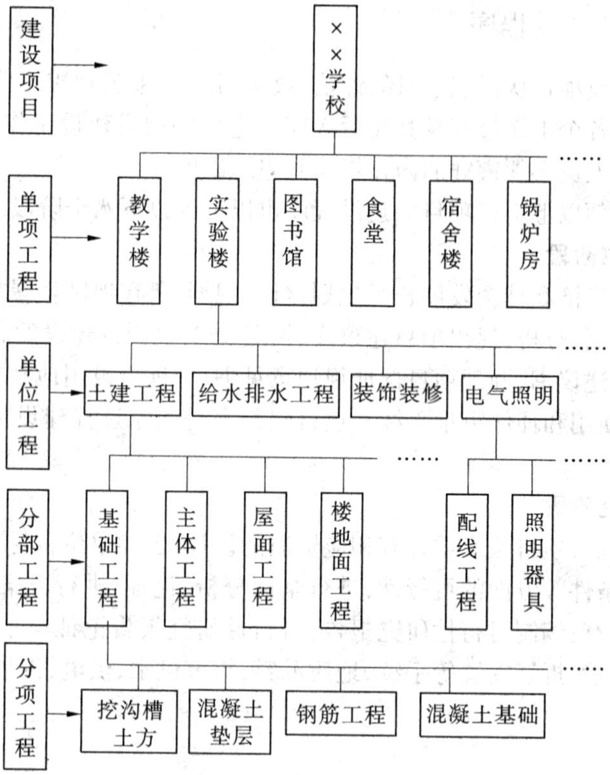

图 1-1　建设项目分解示意

3. 分部工程

分部工程是指按单位工程的各个部位或工种划分的工程项目。如建筑工程这个单位工程中按部位包括基础工程、主体工程、屋面工程等；按专业工种划分包括土（石）方工程、桩基工程、砌筑工程、混凝土及钢筋混凝土工程、木结构、金属结构等。

分部工程是单位工程的组成部分。一个分部工程由多个分项工程组成。

4. 分项工程

分项工程是分部工程的组成部分。分项工程是指能够单独地经过一定的施工工序就能完成，而且可以采用适当计量单位计算的建筑或设备安装工程项目。如基础工程（分部工程）可划分为挖沟槽土方、混凝土垫层、钢筋工程、混凝土基础、回填土、余土外运等分项工程。

分项工程是组成单位工程的基本要素，是工程造价的基本计算单元体，工程量的计算均按分项工程计算。

正确分解工程造价编制对象，是有效计算每个分项工程的工程量、正确编制和套用企业定额、计算每个分项工程的单价、准确可靠地编制工程造价的一项十分重要的工作。只有正确地把建设项目划分为几个单项工程，再按单项工程到单位工程，单位工程到分部工程，分部工程到分项工程逐步细化，再从最小的基本要素分项工程开始进行计量与计价，才逐步形成分部工程、单位工程、单项工程的工程造价，最后汇总可得到建设项目的工程造价。

1.1.2 建设项目的建设程序

建设程序是指建设项目从设想、选择、评估、决策、设计、施工到竣工验收交付生产或使用的整个建设活动的各个工作过程及其先后次序。它反映项目建设工作的内在联系，是从事建设活动的部门和人员必须遵守的内在规律和组织制度。

一般大中型及限额以上工程项目的建设程序可以分为以下八个阶段。

1.1.2.1 项目建议书阶段

建设单位按国民经济和社会发展长远规划、行业规划、所在地区发展方向和本单位的发展需要，经过调查、预测、分析，提出项目建议文件，是对工程项目建设的轮廓设想。该阶段主要内容有编制项目建议书、办理项目选址规划意见书、办理建设用地规划许可证和工程规划许可证、办理土地使用和环保审批手续。项目建议书是国家选择建设项目和有计划地进行可行性研究的依据。

1.1.2.2 可行性研究阶段

项目建议书批准后，项目法人委托有相应资质的设计、咨询单位，对拟建项目在技术、工程、经济和外部协作条件等方面的可行性，进行全面分析、论证，进行方案比较，推荐最佳方案。该阶段主要内容有：编制可行性研究报告，可行性研究报告论证与审批，办理土地使用证，办理征地、青苗赔偿、拆迁安置等手续，地质勘察，报审供水、供电、供热、排水等市政配套方案等。

1.1.2.3 设计阶段

设计阶段是通过委托或招标投标方式选定设计单位，按照批准的可行性研究报告的内容和要求编制出设计文件，对拟建工程的实施在技术和经济上所进行的全面详细的安排，是项目建设计划的具体化，是组织施工的依据。设计阶段一般分为初步设计和施工图设计两个阶段。大型及技术复杂项目根据需要，在初步设计阶段后，增加技术设计或扩大初步设计阶段、施工图设计，进行三个阶段的设计。

(1)初步设计。是按照批准的可行性研究报告的要求做出具体实施方案。初步设计批准后，设计概算即为工程投资的最高限额，未经批准，不得随意突破。确因不可抗拒因素造成投资突破设计概算，经上报原批准部门审批。

(2)技术设计或扩大初步设计。是根据初步设计和更详细的调查研究资料编制，进一步解决初步设计中的重大技术问题。

以上两设计阶段的主要内容有初步设计或扩大初步设计文件、技术设计文件、办理消防手续、设计文件的审查、编制设计概算(工程投资的最高限额)。

(3)施工图设计。是根据初步设计或技术设计的要求，满足施工和计价的需要，完整地表现建筑物外型、内部空间分隔、结构体系、构造状况、配套设施以及建设群的组成和周围环境的配合。此阶段的主要内容有施工图设计文件、设计文件的审查备案、编制施工图预算。

1.1.2.4 建设准备阶段

项目在开工建设之前，要做好各项准备工作。其主要内容包括征地搬迁、场地平整、工程水文地质勘察；落实水、电、路的供应渠道；组织对专用设备和特殊材料的订货；组织施工招标投标，择优确定施工单位，签订承包合同；申请施工执照等。此阶段的主要内容有编制项目投资计划书、建设工程项目报建备案、建设工程项目施工与监理招标。

1.1.2.5 施工安装阶段

施工准备就绪，办理开工手续，取得建筑许可证便可开始施工。这是项目决策的实施、建成投产发挥效益的关键环节。新开工建设的时间是指项目计划文件中规定的任何一项永久性工程第一次正式破土开槽开始施工的时间。施工过程中施工方必须严格遵守施工图纸、施工验收规范的规定，科学组织施工，并加强施工中的经济核算；发包方应委托监理单位加强对施工过程的监督与管理，加强工程质量、进度、投资等方面的控制。

此阶段的主要内容有开工前的准备（三通一平、物资与劳动力准备、施工组织设计等）、办理工程质量监督手续、办理施工许可证、项目开工前审计、报批开工（提出开工报告）。

1.1.2.6 生产准备阶段

生产准备工作是衔接建设和生产的桥梁，建设单位要根据建设项目或主要单项工程生产技术特点，及时组织并落实做好生产准备工作，保证项目建成后能及时投产或投入使用。生产准备的主要内容有招收和培训人员、生产组织准备、生产技术准备、生产物资准备等。

1.1.2.7 竣工验收阶段

竣工验收是工程建设过程的最后一个环节，是全面考核建设成本、检验设计和施工质量的重要步骤，也是项目由建设转入生产使用的标志。验收合格后，施工单位应向建设单位办理竣工移交和竣工结算手续。

1.1.2.8 后评价阶段

后评价阶段是指项目竣工投产运营一段时间后，对项目的运行进行全面评价，即对建设项目的实际成本与效益进行系统审计，将项目的预期结果与项目实施后的终期实际结果进行全面对比考核，对建设项目投资的财务、经济、社会和环境等方面的效益与影响进行全面科学的评价，可以达到肯定成绩、总结经验、研究问题、提出建议、改进工作，不断提高项目决策水平和投资效果的目的。

1.2 建筑工程造价概述

1.2.1 建筑工程造价的概念

建筑工程造价就是指建设项目所需投资的费用，指工程的建造所需的费用。

工程造价有两层含义，第一层含义是指建设一项工程预计开支或实际开支的全部固定资产投资费用。包括建筑安装工程费、设备及工器具购置费、工程建设其他费用、预备费、建设期贷款利息等，如图 1-2 所示。

工程造价第二层含义是从承发包角度定义为工程承发包价格，指工程承发包范围以内的建造价格。一般是指建设项目设计范围内的场地平整、土石方工程费、房屋建筑及供水、供电、供气、卫生等附属设施工程费所组成的建筑工程投资费用，以及用于主要生产、辅助生产、公用等单项工程中的设备及装置的安装工程投资费用，又称建筑安装工程费。它在项目固定资产中占有 50% ~60% 的份额，是发包方（建设单位或投资者）支付给承包商（施工单位）的全部生产费用，是建筑安装工程产品作为商品进行交换所需的货币量。

- 固定资产投资
  - 建筑安装工程费
    - 建筑工程费
    - 安装工程费
  - 设备及工器具购置费
    - 设备购置费
      - 设备原价
      - 设备运杂费
    - 工器具及生产家具购置费
  - 工程建设其他费用
    - 土地使用费
    - 与项目建设有关的其他费用
    - 与未来企业生产经营有关的其他费用
  - 预备费
    - 基本预备费
    - 涨价（价差）预备费
  - 建设期贷款利息
  - 固定资产投资方向调节税

图 1-2　工程造价的构成

1.2.2　工程造价的文件分类

建设项目的形成要经过一定的建设程序，为做好工程造价的控制，建设项目工程造价的计价要贯穿建设项目从投资决策到竣工验收的全过程，是工程造价各阶段逐步深化、逐步细化和逐步接近实际的过程。建筑产品多次性计价，计价过程各环节相互衔接，前者制约后者，后者补充前者。

根据建设程序进展阶段的不同，工程造价有相应的工程造价文件，如图 1-3 所示。

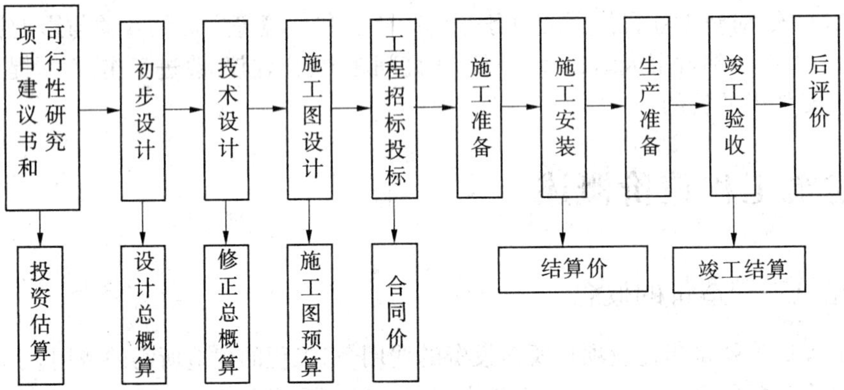

图 1-3　基本建设程序与工程造价文件对照示意

1.2.2.1　投资估算

投资估算是指建设项目在项目建议书和可行性研究阶段，由科研单位或建设单位根据建设规模结合估算指标、类似工程的造价资料、现行的设备材料价格，确定建设项目总投资控制额的基本建设造价文件。

1.2.2.2　设计概算

设计概算是指建设项目在初步设计及技术设计阶段，由设计单位根据设计图纸及说明，概算定额（或概算指标），各项费用定额或取费标准，设备、材料预算价格和建设地点的自然、技术经济条件等资料，确定建设项目概算投资、进行设计方案比较，进一步控制建设项目投资的基本建设造价文件。初步设计阶段的概算文件为设计总概算，技术设计阶段的概算文件为修正总概算。

1.2.2.3 施工图预算

施工图预算是在施工图设计完成之后工程开工之前，根据施工图纸，施工方案，预算定额，费用定额，各项取费标准，建设地区设备、人工、材料、施工机械台班等预算价格信息，确定建设工程预算及工料的基本建设造价文件。

1.2.2.4 标底与标价

标底是建设工程发包方为施工招标选取工程承包方而编制的拦标价格。标价是指建设工程施工招标投标过程中投标方的投标报价。标价由投标单位编制。它们的编制方法与施工图预算的编制方法相同。中标单位的投标报价称为中标价，双方签订施工合同，其价又称为合同价。

1.2.2.5 工程结算

工程结算是指建设工程承包商按照合同约定和规定的程序根据施工合同、设计变更、现场签证、费用签证等竣工资料，向业主收取已完工程价款清算的经济文件。工程结算分为工程中间结算、年终结算和竣工结算。

1.2.2.6 竣工决算

竣工决算是指业主在工程建设项目竣工验收后组织有关部门，以竣工结算及相关技术经济文件编制的反映建设项目实际造价和投资效果的文件。竣工决算是真实地反映了业主从筹建到竣工投产全过程的实际总投资的经济文件，是核定新增固定资产价值、办理其交付使用的依据，是业主进行投资效益分析的依据。

1.2.3 工程造价费用组成

1.2.3.1 建筑安装工程费用构成

1. 建筑安装工程费用构成

1）建筑工程费用构成

（1）各类房屋建筑工程和列入房屋建筑工程造价的供水、供暖、卫生、通风、煤气等设备费用及其装设、油饰工程的费用，列入建筑工程造价的各种管道、电力、电信和电缆导线敷设工程的费用。

（2）设备基础、支柱、工作台、烟囱、水塔、水池、灰塔等建筑工程以及各种炉窑的砌筑工程和金属结构工程的费用。

（3）为施工而进行的场地平整，工程和水文地质勘察，原有建筑物和障碍物的拆除以及施工临时用水、电、气、路和完工后的场地清理，环境绿化、美化等工作的费用。

（4）矿井开凿、井巷延伸、露天矿剥离，石油、天然气钻井，修建铁路、公路、桥梁、水库、堤坝、灌渠及防洪等工程的费用。

2）安装工程费用构成

（1）生产、动力、起重、运输、传动和医疗、试验等各种需要安装的机械设备的装配费用，与设备相连的工作台、梯子、栏杆等设施的工程费用，附属于被安装设备的管线敷设工程费用，以及被安装设备的绝缘、防腐、保温、油漆等工作的材料费和安装费。

（2）为测定安装工程质量，对单台设备进行单机试运转、对系统设备进行系统连动无负荷试运转工作的调试费。

2. 我国现行建筑安装工程费用的基本组成

根据中华人民共和国建设部、财政部印发《建筑安装工程费用项目组成》的通知（建标〔2013〕44号），我国现行建筑安装工程费用按费用构成要素分为人工费、材料费、施工机具使用费、企业管理费、利润、规费和税金，如图1-4所示，按工程造价形成顺序划分为分部分项工程费、措施项目费、其他项目费、规费和税金，如图1-5所示。其中人工费、材料费、施工机具使用费、企业管理费和利润包含在分部分项工程费、措施项目费、其他项目费的综合单价中（见图1-5）。

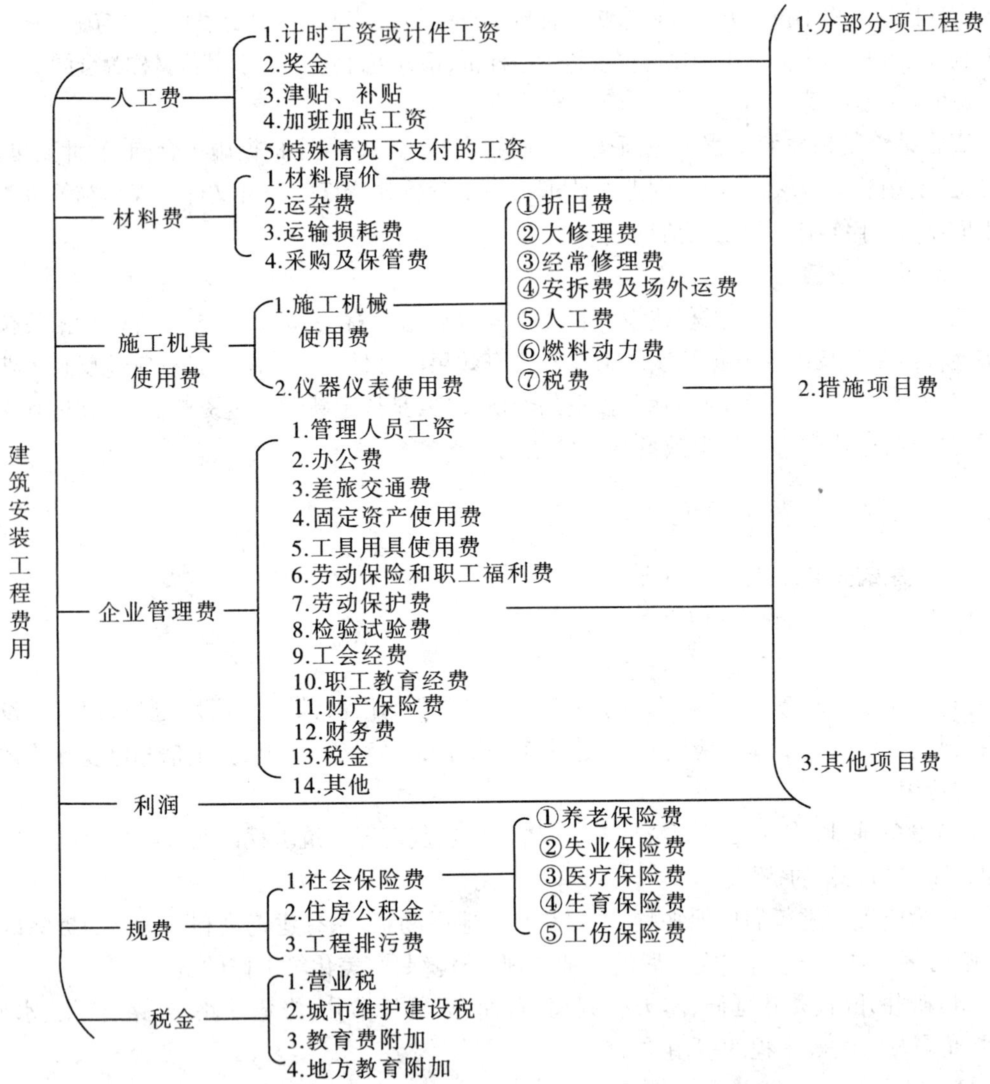

图1-4 建筑安装工程费用组成（按费用构成要素分）

3. 建筑安装工程费用内容解析及计算方法

1）各费用构成要素内容及参考计算方法

（1）人工费。

人工费是指按工资总额构成规定，支付给从事建筑安装工程施工的生产工人和附属生

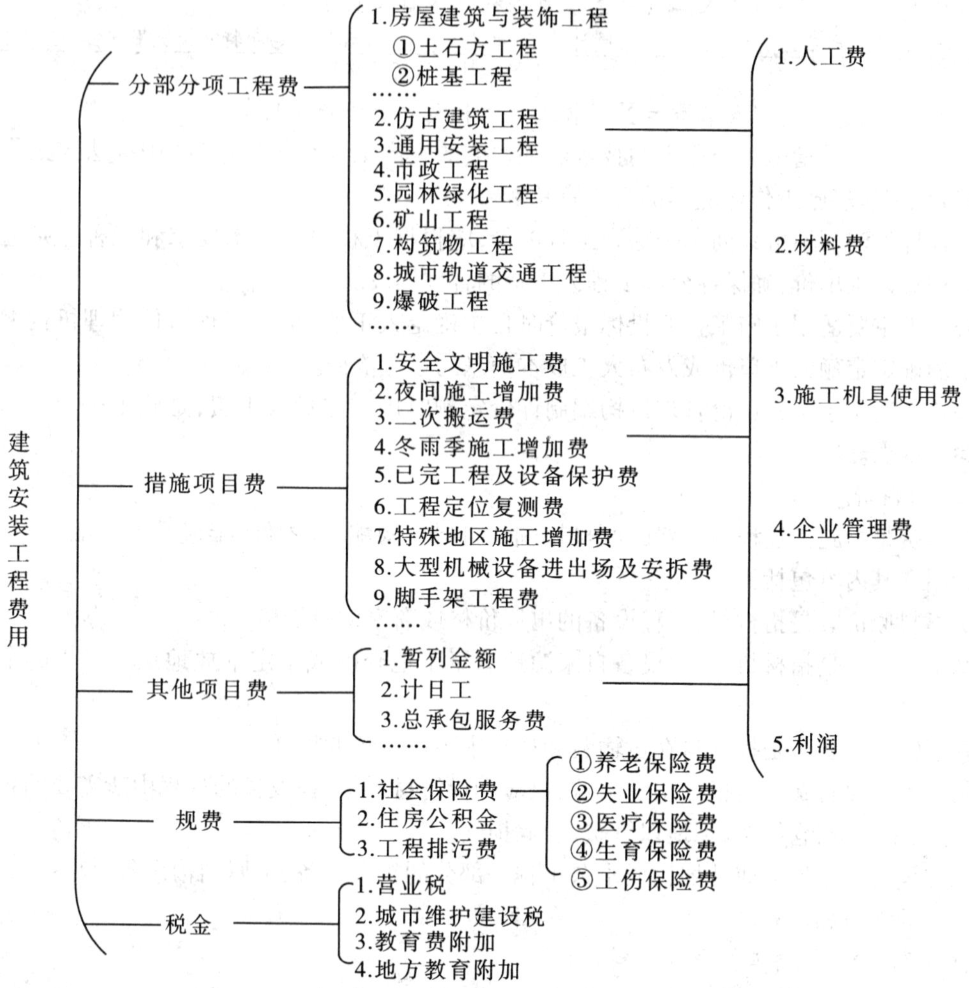

图 1-5　建筑安装工程费用组成(按工程造价形成顺序分)

产单位工人的各项费用。其内容包括:

①计时工资或计件工资。是指按计时工资标准和工作时间或对已做工作按计件单价支付给个人的劳动报酬。

②奖金。是指对超额劳动和增收节支支付给个人的劳动报酬,如节约奖、劳动竞赛奖等。

③津贴、补贴。是指为了补偿职工特殊或额外的劳动消耗和其他特殊原因支付给个人的津贴,以及为了保证职工工资水平不受物价影响支付给个人的物价补贴。如流动施工津贴、特殊地区施工津贴、高温(寒)作业临时津贴、高空津贴等。

④加班加点工资。是指按规定支付的在法定节假日工作的加班工资和在法定日工作时间外延时工作的加点工资。

⑤特殊情况下支付的工资。是指根据国家法律、法规和政策规定,因病、工伤、产假、计划生育假、婚丧假、事假、探亲假、定期休假、停工学习、执行国家或社会义务等按计时工资标准或计时工资标准的一定比例支付的工资。

公式1：　　人工费 = ∑工日消耗量 × 日工资单价

日工资单价 = $\frac{\text{生产工人平均月工资(计时、计件)} + \text{平均月(奖金} + \text{津贴补贴} + \text{特殊情况下支付的工资)}}{\text{年平均每月法定工作日}}$

公式2：　　人工费 = ∑工程工日消耗量 × 日工资单价

日工资单价是指施工企业平均技术熟练程度的生产工人在每工作日（国家法定工作时间内）按规定从事施工作业应得的日工资总额。

工程计价定额不可只列一个综合工日单价，应根据工程项目技术要求和工种差别适当划分多种日人工单价，确保各分部工程人工费的合理构成。

公式1主要适用于施工企业投标报价时自主确定人工费，也是工程造价管理机构编制计价定额确定定额人工单价或发布人工成本信息的参考依据。

公式2适用于工程造价管理机构编制计价定额时确定定额人工费，是施工企业投标报价的参考依据。

（2）材料费。

材料费是指施工过程中耗费的原材料、辅助材料、构配件、零件、半成品或成品、工程设备的费用。其内容包括：

①材料原价。是指材料、工程设备的出厂价格或商家供应价格。

②运杂费。是指材料、工程设备自来源地运至工地仓库或指定堆放地点所发生的全部费用。

③运输损耗费。是指材料在运输装卸过程中不可避免的损耗。

④采购及保管费。是指为组织采购、供应和保管材料、工程设备的过程中所需要的各项费用，包括采购费、仓储费、工地保管费、仓储损耗。

工程设备是指构成或计划构成永久工程一部分的机电设备、金属结构设备、仪器装置及其他类似的设备和装置。

材料费 = ∑（材料消耗量 × 材料单价）

材料单价 =（材料原价 + 运杂费）×（1 + 运输损耗率（%））×（1 + 采购及保管费率（%））

工程设备费 = ∑（工程设备量 × 工程设备单价）

工程设备单价 =（设备原价 + 运杂费）×（1 + 采购及保管费率（%））

（3）施工机具使用费。

施工机具使用费是指施工作业所发生的施工机械使用费、仪器仪表使用费或其租赁费。

①施工机械使用费：以施工机械台班耗用量乘以施工机械台班单价表示，施工机械台班单价应由下列七项费用组成：

折旧费。指施工机械在规定的使用年限内，陆续收回其原值的费用。

大修理费。指施工机械按规定的大修理间隔台班进行必要的大修理，以恢复其正常功能所需的费用。

经常修理费。指施工机械除大修理以外的各级保养和临时故障排除所需的费用，包括为保障机械正常运转所需替换设备与随机配备工具附具的摊销和维护费用，机械运转中日常保养所需润滑与擦拭的材料费用及机械停滞期间的维护和保养费用等。

安拆费及场外运费。安拆费指施工机械（大型机械除外）在现场进行安装与拆卸所需的人工、材料、机械和试运转费用以及机械辅助设施的折旧、搭设、拆除等费用；场外运费指施工机械整体或分体自停放地点运至施工现场或由一施工地点运至另一施工地点的运输、装卸、辅助材料及架线等费用。

人工费。指机上司机(司炉)和其他操作人员的人工费。

燃料动力费。指施工机械在运转作业中所消耗的各种燃料及水、电等。

税费。指施工机械按照国家规定应缴纳的车船使用税、保险费及年检费等。

②仪器仪表使用费。是指工程施工所需使用的仪器仪表的摊销及维修费用。

施工机械使用费 = ∑(施工机械台班消耗量 × 机械台班单价)

机械台班单价 = 台班折旧费 + 台班大修理费 + 台班经常修理费 + 台班安拆费及场外运费 + 台班人工费 + 台班燃料动力费 + 台班车船税费

注:工程造价管理机构在确定计价定额中的施工机械使用费时,应根据《建筑施工机械台班费用计算规则》结合市场调查编制施工机械台班单价。施工企业可以参考工程造价管理机构发布的台班单价,自主确定施工机械使用费的报价,如租赁施工机械,公式为:

施工机械使用费 = ∑施工机械台班消耗量 × 机械台班租赁单价

(4)企业管理费。

企业管理费是指建筑安装企业组织施工生产和经营管理所需的费用。其内容包括:

管理人员工资。是指按规定支付给管理人员的计时工资、奖金、津贴补贴、加班加点工资及特殊情况下支付的工资等。

办公费。是指企业管理办公用的文具、纸张、账表、印刷、邮电、书报、办公软件、现场监控、会议、水电、烧水和集体取暖、降温(包括现场临时宿舍取暖、降温)等费用。

差旅交通费。是指职工因公出差、调动工作的差旅费、住勤补助费,市内交通费和误餐补助费,职工探亲路费,劳动力招募费,职工退休、退职一次性路费,工伤人员就医路费,工地转移费以及管理部门使用的交通工具的油料、燃料等费用。

固定资产使用费。是指管理和试验部门及附属生产单位使用的属于固定资产的房屋、设备、仪器等的折旧、大修、维修或租赁费。

工具用具使用费。是指企业施工生产和管理使用的不属于固定资产的工具、器具、家具、交通工具和检验、试验、测绘、消防用具等的购置、维修和摊销费。

劳动保险和职工福利费。是指由企业支付的职工退职金、按规定支付给离休干部的经费,集体福利费、夏季防暑降温、冬季取暖补贴、上下班交通补贴等。

劳动保护费。是指企业按规定发放的劳动保护用品的支出,如工作服、手套、防暑降温饮料以及在有碍身体健康的环境中施工的保健费用等。

检验试验费。是指施工企业按照有关标准规定,对建筑以及材料、构件和建筑安装物进行一般鉴定、检查所发生的费用,包括自设实验室进行试验所耗用的材料等费用。不包括新结构、新材料的试验费,对构件做破坏性试验及其他特殊要求检验试验的费用和建设单位委托检测机构进行检测的费用。对此类检测发生的费用,由建设单位在工程建设其他费用中列支。但对施工企业提供的具有合格证明的材料进行检测不合格的,该检测费用由施工企业支付。

工会经费。是指企业按《中华人民共和国工会法》规定的全部职工工资总额比例计提的工会经费。

职工教育经费。是指按职工工资总额的规定比例计提,企业为职工进行专业技术和职业技能培训，专业技术人员继续教育、职工职业技能鉴定、职业资格认定以及根据需要对职工进行各类文化教育所发生的费用。

财产保险费：是指施工管理用财产、车辆等的保险费用。

财务费：是指企业为施工生产筹集资金或提供预付款担保、履约担保、职工工资支付担保等所发生的各种费用。

税金：是指企业按规定缴纳的房产税、车船使用税、土地使用税、印花税等。

其他：包括技术转让费、技术开发费、投标费、业务招待费、绿化费、广告费、公证费、法律顾问费、审计费、咨询费、保险费等。

$$企业管理费 = 计算基础 \times 企业管理费费率$$

以分部分项工程费为计算基础：

$$企业管理费费率(\%) = \frac{生产工人年平均管理费}{年有效施工天数 \times 人工单价} \times 人工费占分部分项工程费比例(\%)$$

以人工费和机械费合计为计算基础：

$$企业管理费费率(\%) = \frac{生产工人年平均管理费}{年有效施工天数 \times (人工单价 + 每一工日机械使用费)} \times 100\%$$

以人工费为计算基础：

$$企业管理费费率(\%) = \frac{生产工人年平均管理费}{年有效施工天数 \times 人工单价} \times 100\%$$

注：上述公式适用于施工企业投标报价时自主确定管理费，是工程造价管理机构编制计价定额确定企业管理费的参考依据。

工程造价管理机构在确定计价定额中企业管理费时，应以定额人工费或（定额人工费 + 定额机械费）作为计算基数，其费率根据历年工程造价积累的资料，辅以调查数据确定，列入分部分项工程和措施项目中。

(5)利润。

利润是指施工企业完成所承包工程获得的盈利。

施工企业根据企业自身需求并结合建筑市场实际自主确定，列入报价中。

工程造价管理机构在确定计价定额中利润时，应以定额人工费或（定额人工费 + 定额机械费）作为计算基数，其费率根据历年工程造价积累的资料，并结合建筑市场实际确定，以单位（单项）工程测算，利润在税前建筑安装工程费的比重可按不低于5%且不高于7%的费率计算。利润应列入分部分项工程和措施项目中。

(6)规费。

规费是指按国家法律、法规规定，由省级政府和省级有关权力部门规定必须缴纳或计取的费用。

①社会保险费。

养老保险费：是指企业按照规定标准为职工缴纳的基本养老保险费。

失业保险费：是指企业按照规定标准为职工缴纳的失业保险费。

医疗保险费：是指企业按照规定标准为职工缴纳的基本医疗保险费。

生育保险费：是指企业按照规定标准为职工缴纳的生育保险费。

工伤保险费：是指企业按照规定标准为职工缴纳的工伤保险费。

②住房公积金:是指企业按照规定标准为职工缴纳的住房公积金。

③工程排污费:是指按规定缴纳的施工现场工程排污费。

④其他应列而未列入的规费,按实际发生计取。

社会保险费和住房公积金应以定额人工费为计算基础,根据工程所在地省、自治区、直辖市或行业建设主管部门规定费率计算。

社会保险费和住房公积金 = ∑(工程定额人工费 ×(社会保险费和住房公积金费率))

式中:社会保险费和住房公积金费率可以每万元发承包价的生产工人人工费和管理人员工资含量与工程所在地规定的缴纳标准综合分析取定。

工程排污费等其他应列而未列入的规费应按工程所在地环境保护等部门规定的标准缴纳,按实计取列入。

(7)税金。

税金是指国家税法规定的应计入建筑安装工程造价内的营业税、城市维护建设税、教育费附加以及地方教育附加。

计算公式: 税金 = 税前造价 × 综合税率(%)

综合税率:

纳税地点在市区的企业:

$$\text{综合税率}(\%) = \frac{1}{1-3\%-(3\%\times7\%)-(3\%\times3\%)-(3\%\times2\%)}-1=3.477\%$$

纳税地点在县城、镇的企业

$$\text{综合税率}(\%) = \frac{1}{1-3\%-(3\%\times5\%)-(3\%\times3\%)-(3\%\times2\%)}-1=3.413\%$$

纳税地点不在市区、县城、镇的企业

$$\text{综合税率}(\%) = \frac{1}{1-3\%-(3\%\times1\%)-(3\%\times3\%)-(3\%\times2\%)}-1=3.284\%$$

实行营业税改增值税的,按纳税地点现行税率计算。

2)建筑安装工程计价组成内容及参考计算公式

(1)分部分项工程费:指各专业工程的分部分项工程应予列支的各项费用。

专业工程:是指按现行国家计量规范划分的房屋建筑与装饰工程、仿古建筑工程、通用安装工程、市政工程、园林绿化工程、矿山工程、构筑物工程、城市轨道交通工程、爆破工程等各类工程。

分部分项工程:指按现行国家计量规范对各专业工程划分的项目,如房屋建筑与装饰工程划分的土石方工程、地基处理与桩基工程、砌筑工程、钢筋及钢筋混凝土工程等。

分部分项工程费 = ∑(分部分项工程量 × 综合单价)

式中,综合单价包括人工费、材料费、施工机具使用费、企业管理费和利润以及一定范围的风险费用(下同)。

(2)措施项目费:是指为完成建设工程施工,发生于该工程施工前和施工过程中的技术、生活、安全、环境保护等方面的费用。分为不宜计量的措施项目和可予计量的措施项目。

不宜计量的措施项目的内容包括:

①安全文明施工费。

环境保护费:是指施工现场为达到环保部门要求所需要的各项费用。

文明施工费:是指施工现场文明施工所需要的各项费用。

安全施工费:是指施工现场安全施工所需要的各项费用。

临时设施费:是指施工企业为进行建设工程施工所必须搭设的生活和生产用的临时建筑物、构筑物和其他临时设施费用,包括临时设施的搭设、维修、拆除、清理费或摊销费等。

安全文明施工费 = 计算基数 × 安全文明施工费费率(%)

②夜间施工增加费:是指因夜间施工所发生的夜班补助费、夜间施工降效、夜间施工照明设备摊销及照明用电等费用。

夜间施工增加费 = 计算基数 × 夜间施工增加费费率(%)

③二次搬运费:是指因施工场地条件限制而发生的材料、构配件、半成品等一次运输不能到达堆放地点,必须进行二次或多次搬运所发生的费用。

二次搬运费 = 计算基数 × 二次搬运费费率(%)

④冬雨季施工增加费:是指在冬季或雨季施工需增加的临时设施、防滑、排除雨雪,人工及施工机械效率降低等费用。

冬雨季施工增加费 = 计算基数 × 冬雨季施工增加费费率(%)

⑤已完工程及设备保护费:是指竣工验收前,对已完工程及设备进行保护所需费用。

已完工程及设备保护费 = 计算基数 × 已完工程及设备保护费费率(%)

⑥工程定位复测费:是指工程施工过程中进行全部施工测量放线和复测工作的费用。

⑦特殊地区施工增加费:是指工程在沙漠或其边缘地区、高海拔、高寒、原始森林等特殊地区 施工增加的费用。

上述①~⑦项措施项目的计费基数应为定额人工费或(定额人工费 + 定额机械费)、综合工日(指分部分项工程和可予计量的措施项目中的综合人工),其费率由各省或地区工程造价管理机构根据各专业工程的特点综合确定。

由于不宜计量的措施项目是以总价的方式计价,因而不宜计量的措施项目又称为总价措施项目。

可予计量的措施项目的内容如下:

①脚手架工程费:是指施工需要的各种脚手架搭、拆、运输费用以及脚手架购置费的摊销(或租赁)费用。

②混凝土模板及支架费:是指混凝土施工过程中需要的各种钢模板、木模板、支架等的支、拆、运输费用及模板、支架的摊销(或租赁)费用。

③垂直运输费:指现场所用材料、机具从地面运至相应高度(地上或地下)以及职工上下工作等所发生的运输费用。

④超高施工增加费:在建筑工程施工中,当建筑物高度超过 20 m,进行工程施工时人工和机械及加压水泵台班所增加的费用。

⑤大型机械设备进出场及安拆费:是指机械整体或分体自停放场地运至施工现场或由一个施工地点运至另一个施工地点,所发生的机械进出场运输及转移费用及机械在施工现场进行安装、拆卸所需的人工费、材料费、机械费、试运转费和安装所需的辅助设施的费用。

⑥施工排水、降水费:是指为确保工程在正常条件下施工,采取各种排水、降水措施降低地下水位所发生的各种费用。

可予计量的措施项目的计价方法同分部分项工程的计价，是以单价形式计价。可予计量的措施项目又称为单价措施项目。

$$单价措施项目费 = \sum(措施项目工程量 \times 综合单价)$$

(3)其他项目费。

①暂列金额：是指建设单位在工程量清单中暂定并包括在工程合同价款中的一笔款项。用于施工合同签订时尚未确定或者不可预见的所需材料、工程设备、服务的采购，施工中可能发生的工程变更、合同约定调整因素出现时的工程价款调整以及发生的索赔、现场签证确认等的费用。

暂列金额由建设单位根据工程特点，按有关计价规定估算，施工过程中由建设单位掌握使用、扣除合同价款调整后如有余额，归建设单位。

$$暂列金额 = (分部分项工程费 + 措施项目费) \times 费率(\%)$$

②计日工：是指在施工过程中，施工企业完成建设单位提出的施工图纸以外的零星项目或工作所需的费用。

计日工由建设单位和施工企业按施工过程中的签证计价。根据工程特点和有关计价依据按消耗的人工、材料、机械台班数量以综合单价方法计算总额。

$$计日工 = \sum(人工工日 \times 综合单价) + \sum(材料数量 \times 综合单价) + \sum(机械台班 \times 综合单价)$$

其中，综合单价内容指除规费和税金外的费用。

③总承包服务费：是指总承包人为配合、协调建设单位进行的专业工程发包，对建设单位自行采购的材料、工程设备等进行保管以及施工现场管理、竣工资料汇总整理等服务所需的费用。

总承包服务费根据总承包单位为分包单位提供的服务程度，以分包工程的估算造价的百分比取定。

(4)规费：内容及计算方法同构成要素中的介绍。

(5)税金：内容及计算方法同构成要素中的介绍。

4. 建筑安装工程计价程序

由于建设项目所处的不同阶段对应的招标控制价、投标报价和竣工结算价等不同建筑安装工程费用计算，其计算依据与方法各有不同，但建筑安装工程费用计算基本思路均是按工程造价的形成顺序计算出分部分项工程费、措施项目费、其他项目费、规费和税金等内容后汇总而成。建筑安装工程费用计价基本程序见表 1-1。

表 1-1　建筑安装工程费用计价基本程序

工程名称：　　　　　　　　　　　　　　　　　　　　　　　　　　　标段：

序号	汇总内容	计算方法	金额(元)
1	分部分项工程费 = ∑(分部分项工程量清单 × 清单项目综合单价)	按计价规定(招标控制价) 自主报价(投标报价) 按合同约定计算(结算)	
1.1			
1.2			

续表 1-1

<table>
<tr><th>序号</th><th>汇总内容</th><th>计算方法</th><th>金额(元)</th></tr>
<tr><td>1.3</td><td></td><td></td><td></td></tr>
<tr><td>⋮</td><td></td><td></td><td></td></tr>
<tr><td>2</td><td>措施项目费</td><td></td><td></td></tr>
<tr><td>2.1</td><td>单价措施项目费 =
Σ(措施项目工程量×综合单价)</td><td rowspan="2">按计价规定计算
自主报价(投标报价)
按合同约定计算(结算)</td><td rowspan="2"></td></tr>
<tr><td>2.2</td><td>总价措施项目费 = Σ(计算基础×费率)</td></tr>
<tr><td>2.2.1</td><td>其中:安全文明施工费</td><td>按规定标准计算</td><td></td></tr>
<tr><td>3</td><td>其他项目费</td><td></td><td></td></tr>
<tr><td>3.1</td><td>其中:暂列金额</td><td>按计价规定计算</td><td></td></tr>
<tr><td>3.2</td><td>其中:专业工程暂估价(招标控制价中)
专业工程暂估价(投标报价中)
专业工程结算价(工程结算中)</td><td>按计价规定估算(招标控制价)
按招标文件提供金额计列(投标报价)
按合同约定计算(结算价)</td><td></td></tr>
<tr><td>3.3</td><td>其中:计日工</td><td>按计价规定估算(招标控制价)
自主报价(投标报价)
按计日工签证计算(竣工结算)</td><td></td></tr>
<tr><td>3.4</td><td>其中:总承包服务费</td><td>按计价规定估算(招标控制价)
自主报价(投标报价)
按合同约定(竣工结算)</td><td></td></tr>
<tr><td>3.5</td><td>索赔与现场签证</td><td>按发、承包双方确认数额计算(竣工结算)</td><td></td></tr>
<tr><td>4</td><td>规费</td><td>按规定标准计算</td><td></td></tr>
<tr><td>5</td><td>税金(扣除不列入计税范围的工程设备金额)</td><td>(1+2+3+4)×规定税率</td><td></td></tr>
<tr><td colspan="4">总价合计=1+2+3+4+5</td></tr>
</table>

建筑安装工程计价的基本步骤如下。

(1)收集编制依据如下:

国家《建设工程工程量清单计价规范》(GB 50500—2013)和《房屋建筑与装饰工程工程量计算规范》(GB 50854—2013)(简称《建装计量规范》);省级、行业建设主管部门颁发的计价依据和办法或企业定额;建设工程设计文件及相关资料(设计施工图或竣工图);与建设项目相关的标准、规范、技术资料;施工现场条件及工程特点;常规施工方案或投标所做的施工组织设计或施工方案;工程造价管理机构发布的工程造价信息或市场造价信息;双方确认的实际完工的工程量及施工合同、签证、变更;其他的相关资料。

(2)编制或复核工程量清单:工程量清单是表现拟建工程项目名称和相应数量的明细清单。由招标人或其委托人编制,是招标文件的组成部分,后投标人进行审核并报价,作为投标文件的组成部分,其内容包括封面、总说明、分部分项工程量清单、措施项目清单、其他项目清单汇总表、规费和税金项目清单。

国家《建设工程工程量清单计价规范》(GB 50500—2013)和《建装计量规范》对工程量清单的项目设置和组成要素及编制方法作了明确的规定。

编制分部分项工程量清单及单价措施项目清单必须遵循“五统一”原则,即项目编码、项目名称、项目特征、计量单位和工程量计算规则五内容统一按《建装计量规范》要求。

项目编码是对清单项目名称采用五级十二位阿拉伯数字的标识,第一至九位按《建装计量规范》附录中规定设置;十至十二位应根据拟建工程的工程量清单项目名称设置,同一招标工程的项目编码不得有重复。

项目名称的设置或划分大多是以形成工程实体为原则,它是计量的前提,项目名称均以工程实体命名,这与传统定额项目的划分不同。清单项目的内容可能包含若干附属施工工艺,而项目名称是对工程实际的分项工程进行整合仅以形成工程实体的主导施工过程(后称“主项”)而命名。如“现浇混凝土柱”包含混凝土制作、运输、浇筑、振捣、养护等工艺,是以“浇筑”施工过程命名;“现浇水磨石楼地面”包含基层清理、抹找平层、嵌缝条安装、面层铺设、磨光、酸洗打蜡等工艺,是以“面层铺设”施工过程命名。项目名称应结合拟建工程的实际符合《建装计量规范》附录中的项目名称并取得一致。

项目特征是指构成清单项目自身价值的规格尺寸、材料、施工方法等的本质特征。具体内容应结合拟建工程项目的实际按《建装计量规范》附录中的“特征描述”规定,同时考虑附录中的“工程内容”一栏内容,对各清单项目可能发生的组合项目进行描述,还要考虑计价的取费定额对以上内容的取费标准。

工程量指清单项目的实物数量,是一个综合工程内容的数量,仅计算出“主项”工程量,应按《建装计量规范》附录中规定的工程量计算规则计算。

(3)分析工程量清单项目综合单价:由于清单项目包含若干附属施工工艺,由不同性质的分项工程组成,而计价项目则按同性质的分项工程列项计价,因而要对清单项目综合单价进行分析。其分析方法步骤为:列出工程量清单项目应用取费定额计价的计价项目;按取费定额所规定的计算规则计算相应计价项目工程量;套用取费定额填写“工程量清单项目综合单价分析表”,分析计算清单项目综合单价,见表1-2。

表1-2 工程量清单项目综合单价分析表

工程名称: 标段: 第 页共 页

<table>
<tr><td colspan="2">项目编码</td><td colspan="2"></td><td colspan="2">项目名称</td><td colspan="2"></td><td colspan="2">计量单位</td><td colspan="2"></td></tr>
<tr><td colspan="12">清单综合单价组成明细</td></tr>
<tr><td rowspan="2">定额编号</td><td rowspan="2">定额名称</td><td rowspan="2">定额单位</td><td rowspan="2">数量</td><td colspan="4">单价</td><td colspan="4">合价</td></tr>
<tr><td>人工费</td><td>材料费</td><td>机械费</td><td>管理费和利润</td><td>人工费</td><td>材料费</td><td>机械费</td><td>管理费和利润</td></tr>
<tr><td></td><td></td><td></td><td></td><td></td><td></td><td></td><td></td><td></td><td></td><td></td><td></td></tr>
<tr><td></td><td></td><td></td><td></td><td></td><td></td><td></td><td></td><td></td><td></td><td></td><td></td></tr>
<tr><td></td><td></td><td></td><td></td><td></td><td></td><td></td><td></td><td></td><td></td><td></td><td></td></tr>
<tr><td></td><td></td><td></td><td></td><td></td><td></td><td></td><td></td><td></td><td></td><td></td><td></td></tr>
<tr><td colspan="2">人工单价</td><td colspan="6">小计</td><td colspan="4"></td></tr>
<tr><td colspan="2">元/工日</td><td colspan="6">未计价材料费</td><td colspan="4"></td></tr>
</table>

续表 1-2

清单项目综合单价							
材料费明细	主要材料名称、规格、型号	单位	数量	单价	合价	暂定单价	暂估合价
	其他材料费						
	材料费小计						

综合单价中的人工费、材料费、机械费、企业管理费、利润

$$=\sum \text{各计价项目工程量} \times \text{取费定额相应项目中的人工费、材料费、机械费、企业管理费、利润} / \text{工程量清单中的清单工程量}$$

清单项目综合单价 = 人工费 + 材料费 + 机械费 + 企业管理费 + 利润

(4)计算分部分项工程费:根据工程量清单及综合单价计算。

分部分项工程费 = $\sum$(分部分项清单工程量 × 清单项目综合单价)

(5)计算措施项目费:

单价措施项目费 = $\sum$(措施项目工程量 × 综合单价)

总价措施项目费 = $\sum$(计算基础 × 费率)

措施项目费 = 单价措施项目费 + 总价措施项目费

(6)计算其他项目费:包括暂列金额、专业工程暂估价、计日工、总承包服务费等。

(7)计算规费和税金。

(8)汇总计算单位工程建筑安装工程费:

单位工程建筑安装工程费 = 分部分项工程费 + 措施项目费 + 其他项目费 + 规费 + 税金

(9)编制说明、填写封面、装订成册。

1.2.3.2 设备及工器具购置费的构成

设备及工器具购置费是按建设项目设计文件的要求,建设单位(或其委托单位)购置或自制达到固定资产标准的设备和新建项目配置的首套工具、器具及生产家具所需的费用。

设备购置费由设备原价和设备运杂费构成。其计算公式为

设备购置费 = 设备原价 + 设备运杂费

式中,设备原价指国产标准设备、进口设备的原价;设备运杂费指除设备原价之外的,设备采购、运输、装卸、途中包装材料及仓库保管等方面支出费用的总和。国产标准设备原价一般指带有备件的原件的出厂价。进口设备原价是指进口设备的抵岸价,即抵达买方边境港口或边境车站。且交完关税等税费后形成的价格。进口设备原价构成如图 1-6 所示。

- 进口设备的原价
  - 进口设备货价——FOB 价
  - 进口从属费用
    - 国际运费
    - 运费保险费
    - 进口关税
    - 增值税
    - 外贸手续费
    - 银行财务费
    - 海关监管手续费
    - 消费税

图 1-6　进口设备原价构成

工具、器具及生产家具购置费是指新建或扩建项目初步设计规定的，保证初期正常生产必须购置的没有达到固定资产标准的设备、仪器、工具、器具、生产家具及备品备件等的购置费用。一般以设备购置费为计算基础按其部门或行业规定的费率计算。

工具、器具及生产家具购置费 = 设备购置费 × 定额费率

1.2.3.3　工程建设其他费用

工程建设其他费用是指为保证工程建设顺利完成和交付使用后能够正常发挥作用而发生的各项费用的总和。它包括土地使用费、与工程项目建设有关的其他费用、与未来企业生产经营有关的费用，如图 1-7 所示。

- 工程建设其他费用
  - 土地使用费
    - 土地征用及迁移补偿费
    - 土地使用权出让金
  - 与工程项目建设有关的其他费用
    - 建设单位管理费
    - 勘察设计费
    - 工程建设监理费
    - 建设单位临时设施费
    - 研究试验费
    - 引进技术和进口设备其他费用
  - 与未来企业生产经营有关的费用
    - 联合试运转费
    - 生产准备费
    - 办公及生活家具购置费

图 1-7　工程建设其他费用构成

1.2.3.4　预备费

预备费包括基本预备费和涨价预备费。

基本预备费指在初步设计及概算内难以预料的工程费用。涨价预备费指建设项目在建设期间内由于价格等变化引起工程造价变化的预测预留费用。费用内容包括人工、设备、材料、施工机械的价差费，建筑安装工程费及工程建设其他费用调整，利率、汇率调整等增加的费用。

1.2.3.5　建设期贷款利息

建设期贷款利息是指项目建设期间向国内银行和其他非银行金融机构贷款、出口信贷、外国政府贷款、国际商业银行贷款，以及在境内外发行的债券等所产生的利息。

1.3 建筑工程定额

1.3.1 定额的概述

1.3.1.1 定额的概念

定额即规定的额度，是人们根据不同的需要，对某一事物规定的数量标准。

建筑工程定额是指按照国家有关的产品标准、设计规范和施工验收规范、质量评定标准，并参与行业、地方标准以及有代表性的工程设计、施工资料确定的工程建设过程中完成规定计量产品所消耗的人工、材料、机械等消耗量的标准。这种规定的额度所反映的是在一定的社会生产力发展水平下，完成某项工程建设产品与各种生产消耗之间的特定的数量关系，考虑的是正常施工条件、目前大多数施工企业的技术装备程度、合理的施工工期、施工工艺和劳动组织，反映的是一种社会平均消耗水平。

例如，《河南省建设工程工程量清单综合单价 2008》（简称《河南省 08 综合单价》）中"3－6"子目规定，砌筑 10 m^3砖墙需消耗：人工 13.58 工日、M2.5 混合砂浆 2.37 m^3，普通黏土砖 5.28 千块、灰浆搅拌机 0.3 台班，并列有相应费用的数量。不同的产品有不同的质量要求，不能把定额看成单纯的数量关系，而应是质量和安全的统一体。同时，要走出定额就是金额的误区，建立定额是消耗量的正确概念。

1.3.1.2 定额的意义

（1）定额是市场供给主体加强竞争能力的手段，体现公平市场竞争和加强国家宏观调控与管理的手段。

（2）在工程建设中，定额仍然有节约社会劳动和提高生产效率的作用，定额所提供的信息为建设市场的公平提供了有利条件。

（3）定额还有利于完善市场信息系统。定额的编制需要对大量市场信息进行加工，对信息进行市场传递和反馈，信息是市场体系中的重要要素，它的可靠性、完备性和灵敏性是市场成熟和市场效率的标志。

1.3.1.3 建筑工程定额的特点

1. 科学性

定额是在研究客观规律的基础上，采用可靠的数据和科学的态度而编制的。制定定额的技术方法是利用现代科学管理的手段，形成了一套系统的、完整的、在实践中行之有效的方法。

2. 指导性

定额水平与社会生产力发展水平相适应，反映出工程建设中生产消费的客观规律，为优化企业管理、确保工程质量和施工安全的工程计价标准，规范工程计价行为，指导企业自主报价，实行市场竞争形成价格奠定了坚实的基础。

3. 系统性

工程建设定额是相对独立的系统。它是由多种定额结合而成的有机的整体。它的结构复杂，有鲜明的层次，有明确的目标。

4. 群众性

群众性通常是指定额的制定和执行都是建立在生产者和管理者生产经验基础上的，既来自于生产者和管理者的生产活动,也成为他们参加生产活动的衡量额度。

5. 时效性

任何一种定额都是一定时期技术发展和管理水平的反映,在一段时期内表现出稳定的状态,定额的稳定性,是更有效地执行定额所必需的。然而,定额的稳定性又是相对的,任何一种定额仅能反映一定时期的生产力水平,所以从长远来看,定额就会与已经发展了的生产力不相适应。这样,它原有的作用就会逐步减弱以致消失,需要重新编制或修订。定额的相对稳定年限一般为3~5年。

1.3.1.4 工程定额的分类

工程定额是工程建设中各类定额的总称。建设工程中使用的定额种类繁多,根据定额的性质、内容、用途、适用范围不同,可将定额作如下的分类。

(1)按定额反映的生产要素分类(见图1-8)。

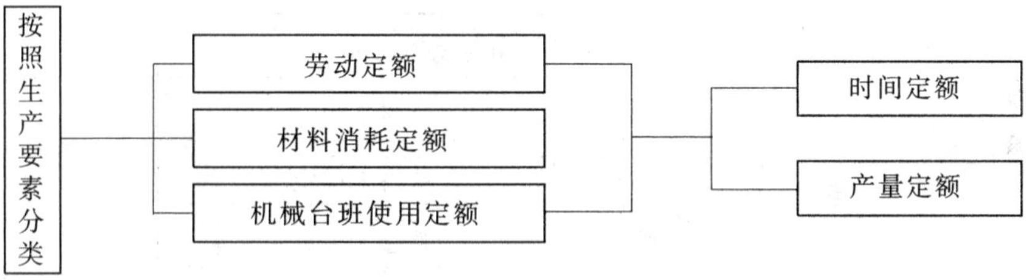

图1-8 按生产要素分类

(2)按定额编制程序和用途分类(见图1-9)。

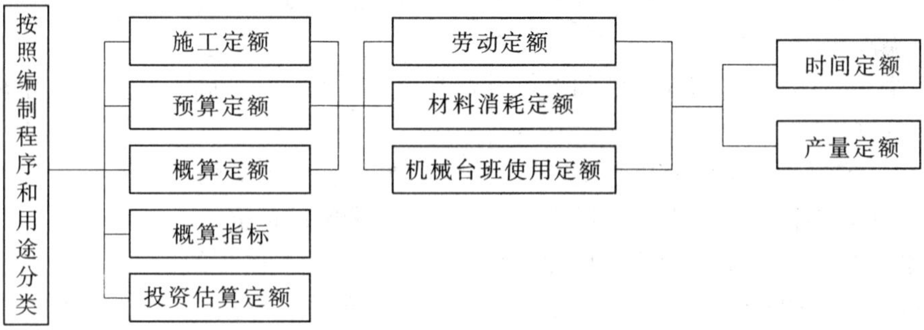

图1-9 按编制程序和用途分类

(3)按制定单位和执行范围分类(见图1-10)。

(4)按专业性质分类(见图1-11)。

1.3.2 建筑工程施工定额

1.3.2.1 施工定额的概述

1. 施工定额的概念

施工定额是以同一性质的施工过程或工序为测定对象,确定建筑工人在正常的施工条件下,为完成一定计量单位的某一施工过程或工序所需人工、材料和机械台班消耗的数量标准。

施工定额是建筑工程定额中分项划分最细、定额子目最多的一种定额。由劳动定额

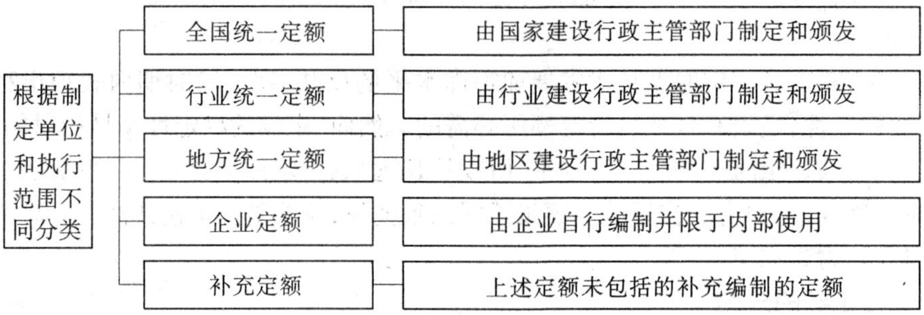

图 1-10 按制定单位和执行范围分类

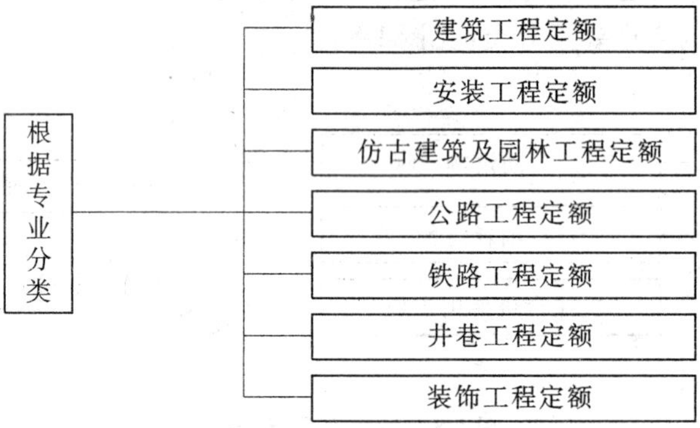

图 1-11 按专业性质分类

(人工定额)、材料消耗定额和机械台班定额三个相对独立的部分组成。

2. 施工定额的作用

(1)施工定额是影响招标文件和决策投标报价,以及企业编制施工组织设计和施工作业计划的依据。

(2)施工定额是施工队向班组签发施工任务书和限额领料单的基本依据。

(3)施工定额是计算工人劳动报酬与奖励和按劳分配的依据。

(4)施工定额是编制施工项目目标计划成本和项目成本核算的依据,也是加强企业成本管理和经济核算的基础,是进行工料分析、编制施工预算进行核算对比的基础。

(5)施工定额是修正投标报价水平和企业编制与补充新的施工定额、编制预算定额的基础。

(6)施工定额有利于推广先进技术和提高劳动生产率。

3. 施工定额的水平

施工定额的水平直接反映劳动生产率水平和物质消耗水平。施工定额的理想水平应是社会平均先进水平。所谓平均先进原则,是指在正常的条件下,大多数施工班组或生产者经过努力能够达到,少数班组或生产者可以接近,个别班组或生产者可以超过定额的水平。通常,它低于先进水平,略高于平均水平。平均先进水平是一种鼓励先进、激发中间、督促后进的定额水平。

1.3.2.2 劳动定额

1. 劳动定额的概念

劳动定额也称人工定额,是建筑安装工人在正常施工技术条件和合理劳动组织条件下,在平均先进水平上制定的，完成单位合格的建筑安装工程产品或完成一定的工作任务所需劳动时间消耗的数量标准。

2. 工人工作时间

工人工作时间分为定额时间和非定额时间，按其消耗的性质也可分为必须消耗的工作时间和损失时间，如图 1-12 所示。

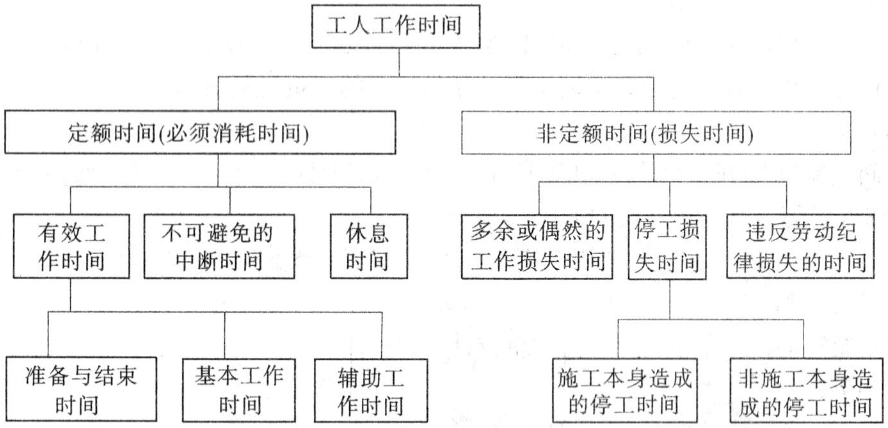

图 1-12　工人工作时间的分类

1）定额时间

定额时间指劳动定额中的时间消耗数量，包括有效工作时间、休息时间及不可避免的中断时间。

（1）有效工作时间：与完成产品有直接关系的工作时间消耗，包括准备与结束时间、基本工作时间和辅助工作时间。

准备与结束时间：执行任务前和任务完成后所消耗的时间。例如，工人每天从工地仓库领取工具、检查机械、准备和清理工作地点的时间，准备安装设备的时间等。

基本工作时间：工人完成基本工作所消耗的时间。例如，砖瓦工的基本工作时间包括砌砖拉线时间、铲灰浆时间、砌砖时间、校验时间。

辅助工作时间：保证基本工作能顺利完成所做的辅助性工作所消耗的时间。例如，施工过程中工具的校正和调整等。

（2）休息时间：工人为了恢复体力所必须的暂时休息和生理需要所消耗的时间。

（3）不可避免的中断时间：在施工中由技术操作及施工组织本身的特点所引起的必须中断的时间。例如汽车司机在等待装卸货和交通信号所消耗的时间。

2）非定额时间

非定额时间（损失时间）是指工人或机械在工作班内与完成生产任务无关的时间消耗。包括多余或偶然的工作损失时间、停工损失时间和违反劳动纪律损失的时间。

（1）多余或偶然的工作损失时间：在正常施工条件下不应发生的或因意外因素造成的时间消耗。如产品质量不合格的返工等。

（2）违反劳动纪律损失的时间：工人迟到、早退、擅自离开工作岗位、工作时间闲谈等影响工作的时间。

（3）停工损失时间：工作班内工人停止工作时造成的时间损失。包括施工本身造成的停工时间和非施工本身造成的停工时间。

施工本身造成的停工时间：是由施工组织和劳动组织不善、材料供应不及时、施工准备工作做的不好引起的停工。

非施工本身造成的停工时间：如设计图纸不能及时送达，水电临时中断，以及由天气条件所引起的停工损失时间。

3. 劳动定额的表现形式

劳动定额可以用完成单位产品所需生产工人的人工工日数量的时间定额表示，或用单位工日内完成单位合格的建筑安装工程产品的数量的产量定额表示。

1）时间定额

时间定额以“工日”为单位，如工日/m、工日/m^2、工日/m^3、工日/t 等。每一个工日工作时间按 8 h 计算。其计算公式如下：

时间定额 = 小组成员工日数总和/小组台班数量 = 1/每工日产量

2）产量定额

产量定额的计量单位是以产品的单位计算，如 m/工日、m^2/工日、m^3/工日、t/工日等，计算公式如下：

产量定额 = 产品的数量/消耗的总工日 = 1/单位产品时间

时间定额与产量定额互为倒数关系：

时间定额 × 产量定额 = 1

劳动定额的表现形式采用单式或复式两种方法。单式表示法的表格指标栏反映的仅是一个时间定额指标。如表 1-3 是摘自《全国建筑安装工程统一劳动定额》第四分册砖石工程的砖墙砌体劳动定额。复式表示法的表格指标栏中用分式反映两个指标，为$\frac{\text{时间定额}}{\text{产量定额}}$。

表 1-3　砖墙砌体劳动定额

工作内容：包括砌墙面艺术形式、墙垛、平旋模板、梁板头砌砖、梁下塞砖、留楼梯踏步斜槽、留空洞，砌各种凹进处、山墙泛水处，安装木砖、铁件，安放 60 kg 以内的预制混凝土门窗过梁、隔板、垫块以及调整立好后的门窗框等。

（计量单位：工日/m^3）

项目		混水内墙				混水外墙					序号
		0.5 砖	0.75 砖	1 砖	1.5 砖及 1.5 砖以外	0.5 砖	0.75 砖	1 砖	1.5 砖	2 砖及 2 砖以外	
综合	塔吊	1.38	1.34	1.02	0.994	1.5	1.44	1.09	1.04	1.01	一
	机吊	1.59	1.55	1.24	1.21	1.71	1.65	1.3	1.25	1.22	二
砌砖		0.865	0.815	0.482	0.448	0.98	0.915	0.549	0.491	0.458	三
运输	塔吊	0.434	0.437	0.44	0.44	0.434	0.437	0.44	0.44	0.44	四
	机吊	0.642	0.645	0.654	0.654	0.642	0.645	0.652	0.652	0.652	五
调制砂浆		0.085	0.089	0.101	0.106	0.085	0.089	0.101	0.106	0.107	六
编号		12	13	14	15	16	17	18	19	20	

4. 劳动定额的编制方法

一般常用的方法有四种，即经验估计法、统计分析法、比较类推法和技术测定法。其中，技术测定法是我国建筑安装工程收集定额基础资料的基本方法。

5. 劳动定额的应用

时间定额主要用于计算完成某一分部(项)工程所需的工作时间，便于核算工资、编制施工进度计划和计算分项工期。产量定额主要用于小组分配施工任务，考核工人的劳动效率和签发施工任务单。

【例 1-1】 某工程有 150 m^3一砖半混水外墙(塔吊)需要砌筑，班组人员 15 人，计算完成工程的持续时间。

解 (1)查表 1-3 施工定额知砌筑一砖半混水外墙的时间定额为：1.04 工日/m^3

(2)计算 150 m^3的砌筑产量需要的劳动量：$1.04\times150=156$(工日)

(3)15 名工人施工需要工作的天数：$156\div15=10.4\approx10$(天)

【例 1-2】 某班组 10 天完成一砖厚混水内墙(机吊) 170 m^3。试确定该工程施工班组的总人数和各分项目人数。

解 (1)查表 1-3 施工定额知砌筑一砖混水内墙的时间定额为：1.24 工日/m^3

(2)计算 170 m^3的砌筑产量需要的劳动量：$1.24\times170=210.8$(工日)

(3)10 天完成砌筑任务所需的施工班组总人数：$210.8\div10=21.08\approx21$(人)

(4)查表 1-3 施工定额知砌砖、运输、调制砂浆各分项的时间定额为：0.482 工日/m^3、0.654 工日/m^3、0.101 工日/m^3，则各分项目的人数：

砌砖所需的人数为：$170\times0.482\div10\approx8$(人)

运输所需的人数为：$170\times0.654\div10\approx11$(人)

调制砂浆所需的人数为：$170\times0.101\div10\approx2$(人)

1.3.2.3 材料消耗定额

1. 材料消耗量定额的概念

材料消耗量定额是指在合理使用材料的条件下，完成单位合格的建筑产品所需消耗的一定品种、一定规格的建筑材料(成品、半成品、燃料、配件、水、电等)的数量标准。

制定合理的材料消耗定额，是组织材料的正常供应，保证生产顺利进行，以及合理利用资源，减少积压、浪费的必要前提。

2. 材料消耗量定额的组成

工程施工中所消耗的材料可以分成一次使用性材料和周转使用性材料两种类型。

一次使用性材料：如砖、砂、钢材、水泥等，在施工中一次性消耗掉构成了工程的实体，我们一般把这种材料也称为实体性材料。

周转使用性材料：是在施工中周转使用，但不是一次性被消耗掉的材料。如模板、脚手架、挡土板等，这种材料一般不构成工程实体，可以多次使用，是逐渐被消耗掉的材料，是在工程实体形成过程中发挥辅助作用的。

一次性使用材料的总消耗量由材料净用量和不可避免的损耗量构成。材料净用量是指直接构成工程实体的材料消耗量。材料损耗量是指不可避免的施工废料和施工操作损耗。

材料的损耗量的相对大小一般以损耗率衡量，材料损耗率有以材料消耗量的比率和以材料净用量的比率两种不同含义，由此材料的消耗量计算有两个不同的公式：

$$材料损耗率 = \frac{材料损耗量}{材料消耗量} \times 100\%$$

则

$$材料损耗率 = \frac{材料损耗量}{材料净用量} \times 100\%$$

$$材料消耗量 = 材料净用量/(1 - 材料损耗率)$$

或

$$材料消耗量 = 材料净用量 \times (1 + 材料损耗率)$$

常用材料、成品、半成品损耗率如表1-4所示。

表1-4　材料、成品、半成品损耗率参考表

材料名称	工程项目	损耗率(%)	材料名称	工程项目	损耗率(%)
标准砖	基础	0.4	石灰砂浆	抹天棚	1.5
标准砖	实砖墙	1	石灰砂浆	抹墙及墙裙	1
标准砖	方砖柱	3	水泥砂浆	天棚、梁、柱、腰线	2.5
多孔砖	墙	1	水泥砂浆	抹墙及墙裙	2
白瓷砖		1.5	水泥砂浆	地面、屋面	1
陶瓷锦砖	(马赛克)	1	混凝土(现浇)	地面	1
锦地砖	(缸砖)	0.8	混凝土(现浇)	其余部分	1.5
水磨石板		1	混凝土(预制)	桩基础、梁、柱	1
小青瓦黏土瓦及土泥瓦	(包括脊瓦)	2.5	混凝土(预制)	其余部分	1.5
天然砂		2	钢筋	现浇及预制混凝土	2
砂	混凝土工程	1.5	铁件	成品	1
砾(碎)石		2	钢材		6
生石灰		1	木材	门窗	6
水泥		1	木材	门心板制作	13.1
砌筑砂浆	砖砌体	1	玻璃	配制	15
混合砂浆	抹天棚	3	玻璃	安装	3
混凝土砂浆	抹墙及墙裙	2	沥青	操作	1

3. 材料消耗定额的编制方法

通常采用现场观察法,实验室试验法、统计分析法和理论计算法等方法来确定建筑材料的净用量、损耗量。

理论计算法是根据设计图纸、施工规范及材料规格,运用一定的理论计算公式计算确定材料消耗定额的方法。主要适用于计算按件论块或卷材状的现成制品材料的消耗量,其中净用量通过公式计算,损耗率通过现场实测取得。

以下介绍几个常用的计算公式。

(1)1 m^3标准砖砌体消耗量的计算。

$$砖净用量(块) = 2k/[墙厚 \times (砖长 + 灰缝) \times (砖厚 + 灰缝)]$$

$$砖消耗量 = 砖净用量/(1 - 损耗率)$$

$$砂浆消耗量(m^3) = [1 - 砖净用量(块) \times 0.24 \times 0.115 \times 0.053]/(1 - 损耗率)$$

其中,标准砖长×宽×厚尺寸为240 mm×115 mm×53 mm,k是墙厚为标准砖长的倍数,见表1-5。墙厚取构造尺寸,灰缝取0.01 m。

表 1-5　墙厚构造尺寸及对应的 k 值

墙厚	半砖墙	18 墙	24 墙	37 墙	49 墙
构造尺寸(mm)	115	178	240	365	490
k	1/2	3/4	1	1.5	2

【例 1-3】　计算 1 砖半标准砖外墙每立方米砌体中砖和砂浆的消耗量。

解　砖净用量 $=2\times1.5/[0.365\times(0.24+0.01)\times(0.053+0.01)]=522$(块)

砖消耗量 $=522/(1-1\%)=527$(块)

砂浆消耗量 $=(1-522\times0.24\times0.115\times0.053)/(1-1\%)=0.239$($m^3$)

(2)每 100 m^2 块料面层材料消耗量计算。

块料面层一般指瓷砖、锦砖、预制水磨石、大理石等。通常以 100 m^2 为计量单位,其计算公式如下:

面层净用量(块) = 100/[(块长 + 灰缝) × (块宽 + 灰缝)]

面层消耗量(块) = 面层净用量/(1 − 损耗率)

【例 1-4】　彩色地面砖规格为 200 mm × 200 mm,灰缝 1 mm,损耗率为 1.5%,试计算 100 m^2 地面砖消耗量。

解　地面砖净用量 $=100/[(0.2+0.01)\times(0.2+0.01)]=2\ 268$(块)

地面砖消耗量 $=2\ 268/(1-1.5\%)=2\ 303$(块)

1.3.2.4　施工机械消耗量定额

1. 机械台班消耗定额的概念

机械台班消耗定额是指在正常施工条件、合理劳动组织、合理使用材料的条件下,某种专业、某种等级的工人班组使用机械,完成单位合格产品所需的定额时间标准,或者在单位时间内应用施工机械所应完成的合格工程施工产品的数量标准。

机械台班使用定额以台班为单位,每一台班按 8 h 计算。一个台班的工作,既包括机械的运行,又包括工人的劳动。

2. 机械工作时间

机械工作时间是机械在工作班内所消耗的时间,可分为定额时间和非定额时间,如图 1-13 所示。

1)定额时间

定额时间指机械台班消耗定额中的时间消耗数量,包括有效工作时间、不可避免的无负荷时间及不可避免的中断时间。

(1)有效工作时间:机械与完成产品有直接关系的工作时间消耗,包括正常负荷下的工作时间和有根据地降低负荷下的时间。

(2)不可避免的无负荷时间:由施工过程的特性和机械的特点引起的空转时间。

(3)不可避免的中断时间:由于技术操作和施工过程组织的特性,而造成的机械工作中断时间。如操作机械工人的必要休息造成的机械工作中断。

2)非定额时间

非定额时间是不必要的时间消耗,包括多余或偶然工作损失时间、停工损失时间和违反

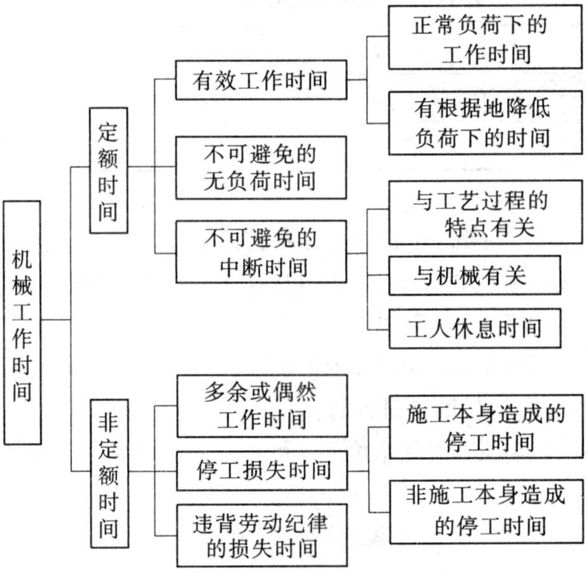

图 1-13　机械工作时间分类

劳动纪律的损失时间。

(1)多余或偶然工作时间:可以避免的机械无负荷下的工作或者在负荷下的多余工作。前者如工人没及时给混凝土搅拌机装料而引起的空转,后者如混凝土搅拌机搅拌混凝土时超过规定的搅拌时间。

(2)违反劳动纪律损失的时间:由工人迟到、早退、擅自离开工作岗位等违反劳动纪律行为而引起的机械停歇。

(3)停工损失时间:由施工本身或非施工本身造成的停工时间。前者如施工组织不完善、机械维护不良引起的停工,后者如由天气条件或停水、停电等外来因素引起的停工。

3. 机械台班消耗定额的表现形式

机械台班消耗定额的表现形式有机械时间定额和机械台班产量定额两种。

(1)机械时间定额:是指在正常的施工条件下,某种机械生产合格单位产品所必须消耗的台班数量。以台班为单位。

$$机械时间定额(台班)=1/机械台班产量定额$$

(2)机械台班产量定额:是指某种机械在合理的施工组织和正常施工的条件下,单位时间内完成合格产品的数量。以米、根、块、吨为单位。

$$机械台班产量定额=1/机械时间定额$$

$$机械时间定额\times机械台班产量定额=1$$

由于机械必须由工人小组配合,机械台班人工配合定额是指机械台班配合用工部分,即机械台班劳动定额。其表现形式为机械台班配合工人小组的人工时间定额和完成合格产品数量,即:

$$机械台班产量定额=\frac{每台班产量}{班组总用工数}$$

机械台班消耗定额指标有如下两种表达方式:

$$\frac{\text{时间定额}}{\text{台班产量}}\text{或}\frac{\text{时间定额}}{\text{台班产量}}\Bigg|\text{台班工日}$$

如表 1-6 所示是摘自《全国建筑安装工程统一劳动定额》中的混凝土楼板梁、连系梁、悬臂梁、过梁安装机械台班消耗定额。

表 1-6　混凝土楼板梁、连系梁、悬臂梁、过梁安装每 1 台班的劳动定额　（单位：工日）

工作内容：包括 15 m 以内构件移位、绑扎起吊、对正中心线、安装在设计位置上、校正、垫好垫铁。

项目		施工方法	楼板梁在 1 t 以内			连系梁、悬臂梁、过梁在 1 t 以内			序号
			2	4	6	1	2	3	
高度安装层以内	三	履带式	$\frac{0.22}{59}\Big\|13$	$\frac{0.271}{48}\Big\|13$	$\frac{0.317}{41}\Big\|13$	$\frac{0.217}{60}\Big\|13$	$\frac{0.245}{53}\Big\|13$	$\frac{0.277}{47}\Big\|13$	一
		轮胎式	$\frac{0.26}{50}\Big\|13$	$\frac{0.317}{41}\Big\|13$	$\frac{0.371}{35}\Big\|13$	$\frac{0.255}{51}\Big\|13$	$\frac{0.289}{45}\Big\|13$	$\frac{0.325}{40}\Big\|13$	二
		塔式	$\frac{0.191}{68}\Big\|13$	$\frac{0.236}{65}\Big\|13$	$\frac{0.277}{47}\Big\|13$	$\frac{0.188}{69}\Big\|13$	$\frac{0.213}{61}\Big\|13$	$\frac{0.241}{54}\Big\|13$	三
	六	塔式	$\frac{0.21}{62}\Big\|13$	$\frac{0.25}{52}\Big\|13$	$\frac{0.302}{43}\Big\|13$	$\frac{0.232}{56}\Big\|13$	$\frac{0.26}{50}\Big\|13$	$\frac{0.31}{42}\Big\|13$	四
	七		$\frac{0.232}{56}\Big\|13$	$\frac{0.283}{46}\Big\|13$	$\frac{0.342}{38}\Big\|13$	—	—	—	五
编号			676	677	678	679	680	681	

4. 机械台班消耗定额的应用

机械时间定额主要用于计算完成某一分部（项）工程所需的工作台班，便于准备与安排施工机械、编制施工进度计划和计算分项工期。机械台班产量定额主要用于机械及相应配合的小组成员分配施工任务，考核机械与工人的劳动效率和签发施工任务单。

【例 1-5】　某六层砖混结构办公楼，塔式起重机安装楼板梁，每根梁尺寸为 6.00 m × 0.60 m × 0.3 m。试求吊装楼板梁的机械时间定额、人工时间定额和台班产量定额。

解　每根楼板自重：$6.00\times0.60\times0.3\times25\times10^{-3}=0.027(\text{t})$

由表 1-6 查定额为：机械台班产量定额 = 52 根/台班，台班工日 = 13 工日

则机械时间定额 = 1/52 = 0.019（台班/根）

人工时间定额 = 13/52 = 0.25（工日/根）

台班产量定额（工人配合）= 1/0.25 = 4（根/工日）

1.3.3　建筑工程预算定额

1.3.3.1　预算定额的概念

预算定额是由国家或地区行业主管部门制定发布，以分部分项工程为研究对象，在正常的施工技术和合理的劳动组织条件下，完成单位合格产品，所需要消耗的人工、材料、机械台班的消耗量标准。

1.3.3.2　预算定额的编制

1. 预算定额编制原则

预算定额编制遵循社会平均水平原则，简明适用、严谨准确的原则，坚持统一（全国）性

与差别(省、区、市)性结合、以专家编审责任制的原则,稳定性与时效性原则。

2. 预算定额的编制依据

(1)现行全国统一劳动定额、材料消耗定额、机械台班使用定额。

(2)现行的设计规范、施工及验收规范、质量评定标准和安全操作规程。

(3)通用的标准图集和定型设计图纸,以及有代表性的典型设计图纸图集。

(4)新技术、新工艺、新结构、新材料和先进的施工经验。

(5)有关科学试验、技术测定、统计资料和经验数据。

(6)现行的人工工资标准、材料预算价格和施工机械台班预算价格。

(7)施工企业的管理费率和利润率。

3. 预算定额的编制步骤

(1)收集编制依据。

(2)确定编制格式,确定项目划分、工程的工作内容及施工方法。

(3)确定计量单位和计算精度,确定工程量计算规则。

(4)各分项定额人工、材料、机械台班消耗量的计算、复核和测定。

(5)各分项定额人工费、材料费、机械台班单价及总费用的计算。

(6)各分项施工企业组织施工生产和经营管理所需的定额管理费用计算。

(7)施工企业完成各分项工程后应获得的定额盈利计算。

(8)定额编制。

(9)修改定稿,整理资料。

4. 预算定额消耗指标的确定

(1)人工消耗量计算(在企业定额或施工定额人工消耗量的基础上进行计算,主要有人工幅度差)。

人工消耗量包括人工消耗定额中的基本用工和预算定额应考虑的其他用工两种类型。其他用工包括辅助用工、超运距用工和人工幅度差三部分内容。

基本用工:指完成某一合格分项工程所必须消耗的主要用工量。例如,各种墙体工程中的砌砖、调制砂浆、运砖和运输砂浆的用工量。此外,还应包括属于预算定额规定工作内容范围内的一些用工,例如,墙体工程中的门窗洞口、垃圾道、预留抗震柱孔等用工量,也属于基本用工的内容,需计入到基本用工中。

$$基本用工数量 = \sum(某工序工程量 \times 相应工序的时间定额)$$

其他用工:是辅助基本用工完成生产任务所耗用的人工。按其工作内容的不同分为辅助用工、超运距用工和人工幅度差用工三类。

$$其他用工 = 辅助用工 + 超运距用工 + 人工幅度差用工$$

辅助用工是指劳动定额内不包括但在预算定额内又必须考虑工时的各种辅助用工,如筛砂、淋灰用工。

$$辅助用工 = \sum(某工序工程数量 \times 相应时间定额)$$

超运距用工是指预算定额中规定的材料、成品、半成品的运距超过劳动定额规定运距应增加的用工,如表 1-7 所示。

$$超运距用工 = \sum(超运距运输材料数量 \times 相应时间定额)$$

$$超运距 = 预算定额取定运距 - 劳动定额已包括的运距$$

表 1-7　砌砖工程材料超运距　（单位:m）

材料名称	预算定额运距	劳动定额运距	超运距
砂子	80	50	30
石灰膏	150	100	50
标准砖	170	50	120
砂浆	180	50	130

人工幅度差用工:是指预算定额与劳动定额由定额水平不同而引起的用工差额。另外,还包括定额中未包括,但在一般施工作业中又不可避免且无法计量的用工。如各工种间工序搭接、交叉作业时不可避免的停歇工时消耗,施工机械转移以及水电线路移动造成的间歇工时消耗,质量检查影响操作消耗的工时,以及施工作业中不可避免的其他零星用工等。其计算采用乘系数的方法,即

人工幅度差用工 = Σ(基本用工 + 辅助用工 + 超运距用工) × 人工幅度差系数

式中,人工幅度差系数按照国家规定建筑工程一般为 10% ~15%,设备安装工程为 12%,也可以现场观察测定资料为基础确定,河南省根据本地区情况作了调整。规定如表 1-8所示。

表 1-8　人工幅度差系数

项目	取定(%)	项目	取定(%)	项目	取定(%)
总平均	8	混凝土及钢筋混凝土	12	楼地面	5
土方	4			耐酸防腐	10
打桩	10	吊装运输	10	装饰	8
砖石	5	木结构	6	构筑物	10
架子	10	屋面	6	金属结构	8

由此可得:

人工消耗指标 = 基本用工 + 其他用工

= 基本用工 + 辅助用工 + 超运距用工 + 人工幅度差用工

= (基本用工 + 辅助用工 + 超运距用工) × (1 + 人工幅度差系数)

(2)材料消耗量计算。

材料消耗量是指正常施工条件下,完成单位合格产品所必须消耗的材料用量。其按用途分为以下三种:

主要材料:指直接构成工程实体的材料,其中也包括成品及半成品等。

周转性材料:指脚手架、模板等多次周转使用的不构成工程实体的摊销材料。

次要材料(辅助材料):指用量小、难以计量的构成工程实体除主要材料以外的其他零星用料。如棉纱、钉子、铅丝等。

预算定额材料消耗量由材料净耗量和不可避免的损耗量构成,其计算方法见 1.2.3 节中介绍。

注意:

●材料消耗量的确定方法与施工定额中的确定方法一样，但损耗率不同，其范围比施工定额中的损耗范围更广，要考虑整个施工现场范围内堆放、运输、制备、制作及施工操作过程中的损耗。

●主要材料的净用量，可按理论计算法用相应的理论公式计算后，再按定额项目综合的内容和结合工程实际进行适当调整确定。

●次要材料是用量小，价值不大，不便计算的零星材料，所以可用估算法计算，在定额中以“其他材料费”用“元”表示。

●周转性材料是按多次使用、分次摊销的方法计入预算定额的，在定额中以一次摊销量表示。

(3)机械台班消耗量计算。

预算定额中的施工机械台班消耗量根据机械台班消耗定额的基本消耗量加上机械消耗幅度差计算。

机械幅度差是指在劳动定额或施工定额中未考虑到的，而在实际施工中又不可避免的影响机械效率或使机械停歇的时间。在计算预算定额机械台班消耗量指标时，机械幅度差以系数表示，如表1-9所示。

机械台班消耗量＝施工定额机械耗用基本台班消耗量×机械幅度差系数

表1-9　常用机械的幅度差系数

机械类型	机械幅度差	机械类型	机械幅度差
土方机械	1.25	打桩机械	1.33
吊装机械	1.3	其他机械	1.1

5.预算定额中的人工、材料、机械单价的确定

(1)人工单价：指一个建筑安装工人一个工作日所应得到的报酬。工作日简称“工日”，指一个工人一个工作天，一个工作日的工作时间是8小时。报酬的内容主要包括：计时工资或计件工资、奖金、津贴(补贴)、加班加点工资、特殊情况下支付的工资。各部分的含义及计算方法同1.2.3节介绍。

(2)材料预算单价：指材料由来源地(或交货地点)到达施工工地仓库或施工现场存放地点后的出库价格。一般由材料原价、供销部门手续费、包装费、运杂费、采购及保管费等组成。各部分的含义及计算方法同1.2.3节介绍。

(3)施工机械台班单价：是指为使施工机械正常运转一个台班所需支付及分摊的各项费用之和，包括折旧费、大修理费、经常修理费、安拆费及场外运输费、燃料动力费、人工费、养路费及车船使用税等7项内容。各部分的含义及计算方法同1.2.3节介绍。

1.3.3.3　预算定额的应用

1.预算定额的内容组成

预算定额一般由目录、总说明、建筑面积计算规则、各分部分项工程说明、分项工程项目表(定额项目表)及附录组成。

(1)总说明。主要阐述了预算定额编制的原则、指导思想及编制依据、定额的作用、适用范围、定额中已考虑的因素和没有考虑的因素，以及使用方法和有关规定等。因此，使用

定额前应首先了解和掌握总说明。

(2)建筑面积计算规则。规定了计算建筑面积的范围和计算方法,同时也规定了不能计算建筑面积的范围。这是正确计算建筑面积的前提条件。

(3)各分部分项工程说明及工程量计算规则。预算定额将工程按其性质不同、部位不同、工种不同和材料不同等因素划分若干分部工程。例如,《河南省08综合单价》建筑工程定额划分为以下分部工程:土(石)方工程、桩与地基基础工程、砌筑工程、混凝土与钢筋混凝土工程、木结构、金属结构、屋面与防水工程、保温、防腐、隔热工程、措施项目工程等。

分部工程说明主要介绍了分部工程所包括的主要分项工程及工作内容,编制定额中有关问题的说明,以及使用中的一些规定和特殊情况的处理办法。

工程量计算规则一般列在分部分项说明后面,它规定了工程量计算中的计算方法及注意事项等。

(4)定额项目表。以各类定额中各分部工程归类,又以若干不同的分项工程排列的项目表,一般有工作内容、主要工序及操作方法、定额计量单位、定额编号、项目名称、人工材料机械费用、数量、单价等表现形式。它是定额的核心内容。其表现形式如表1-10所示。

表1-10　砖基础(定额项目表)

工作内容:调运砂浆、铺砂浆、运砖、清理基槽坑、砌砖等。　　(单位:10 m^3)

定额编号				3-1	3-2	3-3	3-4
项目				砖基础	烟囱砖基础	多孔砖基础	墙基防潮层 100 m^3
综合单价(元)				2 516.79	2 439.47	2 401.80	1 066.38
其中	人工费(元)			502.67	431.29	464.40	353.03
	材料费(元)			1 811.79	1 816.44	1 753.98	566.99
	机械费(元)			19.78	31.53	15.46	17.31
	管理费(元)			98.48	86.43	90.61	69.62
	利润(元)			84.07	73.78	77.35	59.43
名称		单位	单价(元)	数量			
综合工日		工日	43.00	(12.01)	(10.54)	(11.05)	(8.49)
定额工日		工日	43.00	11.690	10.030	10.800	8.210
水泥砂浆(砌筑)M5.0		m^3	144.09	2.440	2.590	1.900	—
标准砖240×115×53		千块	280.00	5.200	5.140	—	—
多孔砖240×115×90		千块	450.00	—	—	3.280	—
水泥砂浆1:2		m^3	229.62	—	—	—	2.200
防水粉		kg	0.76	—	—	—	61.100
水		m^3	4.05	1.040	1.000	1.040	3.800
灰浆搅拌机200 L		台班	61.82	0.32	0.51	0.25	0.280

(5)附录。附录属于使用定额的参考资料,通常列在定额的最后,一般包括工程材料及

半成品预算价格取定表及损耗率表、施工机械台班预算价格取定表、混凝土及砂浆配合比表等内容，可作为定额换算、补充定额、编制施工作业计划以及班组核算等使用。

2. 预算定额的使用

预算定额是确定工程造价的依据。应用定额中分部和项目的划分、总说明、建筑面积计算规则、分部工程说明和工程量计算规则，针对实际的工程项目，进行列项、计量与计价。另外，利用定额进行工料分析，进而进行工料调差并编制施工作业计划。

使用前，先要对预算定额有正确的理解，并对定额项目表中包括的工程内容、计量单位有一个全面的认识，才能达到正确使用定额的要求。同时使用时，还应注意掌握其编制依据、内容，特别是规定的定额子目包括的内容和未包括的内容，以及在不同情况下定额的各种调整要求。

1）预算定额在套用计价时的注意要点

（1）正确选用定额项目。根据施工图纸及其做法说明选用相应的定额项目，不漏项、不重项、不错项。

（2）项目的工程量计算单位要与定额项目一致。

（3）区分"以内""以下"和"以外""以上"：以内、以下者包括本身，以上、以外不包括本身。

（4）定额的应用有直接套用、换算套用和缺项定额的补充使用三种方法。若和分项工程的名称、规格、计量单位与定额规定的完全一致，则可以直接套用定额；当不完全一致，定额规定又允许换算时，要将定额换算后套用；当分项工程在定额中缺项时，可以编制补充定额，但需要报当地工程造价管理部门审批及备案。

【例1-6】 某工程采用M5.0水泥砂浆砌砖基础50 m^3，试计算完成该分项工程的综合单价合计并分析人工和主要材料消耗量。（取费定额见表1-10）

解 （1）由表1-10可知设计要求和定额内容完全相同，可直接套用3－1子目，综合单价＝2 516.79元/10 m^3。

（2）综合单价合计＝综合单价×工程数量＝2 516.79 ×5＝12 583.95（元）。

注：工程数量是指实际工程量转化为定额单位的数量，由于定额的单位是10 m^3，原工程量为50 m^3，现以10 m^3为单位，其数量应为50/10＝5。以下的5的含义相同。

（3）综合人工＝12.01×5＝60.05（工日）

（4）主要材料：

标准黏土砖＝5.200×5＝26.0（千块）

M5.0水泥砂浆＝2.440×5＝12.2（m^3）

再按表1-11中M5.0砂浆配合比分析出砂浆中的水泥、砂、石膏等量。

水泥32.5：0.220× 12.2 ＝2.684（t）

中粗砂：1.020× 12.2 ＝ 12.444（m^3）

2）预算定额计价时的几种常见换算方法

定额中规定允许换算的主要项目有系数、材料强度（标号）或配合比、运距、厚度和断面等。

（1）系数换算。根据定额的分部说明或附注规定，对定额单价整体或部分内容乘以规定的系数换算，从而得到新的单价。其基本公式为

表 1-11　砌筑砂浆配合比　　（单位：m^3）

编号			186	187	188	189	190
材料项目	单位	单价（元）	水泥砂浆				
			M10	M7.5	M5	M2.5	M15
			砌筑砂浆				
基价	元		160.05	151.65	144.09	136.49	206.46
水泥 32.5	t	280.00	0.277	0.247	0.220	0.200	0.441
中粗砂	m^3	80.0	1.020	1.020	1.020	1.020	1.020
水	m^3	4.05	0.220	0.220	0.220	0.220	0.340

$$换算后单价 = 原单价 \times 调整系数$$

$$换算后单价 = 原单价 + 需调整项目 \times (调整系数 - 1)$$

【例 1-7】 试确定人工挖地槽的综合单价，施工条件：普通土、干土、深度 5 m。（取费定额见表 1-12）。

表 1-12　挖土（定额项目表）

工作内容：挖土、抛土或装土，修理底边，保持沟槽两侧 1 m 以内无弃土。　　（单位：100 m^3）

定额编号			1－18	1－19	1－20	1－21
项目			人工挖沟槽			
			一般土			
			深度（m）			
			1.5 以内	2 以内	3 以内	4 以内
综合单价（元）			1 549.53	1 657.32	1 744.37	2 005.61
其中	人工费（元）		1 229.33	1 314.85	1 383.91	1 591.17
	材料费（元）		—	—	—	—
	机械费（元）		—	—	—	—
	管理费（元）		177.25	189.58	199.54	229.42
	利　润（元）		142.95	152.89	160.92	185.02
名称	单位	单价（元）	数量			
综合工日	工日	43.00	(28.59)	(30.58)	(32.18)	(37.00)
定额工日	工日	43.00	28.589	30.578	32.184	37.004

解　查《河南省 08 综合单价》定额：人工挖地槽（普通土、干土、深度 4 m 以内）的定额

子目为 1 – 21，而设计深度为 5 m，根据土石方分部说明第七条规定：人工挖沟槽、地坑深度超过 4 m 时，以相应的 4 m 深的子目单价为基础，6 m 以内乘系数 1.1，且增加少先吊 3.25 台班（台班单价为 66.76 元）。按表 1-12 的综合单价进行换算。

换算后单价 = 原单价 × 调整系数 + 机械增加费

= 2 005.61 × 1.1 + 3.25 × 66.76

= 2 423.14 元/100（m^3）

【例 1-8】 试确定人工挖地槽的综合单价，施工条件：普通土、湿土、深度 4 m。

解 查《河南省 08 综合单价》定额：人工挖地槽（普通土、干土、深度 4 m 以内）的定额子目为 1 – 21，而实际土为湿土，根据土石方分部说明第三条规定：人工挖土子目是按干土编制的，如挖湿土，人工乘以系数 1.18。按表 1-12 的综合单价进行换算。

换算后单价 = 原单价 + 需调整项目 ×（调整系数 – 1）

= 2 005.61 + 1 591.17 × 0.18 = 2 292.02（元/100 m^3）

注意：本例中“需调整项目”指人工费。在换算中，“需调整项目”根据定额中各分部说明确定，通常“需调整项目”指人工费、材料费、机械费三者之一或三者的任意组合。

【例 1-9】 试确定人工挖地槽的综合单价，施工条件：普通土、湿土、深度 5 m。

解 在例 1-8 的基础上进行深度换算，换算如下：

换算后单价 =［原单价 + 人工费 ×（调整系数 – 1）］× 超深调整系数 + 增加的机械费

= 原单价 × 超深调整系数 + 人工费 ×（调整系数 – 1） × 超深调整系数 + 增加的机械费

= 2 005.61 × 1.1 + 1 591.17 × 0.18 × 1.1 + 3.25 × 66.76

= 2 738.19（元/100 m^3）

（2）材料强度（标号）或配合比换算。当工程图纸中设计的砂浆、混凝土强度及配合比，或混凝土中粗骨料的最大粒径与定额项目的规定不相符时，可根据定额说明的规定进行相应的换算。在进行换算时，应遵循两种材料的单价调整，而定额含量不变的原则。其换算公式如下：

换算后单价 = 原单价 +（换入材料单价 – 换出材料单价）× 该材料的定额消耗量

【例 1-10】 试确定 M7.5 水泥砂浆砌砖基础的综合单价。

解 由砖基础的定额项目表 1-10 知：砖基础的定额子目为 3 – 1，综合单价 2 516.79 元/10 m^3，其消耗的水泥砂浆强度为 M5.0，消耗量为 2.440 m^3，其单价为 144.09 元/ m^3，而设计水泥砂浆强度为 M7.5，其单价由表 1-11 可知为 151.65 元/ m^3，调整如下：

换算后单价 = 原单价 +（换入砂浆单价 – 换出砂浆单价）× 砂浆的定额含量

= 2 516.79 +（151.65 – 144.09）× 2.440 = 2 535.24（元/10 m^3）

【例 1-11】 试确定 C25（40）碎石现浇混凝土单梁的综合单价。

解 查《河南省 08 综合单价》定额：现浇混凝土单梁的定额子目为 4 – 22，综合单价 2 586.84元/10 m^3，其消耗的碎石混凝土体积为 10.15 m^3，强度为 C20（单价 170.97 元/m^3），而设计混凝土强度为 C25（单价 183.11 元/m^3），要进行混凝土强度换算。

换算后单价 = 原单价 +（换入混凝土单价 – 换出混凝土单价）× 混凝土的定额含量

= 2 586.84 +（ 183.11 – 170.97）× 10.15

= 2 586.84 + 123.22 = 2 710.06（元/10 m^3）

注意：利用定额附录确定混凝土单价时，应按施工方法（现浇或预制、水下、泵送）、石子种类（砾石或碎石）、石子的最大粒径、水泥标号等步骤所对应的条件进行查找。

(3)运距换算。在预算定额中各种项目运输定额，一般分为基本运距定额和增加运距定额，超过基本运距时，可在“基本运距”子目之上用“增加运距”子目进行调整。

$$换算后单价 = 基本运距单价 + 增加运距单价 \times n$$

式中，n 为运距增加的个数，n =（实际运距 − 定额中基本运距）/定额中增运运距，n 取整数，小数点全入不舍。

【例 1-12】 计算装载机装土，自卸式汽车运土，运距 4.5 km 的综合单价。

解 查《河南省 08 综合单价》定额：

(1)装载机装土，自卸式汽车运土，运距 1 km 的定额子目为 1 −46，综合单价 6 922.87 元/1 000 m^3。

(2)自卸式汽车运土，运距每增加 1 km，增加运距定额子目为 1 −47，综合单价 1 628.04 元/1 000 m^3。

$$\begin{aligned}换算后综合单价为 &= 基本运距单价 + 增加运距单价 \times n\\ &= 6\,922.87 + 1\,628.04 \times (4.5 - 1)/1\\ &= 6\,922.87 + 1\,628.04 \times 4 = 13\,435.03(元/1\,000\ m^3)\end{aligned}$$

(4)厚度换算。

工程构造做法中，砂浆找平层有“基本厚度”和“增减厚度”两个子目。若设计与定额规定的不同，可在“基本厚度”子目之上用“增减厚度”子目进行调整。其换算原理与运距换算一致。

$$换算后单价 = 基本厚度单价 + 增减厚度单价 \times n$$

式中，n 为厚度增减层的个数，n =（实际厚度 − 基本厚度）/ 定额中增减厚度，n 取整数，小数点全入不舍。

对于装饰抹灰面层抹灰厚度，无“增减厚度”子目，若设计与定额规定的不同，可按比例进行材料用量的调整。

$$\begin{aligned}换算后单价 = &基本厚度单价 + (设计厚度 - 基本厚度)/基本厚度 \times 该材料的定额含量 \times\\ &该材料的定额单价\end{aligned}$$

【例 1-13】 计算混凝土地面上做 30 mm 厚 1∶3水泥砂浆找平层的综合单价。

解 查《河南省 08 综合单价》定额：混凝土面上做水泥砂浆找平层的定额子目为 7 −206，定额中水泥砂浆的厚度为 20 mm，而设计厚度为 30 mm，要进行厚度换算。查定额知，每增减 5 mm 厚度定额子目为 7 −207，换算如下：

$$\begin{aligned}换算后单价 &= 基本厚度单价 + 增减厚度单价 \times n\\ &= 875.96 + 199.19 \times (30 - 20)/5\\ &= 1\,274.34(元/100\ m^2)\end{aligned}$$

(5)断面换算。

预算定额中各类木门窗的框扇、亮子、纱扇等木材耗用量，是以边立框断面、扇边立梃断面为准，按一定断面取定的。例如，普通木窗框断面以 52.2 cm^2 为准，玻璃亮子梃料断面以 27 cm^2 为准等。而在实际中设计断面往往与定额不符，这就使得其实际木材耗用量与定额用量产生差异，就必须进行换算，其换算步骤为：

①计算设计毛断面面积。定额中所注木材断面或厚度都是以毛料为准，如设计图纸所注尺寸为净料，应增加刨光损耗：板，方材一面刨光增加 3 mm；双面刨光增加 5 mm；圆木刨光，每立方米材积增加 0.05 m^3。

设计毛断面面积 =（设计断面净长 + 刨光损耗）×（设计断面净宽 + 刨光损耗）

②计算换算比例系数 = 设计毛断面面积/定额毛断面面积。

③计算木材调整量 =（换算比例系数 - 1）×定额木材消耗量。

计算结果：正值为调增，负值为调减。

④木材材料费调整值 = 木材调整量 ×（定额木材单价 + 干燥费单价）。

⑤换算后单价 = 原单价 + 木材材料费调整值。

【例 1-14】 试确定单扇单层有亮普通木窗的综合单价。（框断面 100 mm×60 mm，扇断面 55 mm×40 mm）。

解 查《河南省 08 综合单价》定额：单扇单层有亮普通木窗对应定额子目为 B4－42；定额中规定框毛断面面积为 52.2 cm^2，扇亮毛断面面积为 27.0 cm^2。

设计框毛断面面积 =（10 + 0.3）×（6 + 0.5）= 66.95（cm^2）> 52.2 cm^2

设计扇毛断面面积 =（5.5 + 0.5）×（4 + 0.5）= 27（cm^2）

由于框毛断面面积大于定额断面毛面积，扇亮毛断面面积与定额毛断面面积相同，所以只需进行框断面换算。

换算比例系数 = 66.95/52.2 = 1.283

木材调增量 =（1.283 - 1）×3.103 = 0.878 m^3（3.103 指定额中框制作所消耗的木材用量）。

材料费调增值 = 0.878 ×（1 550 + 59.38）= 1 413.04（元/100 m^2）

换算后单价 = 原单价 + 木材材料费调增值

= 17 140.16 + 1 413.04 = 18 553.20（元/100 m^2）

3）人工、材料的分析

（1）工料分析的概念。工料分析是按照分部分项工程项目计算各工种用工数量和各种材料的消耗量。它是根据定额中的定额人工消耗量和材料消耗量分别乘以各个分部分项工程的实际工程量，求出各个分部分项工程的各工种用工数量和各种材料的数量，从而反映出单位工程中全部分项工程的人工和各种材料的预算用量。

（2）工料分析的作用。工料分析是施工企业编制劳动力计划和材料需用量计划的依据。工料分析是进行“两算”对比和进行成本分析、降低成本的依据。工料分析是向工人班组签发工程任务书、限额领料单、考核工人节约材料情况以及对工人班组进行核算的依据。工料分析是施工单位和建设单位材料结算和调整人工、材料价差的主要依据。

由于人工、材料费用在建筑工程造价中占很大比重，因此进行工料分析，合理地调配劳动力，正确管理和使用材料，是加强施工企业经营管理、加强经济核算和降低工程成本的重要措施。

（3）工料分析的方法。工料分析一般与套用定额同时进行，以减少翻阅定额的次数。即在套定额单价时，同时查出各项目单位定额用工用料量，用工程量分别与其定额用量相乘，即可得到每一分项的用工量和各材料的消耗数量，并填入相应的栏内，最后逐项分别加以汇总。

为了统计和汇总单位工程所需的主要材料用量和用工量，要填写单位工程主要工料汇总表。材料汇总一般按钢材、木材、水泥、砖、瓦、灰、砂、石、沥青、油毡等材料，按不同的规格及消耗量一一列出。其数据主要来源于工料分析表、钢筋混凝土构件中钢筋的计算和铁件统计表及金属构件制作工程量计算表。

在进行材料分析时，应注意经过强度（标号）换算的分项工程，应用换算后的混凝土或砂浆强度（标号）的配合比进行计算。

1.3.4 其他计价定额

1.3.4.1 概算定额的概念

概算定额是在预算定额的基础上，以扩大结构构件、分部工程或扩大分项工程为研究对象，确定完成一定计量单位的合格产品，所需人工、材料、机械台班等消耗量的数量标准。概算定额又称扩大结构定额。

概算定额是预算定额的合并与扩大。它将预算定额有联系的若干分项工程项目综合为一个概算定额项目。如砖基础概算定额项目，是以砖基础为主，综合了人工挖地槽、铺设垫层、砌砖基础、铺设防潮层、回填土、余土外运等预算定额中分项工程项目，如表 1-13 所示。

表 1-13 砖基础概算定额表 （单位：m^3）

编号				1-2	
名称				砖基础	
基价（元）				117.49	
其中	人工费（元）			20.59	
	机械费（元）			96.40	
	材料费（元）			0.52	
预算定额编号	工程名称	单价	单位	数量	单价
3-1	砖基础	103.21	m^3	1	103.21
1-16	人工挖地槽	1.73	m^3	2.15	3.72
1-59	人工夯填土	1.42	m^3	1.22	1.73
1-54	人工运土	2.21	m^3	3.05	6.74
8-19	水泥砂浆防潮层	4.45	m^3	0.47	2.09
人工	合计		工日	2.12	
主要材料	砖		块	522	
	水泥		kg	49	
	砂		m^3	0.28	

概算定额是初步设计阶段编制建设项目设计概算的依据，是设计方案比较的依据，是编制主要材料需要量的计算基础，是编制投资估算指标的基础。

1.3.4.2 概算指标的概念

建筑工程概算指标是以整个建筑物和构筑物为对象，以建筑面积（m^2）、体积（m^3）、构筑物的座、成套设备的装置的台或组为计量单位，规定的人工、材料和机械台班的消耗量标准和造价指标，如表 1-14、表 1-15 所示。

表 1-14　建筑工程每 100 m^2 工料消耗指标

项目	人工及主要材料												
	人工	钢材	水泥	模板	成材	砖	黄砂	碎石	毛石	石灰	玻璃	油毡	沥青
	工日	t	t	m^3	m^3	千块	t	t	t	t	m	m	kg
工业与民用建筑综合	315	3.04	13.57	1.69	1.44	14.76	44	46	8	1.48	18	110	240
(一)工业建筑	340	3.94	14.45	1.82	1.43	11.56	46	51	10	1.02	18	133	300
(二)民用建筑	277	1.68	12.24	1.50	1.48	19.58	42	36	6	2.63	17	67	160

表 1-15　某框架结构办公楼技术经济指标

项目名称	办公楼			每平方米主要材料及其他指标	水泥		292	
檐高(m)	46.9	建筑占地面积(m^2)	2 455		钢材		kg/m^2	79
层数(层)	12	总建筑面积(m^2)	14 800		钢模		kS/m^2	5.20
层高(m)	3.6	其中:地上面积(m^3)	1 595		原木		m^3/m^2	0.029
开间(m)	7	地下面积(m^2)			混凝土折厚	地上	cm/m^2	30
进深(m)	6	总造价(万元)	1 595			地下	cm/m^2	9
间	132	单位造价(元/m^2)	1 078			桩基	cm/m^2	102
工程特征	框架结构，独立桩基，桩基(0.4 m×0.4 m×17 m×262 根，0.45 m×0.45 m×0.45 m×294 根)，古铜色铝合金茶色玻璃门窗，外墙石屑砂浆面层，局部泰山面砖，内墙乳胶漆，彩色水磨石地面							
设备选型	2 件卫生洁具，局部窗式空调器，400 门自动电话交换机 1 套，3 台 1 t 全自动电梯							
项目名称	总值(元)	占分部造价(%)	占总造价(%)	技术经济指标				
				单位	数量	单价 1	单价 2	单价 3
土建	6 290 340	100	70.2	m^2	14 800	425	823	1 440
地上部分	5 145 700	81.8		m^2	14 800	348	674	1 180
地下部分								
打桩	1 144 640	18.2		m^2	14 800	77	144	252
设备	2 469 710	100	27.6	m^2	14 800	167	242	424
给排水	209 510	8.5		m^2	14 800	14	20	35
照明、防雪	284 960	11.5		m^2	14 800	19	28	49
电力	38 790	1.6		kW	273	142	206	361
空调	190 160	7.7		m^2	14 800	13	19	33
弱电	1 359 360	55.0		m^2	14 800	91	132	231
动力	9 940	0.4		m^2	14 800	0.67	0.91	2
冷冻设备	53 780	2.2		kcal	184 000	0.29	0.42	0.74
电梯	323 210	13.1		台	3	107 737	155 672	272 426
其他费用	194 750		2.2	m^2	14 800	13	13	23
合计	8 954 800		100	m^2	14 800	605	1 078	1 887

注: 1 cal = 4.185 5 J。表中的总值是按单价 1 计算的。

建筑工程概算指标比概算定额具有更加概括与扩大的特点，是以统计指标的形式反映工程建造过程中所需资源消耗量水平的。

概算指标是编制投资估算的依据，概算指标中的主要材料指标可作为计算主要材料用量的依据，是设计单位进行设计方案比较和优选的依据，是编制基本建设投资计划、确定投资额和主要材料计划的的主要依据。

1.3.5 企业定额

1.3.5.1 企业定额编制的意义和作用

企业定额是施工企业根据本企业的技术水平和管理水平所编制的完成单位合格产品所必须的人工、材料和施工机械台班消耗量，以及其他生产经营要素消耗的数量标准。

企业定额反映本企业的施工生产与生产消耗之间的数量关系，是施工企业生产力水平的体现，每个企业均应有反映自己企业能力的企业定额。企业定额是施工企业进行施工管理和投标报价的基础和依据，是企业的商业秘密。

企业定额在不同的历史时期有着不同的概念。在计划经济时期，企业定额也称临时定额，是国家统一定额或地方定额中缺项定额的补充，它仅限于企业内部临时使用。在市场经济条件下，企业定额是企业参与市场竞争、自主报价的依据。《建筑工程施工发包与承包计价管理办法》（住房和城乡建设部令第 16 号）第十条第二款规定："投标报价应当依据工程量清单，工程计价有关规定，企业定额和市场价格信息等编制。"

目前，工程量清单计价是一种与市场经济相适应的，由投标人自主报价，通过市场竞争确定价格，与国际惯例接轨的计价模式。是按照本企业的施工水平、技术及机械装备力量、管理水平、设备材料的进货渠道和所掌握的价格情况及对利润追求的程度计算工程量清单报价。在通过市场竞争形成价格的原则下，施工企业定额是企业工程投标报价的重要依据，它已成为承接工程项目的重要因素。如何增强工程投标报价的竞争能力，承接到更多的工程项目，不断扩大市场占有份额和提高企业信誉，也就成为施工企业生存与发展的关键。

同一个建设项目，同样的工程数量，各投标人以各企业内部定额为基础所报的价格不同，反映了施工单位的个别成本，形成企业之间的竞争。为了满足工程量清单报价的需要，各施工企业建立企业内部定额势在必行。

企业定额是施工企业进行管理的重要工具，不仅能反映企业的劳动生产率和技术装备水平，同时也是衡量企业管理水平的标尺，其主要作用有：

(1) 是编制施工组织设计和施工作业计划的依据。

(2) 是企业内部编制施工预算的依据。

(3) 企业定额是工队和班组下达施工任务书和限额领料、计算施工工日和工人劳动报酬的依据。

(4) 企业定额促使企业参与市场竞争，不断提高企业生产综合效率，盘活企业资金，提高资金利用率。加强成本管理和经济核算的基础。同时，是建立和健全财务成本分析与核算的重要依据。

(5) 企业定额是施工企业进行工程投标、编制工程投标报价的基础和主要依据；是适应工程承、发包市场机制，掌握投标报价中的定价主动权，实现企业自主定价的需要。

从本质上讲，施工企业定额是企业整体素质的综合反映，整体素质的不断增长，还依赖于企业经营与管理技术的不断进步，反过来又会推动企业定额水平的不断提高。因此，科学地制定企业定额，是不断提高企业整体素质和综合效益，是企业发展的需要。

1.3.5.2 企业定额的编制原则和依据

（1）企业定额的编制原则：先进水平原则；简明适用原则；专业人员与群众结合，以专业人员为主的原则；坚持实事求是、独立自主的原则；保密原则。

（2）企业定额的编制依据：现行全国统一劳动定额、材料消耗定额、机械台班使用定额；现行的设计规范、施工及验收规范、质量评定标准和安全操作规程；通用的标准图集和定型设计图纸，以及有代表性的典型设计图纸和图集；新技术、新工艺、新结构、新材料和先进的施工经验；有关科学试验、技术测定、统计资料和经验数据；相关经济政策和劳动制度。

1.3.5.3 企业定额的编制方法

编制企业定额的方法与预算定额和施工消耗定额的编制方法基本相同。

目前，大部分施工企业是以国家或行业制定的预算定额作为进行施工管理、工料分析和计算施工成本的依据。随着市场化改革的不断深入和发展，施工企业可以参照预算定额和基础定额，逐步建立起反映企业自身施工管理水平和技术装备程度的企业定额。但是，作为企业定额，必须具备以下特点：各项消耗指标要比社会平均水平低，体现其先进性；要表现本企业在某些方面的技术优势；要表现本企业局部或全面管理方面的优势；所有单价必须是动态的，具有市场性；表现内容与施工方案能全面接轨。

企业定额编制关键的工作就是根据企业的自身管理水平确定人工、材料和机械台班的消耗量，计算分项工程单价或综合单价。

人工消耗量的确定，首先根据企业环境，拟定正常的施工作业条件，分别计算测定基本用工和其他用工的工日数，进而拟定施工作业的定额时间。

材料消耗量的确定是通过理论计算、企业历史数据的统计分析、实验室试验、现场考察等方法计算确定包括周转材料在内的净用量和损耗量，从而制定材料消耗的定额指标。

机械台班消耗量的确定，同样需要按照企业的环境，拟定机械工作的正常施工条件，确定机械工作效率和利用系数，据此拟定施工机械作业的定额台班与机械作业相关的工人小组的定额时间。

习 题

1. 某6层住宅楼（地下1层），檐口高度18.4 m，底层建筑面积620.73 m^2，总建筑面积4 519.53 m^2，施工现场面积约2 500 m^2。承包企业位于某市区内，办公地点距工地现场35 km。定额工期为15个月，而合同工期为14个月，预算分析表明，分部分项工程费合计1 738 177.96元（其中综合工日为6 000工日），技术措施费为40 000元（其中综合工日为150工日），主要材料差31 753.00元。各费率规定如表1-16所示，试计算建筑工程造价。

2. 计算：

（1）试计算1砖标准砖内墙每10 m^3砌体中砖和砂浆的消耗量。

（2）彩色地板砖规格为600 mm×600 mm，灰缝1 mm，下有20 mm厚的1∶3水泥砂浆黏结层，损耗率均为1.5%，试计算100 m^2地面砖与砂浆的消耗量。

3. 根据本地域预算定额确定下列各项目的综合单价：

(1)人工装土,自卸式汽车运土,运距5.5 km。

(2)装载机装运土,运距60 m。

(3)机械挖土汽车运土,运距3.5 km。

(4)双扇单层有亮普通木窗(框断面120 mm×70 mm)。

表1-16　费率规定

序号	项目	公式	费率(%)	费用(元)
1	组织措施费			
1.1	安全文明施工费	综合工日×34×1.66×费率	15.28	
1.2	材料二次搬运费	综合工日×费率	1.02	
1.3	夜间施工增加费	综合工日×费率	0.68	
1.4	冬雨期施工增加费	综合工日×费率	0.68	
2	规费			
2.1	社会保障费	综合工日×费率	8.08	
2.2	住房公积金	综合工日×费率	1.7	
2.3	意外伤害保险	综合工日×费率	1.0	

(5)单扇无亮普通木门(框断面90 mm×70 mm)。

(6)M7.5 水泥砂浆砌砖基础。

(7)C20 现浇混凝土有梁式带基。

(8)C15 现浇混凝土垫层。

(9)混凝土屋面板上做20 mm 厚1:2.5 水泥砂浆找平层。

(10)2:8灰土地面垫层。

(11)混凝土墙面上做30 mm 厚1:2.5 水泥砂浆找平层。

(12)人工挖地槽(施工条件:普通土、干土、深度6 m)。

(13)人工挖地坑(施工条件:普通土、湿土、深度5 m)。

(14)机械挖土方(施工条件:普通土、湿土、深度7 m)。

4.根据本地域预算定额进行工料分析:55 m^3的 C25 现浇混凝土有梁式筏板基础。

模块2　建筑工程计量综述

2.1　工程计量基础知识

2.1.1　工程量的概念

工程量是以规定的计量单位表示的工程数量，是把设计图纸的内容，转化为按清单项目或定额的分项工程或按结构构件项目划分的，以物理计量单位（如 m、m^2 等）或自然计量单位（如个、套、台、座等）表示的实物数量。工程量是工程计价的重要依据，准确的工程量计算，对工程计价、编制计划、财务管理以及成本计划执行情况的分析都是非常重要的。

工程量主要包括两方面的内容：由招标人按照《建装计量规范》附录中的计算规则计算的清单项目的工程量（称清单工程量）；由投标人根据招标人提供的清单项目及工程量，按照企业取费定额拆分定额计价项目并按其规定的工程量计算规则计算的工程量（称定额工程量）。当前，由于许多企业没有自己的内部定额，使用的仍是由省、自治区、直辖市建设行政主管部门制定颁布的地区统一取费定额，河南省按照《河南省 08 综合单价》中工程量计算规则进行计算。

2.1.2　工程量计算的依据

（1）经审定的单位工程全套施工图纸（包括设计说明）及图纸会审纪要或竣工图，工程量的数据是从施工图上或竣工图上取定的。

（2）建筑工程计价的标准。指《全国统一建筑工程基础定额》《建装计量规范》和省、市、自治区颁发的地区性建筑工程计价性定额以及企业定额等，分别在不同的编制单位以及工程造价所处的不同阶段下采用。定额和规范中详细地规定了各个分部、各个分项工程工程量计算规则。计算工程量时必须严格按照规范和定额中规定的计算规则、方法、单位进行，它具有一定的权威性和指导性。

（3）已批准的施工组织设计和施工方案、施工合同。每个工程都有自身的具体情况，施工企业有自身的特点，如工程地质、水文不同，土方施工方法就不同，另有土方运输方法与运距也不同，混凝土可以是现场搅拌也可以采用商品混凝土等。这些内容主要从施工组织设计和施工方案中才能体现出来，因此计算工程量之前，必须认真阅读施工组织设计及施工方案。另外，在施工合同中有人工、材料、机械以及其他因素的责任归属是否调整及如何调整的条款说明，计价时也必须认真阅读。

（4）现场地质勘探报告。现场地质勘探报告主要影响土石方、人工降水、桩基础等工程的工程量计算。

（5）标准图集及有关计算手册。施工图中引用的有关标准图集，表明了建筑构件、结构构件的具体构造做法和细部尺寸，是编制预算必不可少的。另外，计算工程量时一些常用的技术数据,可直接从有关部门发行的手册中查出,从而可以减轻计算的工作量,提高计算工程量的效率。如五金手册、材料手册等。

(6)双方确认工程变更相关的签证、变更等。

2.1.3 工程量计算应遵循的原则

在进行工程量计算时应注意下列基本原则:

(1)熟悉基础资料。熟悉规范、定额、施工图纸、有关标准图集、施工组织设计、施工合同、招标文件等工程量计算的依据。

(2)计算项目内容应与清单或定额中相应子目的工程内容一致。

(3)计算清单工程量遵循清单规则、计算定额工程量遵循定额规则。即计算清单工程量时,必须遵循规范附录中所规定的工程量计算规则,在分析综合单价计算定额工程量时遵循定额规则。

(4)工程量计量单位与定额或清单工程量计量单位一致。工程量的计算单位是多种多样的,有以体积(m^3)、以面积(m^2)、以长度(m)、以质量(t)或(kg)、以件(个或组)计算的。

建筑工程预算定额中大多数用扩大定额(按计算单位的倍数)的方法来计量,如 100 m^3、100 m^2、10 m 等。计算定额工程量时,所选用的计算单位必须与定额单位相一致。

(5)工程量计算所用原始数据必须和设计图纸相一致。计算工程量必须在熟悉和审查图纸的基础上,严格按照定额规定的工程量计算规则,以施工图纸所标注的尺寸为准进行计算,不得任意加大或缩小各部位尺寸。

(6)按图纸,结合建筑物的具体情况进行计算。一般应做到主体结构分层计算;内装修分层分房间计算,对外装修分立面计算;或按施工方案要求分段、不同施工方法计算。不同的结构类型组成的建筑,按不同结构类型分别计算。

2.1.4 工程量计算的一般方法

每一幢建筑物分项工程繁多,少则几十项,多则上百项,且图纸内容上下、左右、内外交叉,为了防止漏项、减少重复计算,在工程量计算时应按照一定的顺序,有条不紊地进行计算。而计算顺序往往与编制人员的习惯和嗜好有关。常用的计算顺序有以下几种。

2.1.4.1 按施工顺序计算

即按工程对象施工的先后顺序来计算。一般分部工程遵循先地下后地上、先底层后上层,先结构后装修、先主体后围护的程序,对于各分部工程再按施工工艺的先后顺序划分分项工程。如地下工程按平整场地、挖土方、基础垫层、基础钢筋、基础混凝土、回填土、余土外运等分项工程进行计算。

2.1.4.2 按照清单项目的顺序计算

此方法即参照使用规范附录中所编排的分部工程、分项工程顺序进行计算。此方法适合于对不太熟悉的工程项目或初学者采用。

2.1.4.3 按图纸拟定一个有规律的顺序依次计算

1. 顺时针顺序计算

从平面图纸的左上角开始,从左到右按顺时针方向环绕一周,再回到左上角为止。这种方法适用于计算外墙挖基础土方、外墙基础、外墙面、楼地面、顶棚等项目,如图 2-1 所示。

2. 按照横竖分割计算

采用先横后竖、先左后右、先上后下的计算顺序。这种方法适用于计算内墙挖基础土方、内墙基础、内墙面、楼地面、顶棚等项目，如图 2-2 所示。

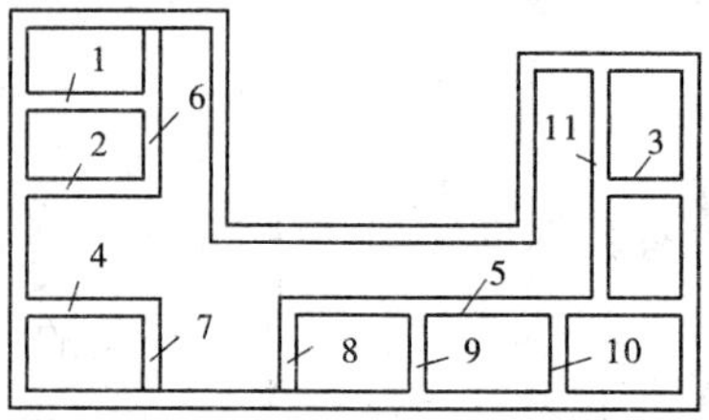

图 2-1　按顺时针方向计算

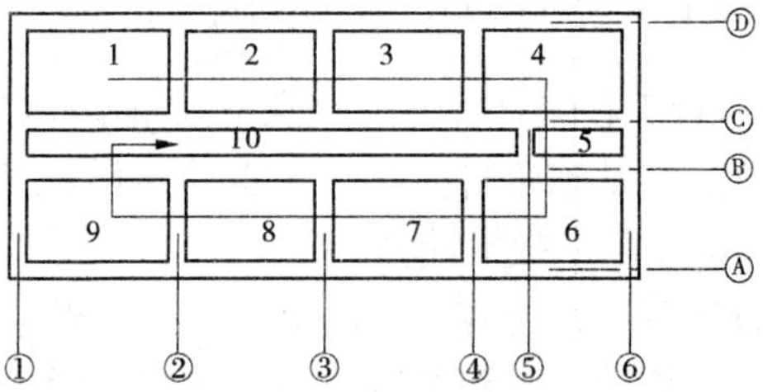

图 2-2　按先横后竖、先上后下、先左后右的顺序计算

3. 按照图纸注明的轴线或构件的编号、分类计算

这种方法是按照各种不同的构、配件就其自身的编号（如梁：L－1、L－2、…，门：M－1、M－2、…）分别依次列表计算。它主要用于图纸上进行分类编号的梁、板、柱、独立基础、门窗、预制构件、屋架等工程量计算。

2.1.5　统筹法计算工程量

统筹法是按照事物内部固有的规律性，逐步地、系统全面地加以解决问题的一种方法。利用统筹法原理计算工程量，使计算工作能够迅速、准确地完成。用统筹法计算工程量，就是通过抓住工程量计算中的一些关键数据，即共性的因素先进行计算，以便后面计算的重复使用。

2.1.5.1　统筹法计算工程量的基本要点

1. 统筹顺序，合理安排

计算工程量的顺序是否合理，直接关系到计算速度和效率。工程量计算以施工顺序和定额顺序进行计算时，没有充分利用项目数据之间的内在联系而形成重复计算，浪费时间和精力，有时还易出现计算差错。

例如，在计算地面工程量时，按照施工顺序应为室内回填夯实、地面垫层、地面面层。计算顺序如图 2-3 所示。

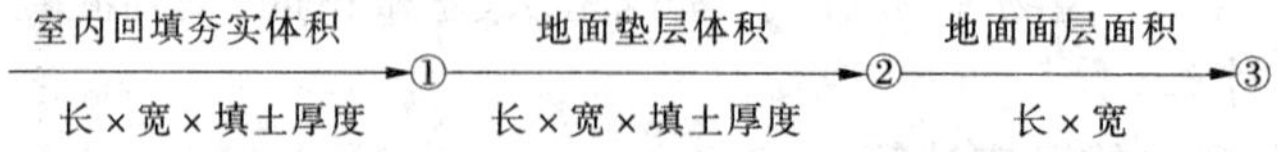

图 2-3　地面工程量计算顺序

该种计算方法重复计算了三次“长×宽”，影响了计算速度。

运用统筹法计算，就是把具有共性的“地面面层工程量”（长×宽）放在前面计算，利用地面面层工程量乘以垫层厚度，得出地面垫层的工程量，同样利用地面面层的工程量乘以室内回填土厚度得出室内回填夯实工程量，这样以地面面层面积为基数，避免了不必要的重复计算。计算顺序如图 2-4 所示。

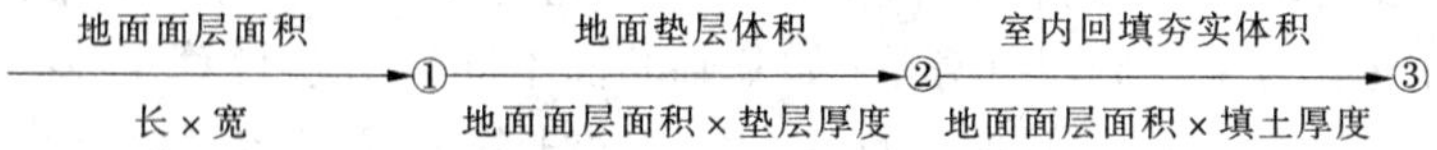

图 2-4　地面工程量统筹法计算顺序

2. 利用基数，连续计算

这种方法就是以“线”或“面”数据为基数，利用连乘或加减，算出与它有关的分项工程量。工程量计算的基数就是“线”或“面”的长度和面积，常称为“三线一面”。“三线”是指建筑物平面图中所示的外墙外边线（$L_{外}$）、外墙中心线（$L_{中}$）、内墙净长线（$L_{内}$），“一面”是指建筑物底层建筑面积（$S_{底}$）。

“三线一面”的计算方法如下：

$L_{外}$（外墙外边线）= 建筑物平面图的外墙结构外围周长之和。

$L_{中}$（外墙中心线）= 建筑物平面图的外墙中心所围周长之和。

$L_{内}$（内墙净长线）= 建筑物平面图中所有内墙长度之和。

$S_{底}$（建筑面积）= 建筑物底层平面图勒脚以上结构外围水平投影面积。

与“三线一面”数据有关的项目如下：

$L_{外}$（外墙外边线）：勒脚、腰线、外墙装饰、散水、明沟、外墙装饰脚手架、外墙内面装饰、外墙内面踢脚等分项工程。

$L_{中}$（外墙中心线）：外墙基挖沟槽、外墙基础垫层、外墙基础、外墙墙基防潮层、外墙圈梁、外墙墙身等分项工程。

$L_{内}$（内墙净长线）：内墙砖基础砌筑、内墙墙基防潮层、内墙圈梁、内墙墙身砌筑、内墙装饰、内墙踢脚等分项工程。

$S_{底}$：平整场地、地面垫层、地面面层、天棚装饰、楼面及屋面工程的分项工程、垂直运输费、综合脚手架等。

在工程量计算时，可在这三条“线”和一个“面”的基础上，连续计算出各分项工程的工程量，即把这“三线一面”计算好，作为基数，然后利用此基数再计算与它们有关的分项工程量。

3. 一次算出，多次使用

在工程量计算过程中，往往还有一些能用“线”“面”基数进行连续计算的项目，如门窗洞口面积在墙体砌筑、墙体抹灰工程量的计算中需扣除，埋入墙身的钢筋混凝土圈梁、过梁、构造柱等混凝土构件的体积在墙体砌筑工程量的计算中需扣除，钢筋混凝土预制标准空心板、过梁等构件中的钢筋的重量和混凝土的体积与其块数相关。这些埋入墙身的门窗、圈梁、过梁、构造柱等构件，以及预制的钢筋混凝土屋架、空心板等标准构件的块数及单块的钢筋和混凝土的数量，不同直径钢筋或型钢的金属构件单位长度（或单位面积）的质量等也应事先一次算出，汇编成册，便于构件本身项目的计算，又有利于与其相关的其他项目的工程量的计算。

4. 结合实际，灵活机动

上述基数由于基础及各层布局不同，常常有若干组，如基础中的 $L_{中}$ 和 $L_{内}$，各层墙体的

$L_{中}$、$L_{外}$、$L_{内}$、$S_{底}$。每一个基数又要划分为若干个,如内墙净长线的个数应根据不同墙厚、墙高、砂浆品种和强度等级,计算出若干个基数。因此,应用时应灵活掌握,切不可生搬硬套。根据具体情况的不同,可采用分段计算法(如基础断面不同)、分层计算法(多层建筑物的各层结构、建筑面积及材料不同)、补加计算法(由相同部分加局部多出部分)或补减计算法(整体减去局部不同的部分)等方法进行计算。

2.1.5.2 统筹法计算工程量的步骤

用统筹法计算工程量大体上分为五个步骤。

第一步:熟悉图纸。

第二步:基数计算。$L_{外}$→$L_{中}$→$L_{内}$→$S_{底}$→统计门窗及洞口面积→计算埋入墙身圈梁、过梁、构造柱等构件的体积。

第三步:计算分项工程量。利用基数从基础→外墙砌筑→内墙砌筑→屋面工程→楼地面工程→内墙装饰→外墙装饰等顺序计算。

第四步:计算其他项目工程量。预制混凝土构件→现浇混凝土构件→木构件→金属构件→其他零星构件。

第五步:整理与汇总。同定额项目合并,或按各分部整理、按定额整理。

2.2 建筑面积

建筑面积是指建筑物外墙勒脚以上外围水平投影测定的各层平面面积之和。

建筑面积是一个建筑物建筑规模大小的经济指标,也是确定建筑房屋各项经济技术指标的基础,如每平方米工程造价,每平方米所用的人工、主材消耗量;又是计算室内回填土、楼地面、天棚、屋面等有关分项工程量的基数。另外,建筑面积也是脚手架、垂直运输费用的计算依据。

建筑面积要根据《建筑工程建筑面积计算规范》(GB/T 50353—2013)的规定计算,适用于新建、扩建、改建的工业与民用建筑工程的建筑面积计算。包括工业厂房、仓库、公共建筑、居住建筑,农业生产用的房屋、粮种仓库、地铁车站等的建筑面积的计算。如遇有下述未尽事宜,应符合国家现行的有关标准规范的规定。

2.2.1 计算建筑面积的规定

(1)建筑物的建筑面积应按自然层外墙结构外围水平面积之和计算。结构层高在 2.20 m 及以上的,应计算全面积;结构层高在 2.20 m 以下的,应计算 1/2 面积。

说明:结构层高指楼面或地面结构层上表面至上部结构层上表面之间的垂直距离。

(2)建筑物内设有局部楼层时,对于局部楼层的二层及以上楼层,有围护结构的应按其围护结构外围水平面积计算,无围护结构的应按其结构底板水平面积计算,且结构层高在 2.20 m 及以上的,应计算全面积,结构层高在 2.20 m 以下的,应计算 1/2 面积。部分楼层建筑面积示意如图 2-5 所示。

说明:围护结构是指围合建筑空间四周的墙体、门、窗等。

(3)对于形成建筑空间的坡屋顶,结构净高在 2.10 m 及以上的部位应计算全面积;结构净高在 1.20 m 及以上至 2.10 m 以下的部位应计算 1/2 面积;结构净高在 1.20 m 以下的

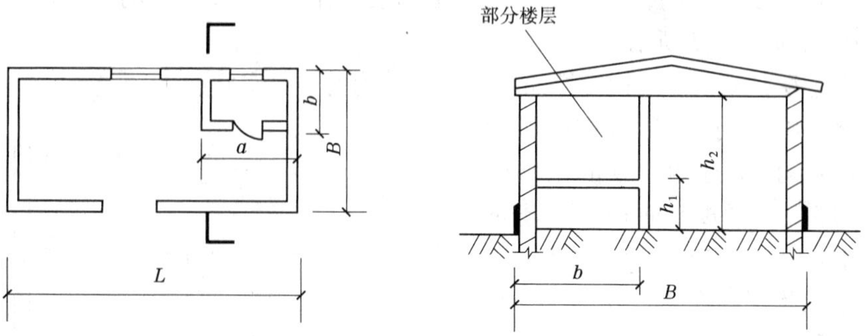

图 2-5　部分楼层建筑面积示意(注:部分楼层层高 2.2 m 及以上)

部位不应计算建筑面积。

说明:结构净高指楼面或地面结构层上表面至上部结构层下表面之间的垂直距离。

(4) 对于场馆看台下的建筑空间,结构净高在 2.10 m 及以上的部位应计算全面积;结构净高在 1.20 m 及以上至 2.10 m 以下的部位应计算 1/2 面积;结构净高在 1.20 m 以下的部位不应计算建筑面积。室内单独设置的有围护设施的悬挑看台,应按看台结构底板水平投影面积计算建筑面积。有顶盖无围护结构的场馆看台应按其顶盖水平投影面积的 1/2 计算面积。场馆看台下建筑面积计算如图 2-6 所示。

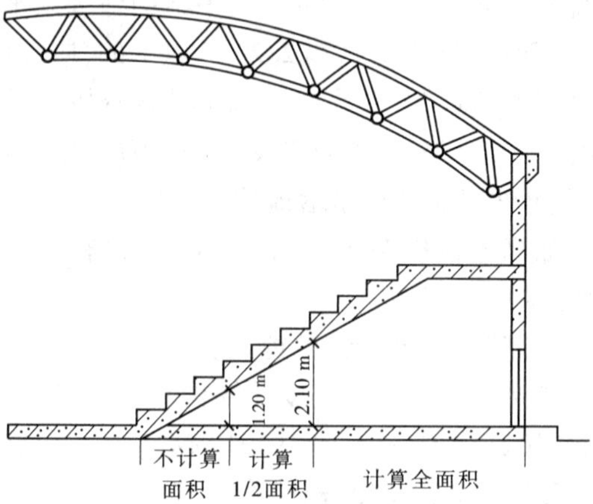

图 2-6　场馆看台下建筑面积计算

说明:围护设施是指为保障安全而设置的栏杆、栏板等围挡。

(5)地下室、半地下室应按其结构外围水平面积计算。结构层高在 2.20 m 及以上的,应计算全面积;结构层高在 2.20 m 以下的,应计算 1/2 面积。

说明:地下室是指室内地平面低于室外地平面的高度超过室内净高的 1/2 的房间。半地下室是指室内地平面低于室外地平面的高度超过室内净高的 1/3,且不超过 1/2 的房间。

(6)出入口外墙外侧坡道有顶盖的部位,应按其外墙结构外围水平面积的 1/2 计算面积。

(7)建筑物架空层及坡地建筑物吊脚架空层,应按其顶板水平投影计算建筑面积。结构层高在 2.20 m 及以上的,应计算全面积;结构层高在 2.20 m 以下的,应计算 1/2 面积。坡地建筑物示意如图 2-7 所示。

说明:架空层是指仅有结构支撑而无外围护结构的开敞空间层。

(8)建筑物的门厅、大厅应按一层计算建筑面积,门厅、大厅内设置的走廊应按走廊结构底板水平投影面积计算建筑面积。结构层高在 2.20 m 及以上的,应计算全面积;结构层高在 2.20 m 以下的,应计算 1/2 面积。

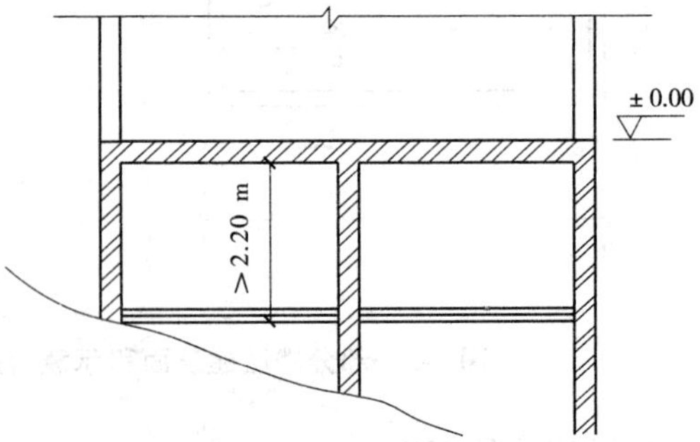

图 2-7　坡地建筑物示意

(9)对于建筑物间的架空走廊,有顶盖和围护设施的,应按其围护结构外围水平面积计算全面积;无围护结构、有围护设施的,应按其结构底板水平投影面积计算 1/2 面积。

(10)对于立体书库、立体仓库、立体车库,有围护结构的,应按其围护结构外围水平面积计算建筑面积;无围护结构、有围护设施的,应按其结构底板水平投影面积计算建筑面积。无结构层的应按一层计算,有结构层的应按其结构层面积分别计算。结构层高在 2.20 m 及以上的,应计算全面积;结构层高在 2.20 m 以下的,应计算 1/2 面积。

(11)有围护结构的舞台灯光控制室,应按其围护结构外围水平面积计算。结构层高在 2.20 m 及以上的,应计算全面积;结构层高在 2.20 m 以下的,应计算 1/2 面积。

(12)附属在建筑物外墙的落地橱窗,应按其围护结构外围水平面积计算。结构层高在 2.20 m 及以上的,应计算全面积;结构层高在 2.20 m 以下的,应计算 1/2 面积。

说明:落地橱窗是指突出外墙面且根基落地的橱窗。

(13)窗台与室内楼地面高差在 0.45 m 以下且结构净高在 2.10 m 及以上的凸(飘)窗,应按其围护结构外围水平面积计算 1/2 面积。

说明:凸(飘)窗是指凸出建筑物外墙面的窗户。

(14)有围护设施的室外走廊(挑廊),应按其结构底板水平投影面积计算 1/2 面积;有围护设施(或柱)的檐廊,应按其围护设施(或柱)外围水平面积计算 1/2 面积。

(15)门斗应按其围护结构外围水平面积计算建筑面积,且结构层高在 2.20 m 及以上的,应计算全面积;结构层高在 2.20 m 以下的,应计算 1/2 面积。

说明:门斗是指建筑物入口处两道门之间的空间。

(16)门廊应按其顶板的水平投影面积的 1/2 计算建筑面积;有柱雨篷应按其结构板水平投影面积的 1/2 计算建筑面积;无柱雨篷的结构外边线至外墙结构外边线的宽度在 2.10 m 及以上的,应按雨篷结构板的水平投影面积的 1/2 计算建筑面积。

说明:门廊是指建筑物入口前有顶棚的半围合空间。

(17)设在建筑物顶部的、有围护结构的楼梯间、水箱间、电梯机房等,结构层高在 2.20 m 及以上的应计算全面积;结构层高在 2.20 m 以下的,应计算 1/2 面积。

(18)围护结构不垂直于水平面的楼层,应按其底板面的外墙外围水平面积计算。结构净高在 2.10 m 及以上的部位,应计算全面积;结构净高在 1.20 m 及以上至 2.10 m 以下的部位，应计算1/2面积；结构净高在1.20 m以下的部位，不应计算建筑面积。

(19)建筑物的室内楼梯、电梯井、提物井、管道井、通风排气竖井、烟道，应并入建筑物的自然层计算建筑面积。有顶盖的采光井应按一层计算面积，且结构净高在2.10 m及以上的，应计算全面积；结构净高在2.10 m以下的，应计算1/2面积。

说明：自然层是指按楼地面结构分层的楼层，如图2-8所示。

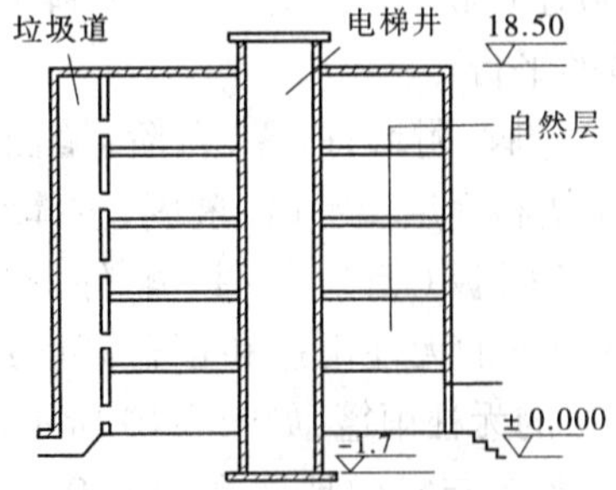

图2-8　室内电梯井、垃圾道剖面示意

(20)室外楼梯应并入所依附建筑物自然层，并应按其水平投影面积的1/2计算建筑面积。

(21)在主体结构内的阳台，应按其结构外围水平面积计算全面积；在主体结构外的阳台，应按其结构底板水平投影面积计算1/2面积。

(22)有顶盖无围护结构的车棚、货棚、站台、加油站、收费站等，应按其顶盖水平投影面积的1/2计算建筑面积。

注：在车棚、货棚、站台、加油站、收费站内设有围护结构的管理室、休息室等，另按规定计算面积。

(23)以幕墙作为围护结构的建筑物，应按幕墙外边线计算建筑面积。

(24)建筑物的外墙外保温层，应按其保温材料的水平截面面积计算，并计入自然层建筑面积。

(25)室内相通的变形缝，应按其自然层合并在建筑物建筑面积内计算。对于高低联跨的建筑物，当高低跨内部连通时，其变形缝应计算在低跨面积内。

(26)对于建筑物内的设备层、管道层、避难层等有结构层的楼层，结构层高在2.20 m及以上的，应计算全面积；结构层高在2.20 m以下的，应计算1/2面积。

2.2.2　不计算建筑面积的规定

(1)与建筑物内不相连通的建筑部件。

(2)骑楼、过街楼底层的开放公共空间和建筑物通道，如图2-9所示。

(a)过街楼　　(b)骑楼

图2-9　过街楼、骑楼示意

(3)舞台及后台悬挂幕布和布景的天桥、挑台等。

（4）露台、露天游泳池、花架、屋顶的水箱及装饰性结构构件。

（5）建筑物内的操作平台、上料平台、安装箱和罐体的平台。

（6）勒脚、附墙柱、垛、台阶、墙面抹灰、装饰面、镶贴块料面层、装饰性幕墙，主体结构外的空调室外机搁板（箱）、构件、配件，挑出宽度在 2.10 m 以下的无柱雨篷和顶盖高度达到或超过两个楼层的无柱雨篷，如图 2-10 所示。

（7）窗台与室内地面高差在 0.45 m 以下且结构净高在 2.10 m 以下的凸（飘）窗，窗台与室内地面高差在 0.45 m 及以上的凸（飘）窗。

（8）室外爬梯、室外专用消防钢楼梯。

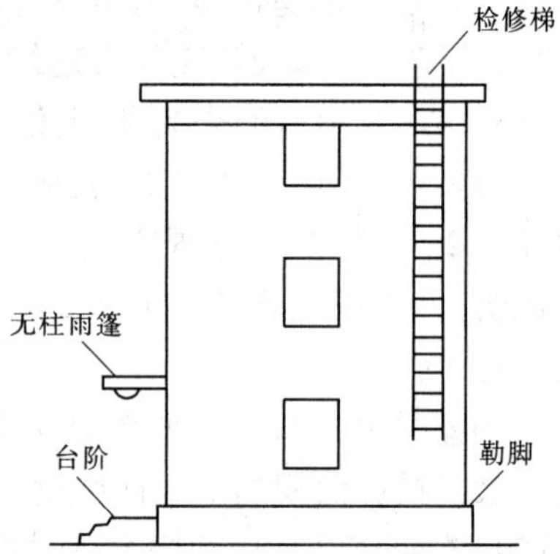

图 2-10　不计算建筑面积的构、配件示意

（9）无围护结构的观光电梯。

（10）建筑物以外的地下人防通道，独立的烟囱、烟道、地沟、油（水）罐、气柜、水塔、贮油（水）池、贮仓、栈桥等构筑物。

（11）雨篷结构的外边线至外墙结构外边线的宽度超过 2.10 m 者，应按雨篷结构板的水平投影面积的 1/2 计算。不论是有柱雨篷、无柱雨篷、独立柱雨篷计算应一致。

【例 2-1】　计算如图 2-11 所示火车站站台的建筑面积。

解　$S = 12.5 \times 6.5 \times 0.5 = 40.63(\text{m}^2)$

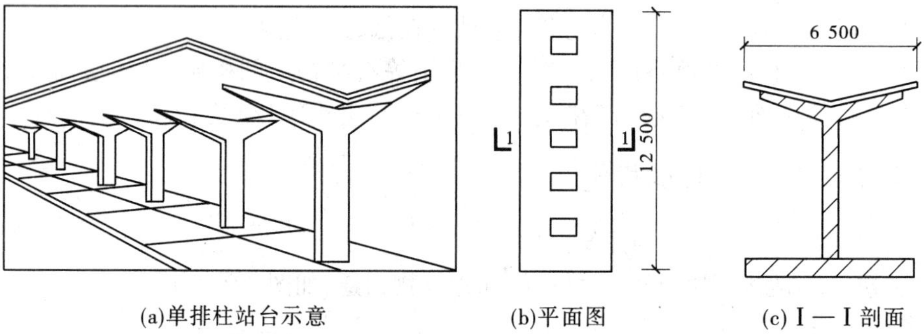

图 2-11　单排柱站台

【例 2-2】　求如图 2-12 所示的单层厂房的建筑面积。

解　（1）底层建筑面积 $S_1 = 18.24 \times 8.04 = 146.65(\text{m}^2)$

（2）局部二层建筑面积 $S_2 = (6 + 0.24) \times (3 + 0.24) \times 2 = 40.44(\text{m}^2)$

（3）单层厂房建筑面积 $S = S_1 + S_2 = 146.65 + 40.44 = 187.09(\text{m}^2)$

【例 2-3】　某 6 层砖混结构住宅楼，2 ~ 6 层建筑平面图均相同，墙体厚度为 240 mm，如图 2-13 所示。阳台为不封闭阳台，首层无阳台，其他均与二层相同，层高 2.6 m。计算其建筑面积。

解　分析：建筑物的室外雨篷挑出的净长 1.2 m，小于 2.10 m，因而不计面积。那么建筑面积包括 1 ~ 6 层的主体面积和 2 ~ 6 层的阳台面积。

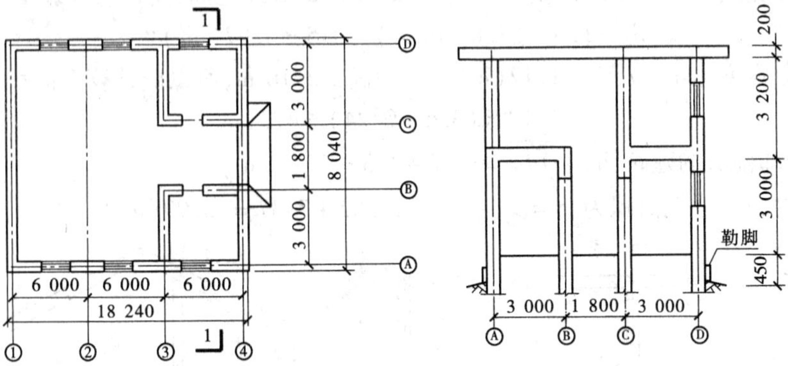

(a)平面图　　(b)剖面图

图 2-12　单层厂房(墙厚 240 mm)

$$S_{1\sim 6}=S_z(\text{立体面积})+S_y(\text{阳台面积})$$

首层建筑面积 $S_1=(9.20+0.24)\times(13.2+0.24)=126.87(m^2)$

$S_z=S_l\times 6=126.87\times 6=761.22(m^2)$

$S_y=(1.5-0.12)\times(3.3\times 2+0.06\times 2)\times 5\times 0.5=23.18(m^2)$

总建筑面积 $S=S_z+S_y=761.22+23.18\ =784.40(m^2)$

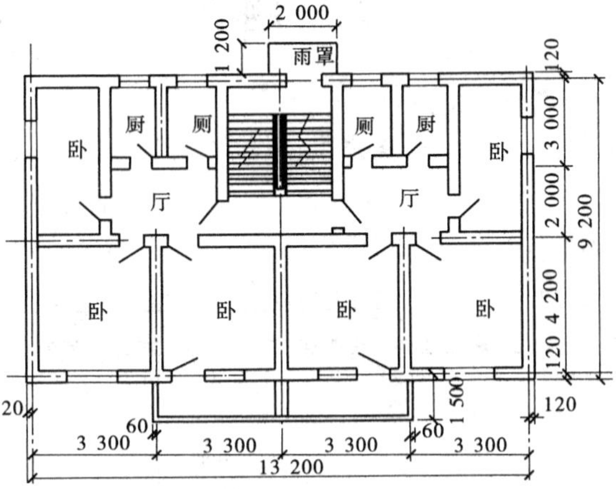

图 2-13　某砖混结构住宅楼 2～6 层平面图

【例 2-4】　某局部楼层的坡屋顶建筑物,如图 2-14 所示,其中楼梯下方的空间不具备使用功能,计算该建筑物的建筑面积。

解　(1)计算单层建筑物一层大房间的建筑面积。一层最低层高为 2 m<2.20 m,因此,局部楼层下方应计算 1/2 面积,$S_1=(3+0.12+0.06)\times(3.6+0.24)\times 0.5=6.11(m^2)$

(2)一层其他部分应计算全面积,$S_2=(4.5+0.12-0.06)\times(3.6+0.24)=17.51(m^2)$

(3)一层建筑面积为:$S_3=\ S_1+S_2=6.11+17.51=23.62(m^2)$

(4)计算二层小房间的建筑面积。二层小房间由于是坡屋顶,所以其建筑面积可分为三部分。

第一部分宽度为:3+0.12-0.06-1.6-1=0.46(m),因其净高<1.20 m,所以不计算该部分的建筑面积。

第二部分宽度为 1.6 m,因其净高介于 1.2 m 和 2.1 m 之间,所以应计算 1/2 面积,

$$S_4 = 1.6 \times (3.6 + 0.24) \times 0.5 = 3.07(m^2)$$

第三部分宽度为 1 +0.12 =1.12(m)因其净高≥2.10 m,所以应计算全面积。即

$$S_5 = 1.12 \times (3.6 + 0.24) = 4.3(m^2)$$

所以,局部楼层的建筑面积为 $S_6 = 3.07 + 4.3 = 7.37(m^2)$

该建筑物的总建筑面积为:$S = S_3 + S_6 = 23.62 + 7.37 = 30.99(m^2)$

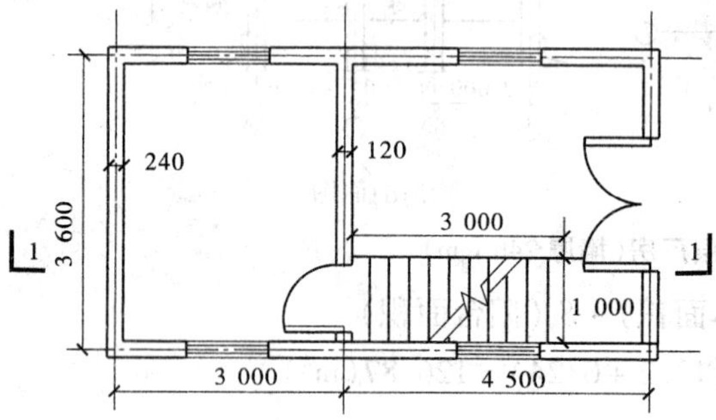

(a)平面图

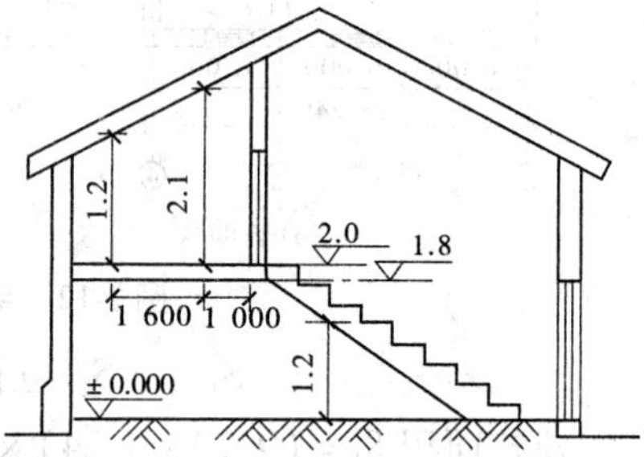

(b) Ⅰ—Ⅰ 剖面图

图 2-14 有局部楼层的坡屋顶建筑物

习 题

1. 求下列图示的"三线"和建筑面积。

(1)某单层建筑物如图 2-15 所示,高度 3.6 m。

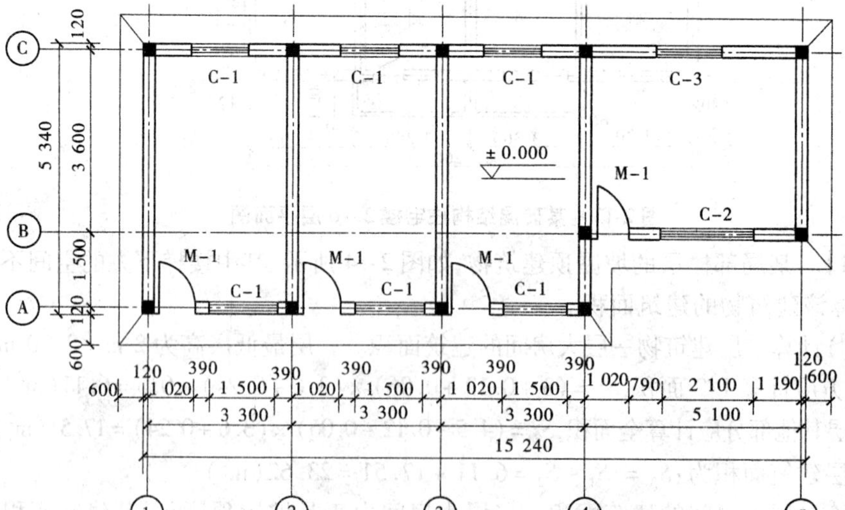

图 2-15 某单层建筑物平面图

(2)某工程底层建筑物平面图如图 2-16 所示,层高 3 m,共 2 层。

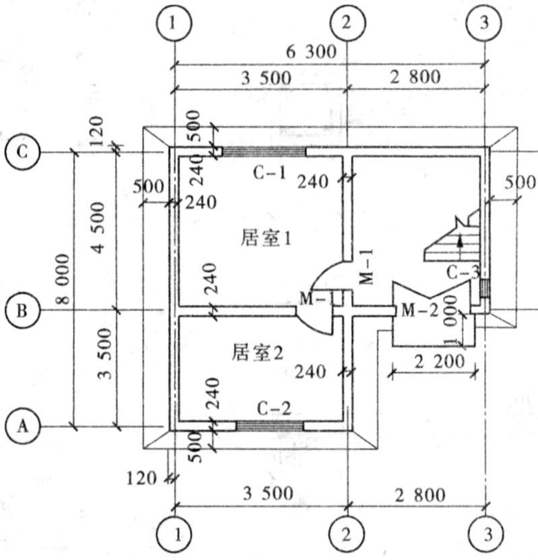

图 2-16　某工程底层建筑物平面图

2. 已知本单层建筑物平面图、剖面图及门窗表、基础平面图如图 2-17 所示(其中的构造柱下自地圈梁上表面生根上通向屋顶),试计算“三线一面”,统计门窗洞口面积,计算圈梁、过梁、构造柱的体积。

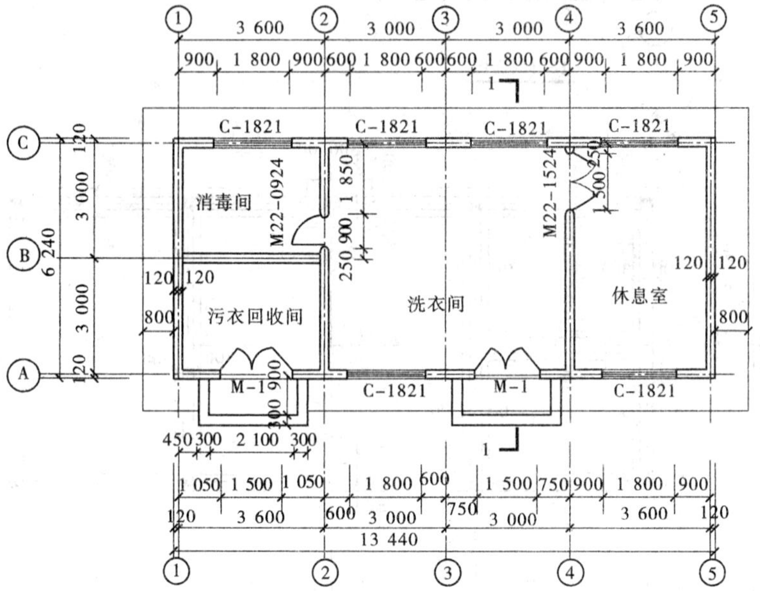

建筑平面图

门窗表

类型	设计编号	洞口尺寸(mm × mm)	数量	备注
窗	C-1821	1 800 × 2 100	6	80系列铝合金窗
门	M-1	1 500 × 3 000	2	100系列铝合金平开门
	M22-0924	900 × 2 400	1	胶合板门
	M22-1524	1 500 × 2 400	1	胶合板门

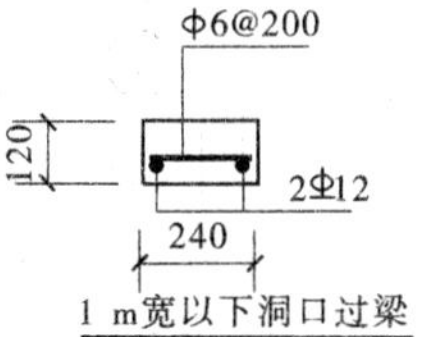

1 m宽以下洞口过梁

图 2-17　某单层建筑物平面图、剖面图及门窗表、基础平面图

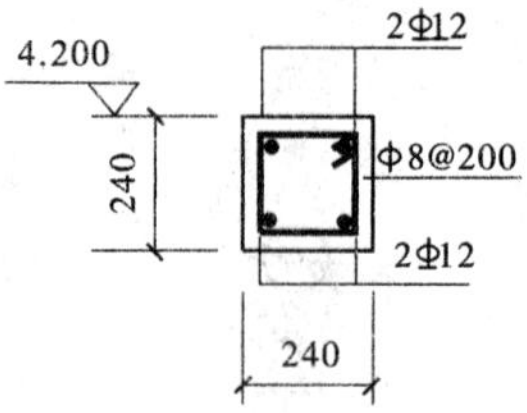

圈梁

沿墙体设置

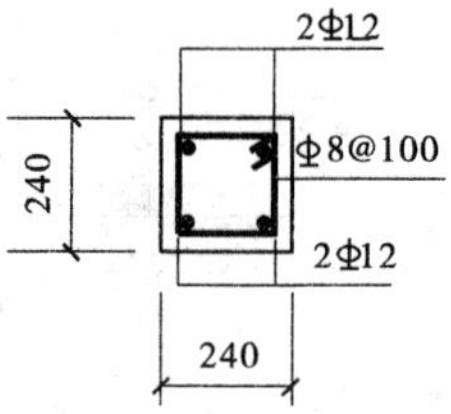

GZ-1

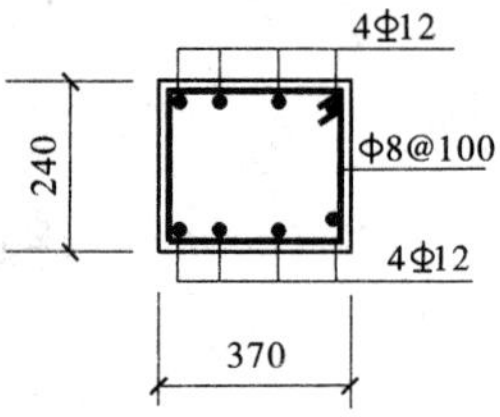

GZ-2

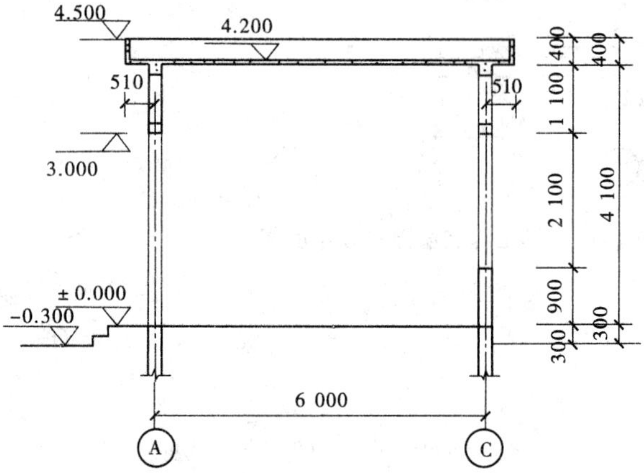

1—1剖面图

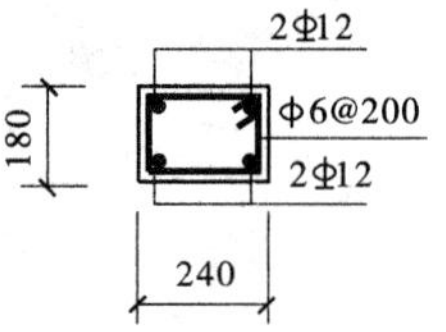

1.8 m宽以下洞口过梁

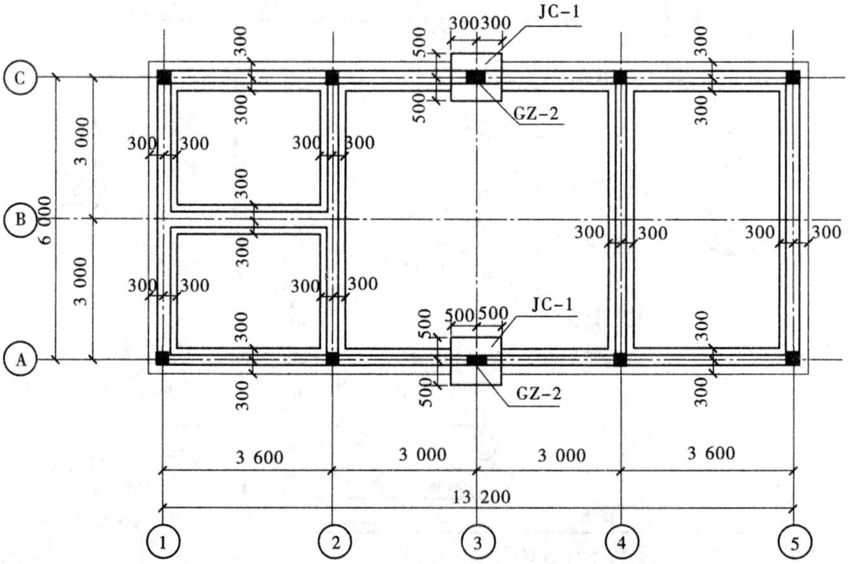

基础平面布置图

续图 2-17

模块3　建筑工程的工程造价计算

3.1　土石方工程

本分部工程内容有土方工程、石方工程和回填工程。

3.1.1　清单项目及工程量计算

3.1.1.1　清单项目

《建装计量规范》附录A.1～附录A.3列出了土方工程、石方工程和回填工程的清单项目。

土方工程的清单项目有：平整场地、挖一般土方、挖沟槽、基坑土方、管沟土方等。

石方工程的清单项目有：挖一般石方、挖沟槽石方、挖基坑石方、挖管沟石方等。

回填工程的清单项目有：回填方和余方弃置等。

平整场地指对场地进行±300 mm以内挖、运、填、找平的土方工作，使场地能够满足设计和施工的需要，以便进行建筑工程测量、放线和定位。

挖一般土方、挖沟槽、基坑土方清单项目的划分方法为：基础底宽≤7 m，且基底长>3倍基底宽为沟槽；基底长≤3倍基底宽，且底面积≤150 m^2为基坑；超出上述范围及厚度>±300 mm的竖向布置挖土或山坡切土称为一般土方。

回填方包括场地回填土、基础回填土、室内回填土和管沟回填土。场地回填土指施工场地内整体回填土方至室外设计标高。基础回填土是指在基础完工后，需将基础周围的槽(坑)部分回填至室外地坪标高。室内回填土系指设计室外地坪标高至室内地面结构层底标高之间的回填土。

挖土方如需截桩头、施工需要排地表水、围护(挡土板)、支撑时应分别按相应分部相关项目编码列项。

本分部计算时具体列项通常按国家《建装计量规范》附录A的项目划分方法，结合工程的具体情况，以土壤的类别、挖土方法、挖土深度、土的干湿、运输条件等不同分开列项。

3.1.1.2　工程量计算

工程量应按《建装计量规范》的附录A的清单项目中工程量计算规则进行计算。常用土方工程和回填工程的清单项目工程量计算规则见表3-1和表3-2。

1. 基本规定

(1)挖土应按自然地面测量标高至设计地坪标高的平均厚度确定。竖向土方、山坡切土开挖深度应按基础垫层底表面标高至交付施工现场地标高确定，无交付施工场地标高时，应按自然地面标高确定。

(2)挖土计算中，土壤的类别不同应分开计算，土壤的分类按表3-3确定，或土壤类别不同准确划分时，招标人可注明为综合，由投标人根据地勘报告确定报价。

表 3-1　土方工程计算规则

<table>
<tr><th>模式</th><th>项目名称</th><th>计量单位</th><th>计算规则</th><th>工程内容</th></tr>
<tr><td>清单项目 1</td><td>平整场地</td><td rowspan="2">m^2</td><td>按设计图示尺寸以建筑物首层建筑面积计算</td><td rowspan="2">± 300 mm 以内的挖、填、找平</td></tr>
<tr><td>定额项目</td><td>平整场地</td><td>按设计图示尺寸以建筑物首层面积计算</td></tr>
<tr><td>清单项目 2</td><td>挖土（一般土方、挖沟槽、基坑土方、管沟土方）</td><td>m^3</td><td>1. 按设计图示尺寸以体积计算
2. 房屋建筑按设计图示尺寸以基础垫层底面面积乘以挖土深度计算
3. 构筑物按最大水平投影面积乘以挖土深度（原地面平均标高至坑底高度）以体积计算
4. 管沟按设计图示管底垫层面积乘以挖土深度计算；无管底垫层按管外径的水平投影面积乘以挖土深度计算，不扣除各类井的长度，井的土方并入</td><td>1. 土方开挖
2. 基底钎探
3. 运输</td></tr>
<tr><td rowspan="4">定额项目</td><td>挖土</td><td>m^3</td><td>按设计图示尺寸和有关规定以体积计算</td><td>挖土、抛土，修理底边</td></tr>
<tr><td>运土</td><td>m^3</td><td>按运输方案中的所运土方以天然状态密实体积计算</td><td>装土、运土、卸土</td></tr>
<tr><td>原土打夯</td><td>m^2</td><td>按图示尺寸以垫层底面积计算</td><td>基底碎土、平土、找平、打夯</td></tr>
<tr><td>基底钎探</td><td>项</td><td>按实际发生计算</td><td>基底钎探</td></tr>
</table>

表 3-2　回填工程计算规则

<table>
<tr><th colspan="2">项目名称</th><th>计量单位</th><th>计算规则</th><th>工程内容</th></tr>
<tr><td>清单项目 1</td><td>回填方</td><td rowspan="2">m^3</td><td rowspan="2">按设计图示尺寸以体积计算
1. 场地回填：回填面积乘以平均回填厚度
2. 室内回填：主墙间面积乘以回填厚度，不扣除间壁墙
3. 基础回填：挖方工程量减去自然地坪以下埋设的基础体积（包括基础垫层及其他构筑物）
4. 管沟以挖方体积减去管道所占体积计算</td><td rowspan="2">1. 场内取土、运输
2. 回填
3. 铺平、压实</td></tr>
<tr><td>定额项目</td><td>回填土</td></tr>
<tr><td>清单项目 2</td><td>余方弃置或缺方内运</td><td rowspan="2">m^3</td><td rowspan="2">按挖方工程量减去利用回填方体积正数或负数计算</td><td rowspan="2">余方点（取料）装料运输至弃置点（缺方点）</td></tr>
<tr><td>定额项目</td><td>余土外运或亏土内运</td></tr>
</table>

注：基础回填中的挖方工程量按各自规则规定的挖方工程量计算规则计算。

表 3-3 土壤分类表

土壤分类	土壤名称	开挖方法
一、二类土	粉土、砂土（粉砂、细砂、中砂、粗砂、砾砂）、粉质黏土、弱中盐渍土、软土（淤泥质土、泥炭、泥炭质土）、软塑红黏土、冲填土	用锹、少许用镐、条锄开挖。机械能全部直接铲挖满载
三类土	黏土、碎石土（圆砾、角砾）混合土、可塑红黏土、硬塑红黏土、强盐渍土、素填土、压实填土	主要用镐、条锄、少许用锹开挖。机械需部分刨松方能铲挖满载者或可直接铲挖但不能满载者
四类土	碎石土（卵石、碎石、漂石、块石）、坚硬红黏土、超盐渍土、杂填土	全部用镐、条锄挖掘，少许用撬棍挖掘。机械须普遍刨松方能铲挖满载者

注：本表土的名称及其含义按国家标准《岩土工程勘察规范》（GB 50021—2001）（2009 年版）定义。

（3）土方体积应按挖掘前的天然密实体积计算。如需按天然密实体积折算，应按表 3-4 土方体积折算系数表计算。

表 3-4 土方体积折算系数

天然密实度体积	虚方体积	夯实后体积	松填体积
0.77	1.00	0.67	0.83
1.00	1.30	0.87	1.08
1.15	1.50	1.00	1.25
0.92	1.20	0.80	1.00

注：1. 虚方指未经碾压、堆积时间≤1 年的土壤。

2. 本表按《全国统一建筑工程预算工程量计算规则》（GJD_{GZ}—101—1995）整理。

3. 设计密实度超过规定的，填方体积按工程设计要求执行；无设计要求按各省、自治区、直辖市或行业建设行政主管部门规定的系数执行。

（4）挖土方因工作面和放坡增加的工程量（管沟工作面增加的工程量），是否并入各土方工程量中，按各省、自治区、直辖市或行业建设主管部门的规定实施，如并入各土方工程量中，办理工程结算时，按经发包人认可的施工组织设计规定计算，编制工程量清单时，可按表 3-5 ~ 表 3-7 规定计算。

表 3-5 放坡起点深度及放坡系数

土壤分类	人工挖土	机械挖土			放坡起点深度（m）
		坑内作业	坑上作业	顺沟槽在坑上作业	
一、二类土	1:0.5	1:0.33	1:0.75	1:0.5	1.20
三类土	1:0.33	1:0.25	1:0.67	1:0.33	1.50
四类土	1:0.25	1:0.10	1:0.33	1:0.25	2.00

注：1. 沟槽、基坑中土类别不同时，分别按其放坡起点、放坡系数，依不同土类别厚度加权平均计算。

2. 计算放坡时，在交接处的重复工程量不予扣除，原槽、坑作基础垫层时，放坡自垫层上表面开始计算。

表 3-6　基础施工所需工作面宽度计算表(C)

基础材料	每边各增加工作面宽度(mm)
砖基础	200
浆砌毛石、条石基础	150
混凝土基础垫层支模板	300
混凝土基础支模板	300
基础垂直面做防水层	1 000(防水层面)

注:本表按《全国统一建筑工程预算工程量计算规则》(GJD_{GZ}—101—1995)整理。

表 3-7　管沟施工每侧所需工作面宽度计算表

管沟材料	管道结构宽(mm)			
	≤500	≤1 000	≤2 500	>2 500
混凝土及钢筋混凝土管道	400	500	600	700
其他材质管道	300	400	500	600

注:1. 本表按《全国统一建筑工程预算工程量计算规则》(GJD_{GZ}—101—1995)整理。
2. 管道结构宽:有管座的按基础外缘,无管座的按管道外径。

2. 计算公式说明

(1)建筑物首层建筑面积按建筑工程建筑面积计算规范中相关规定计算。

(2)挖土体积。

沟槽:示意如图 3-1 所示。

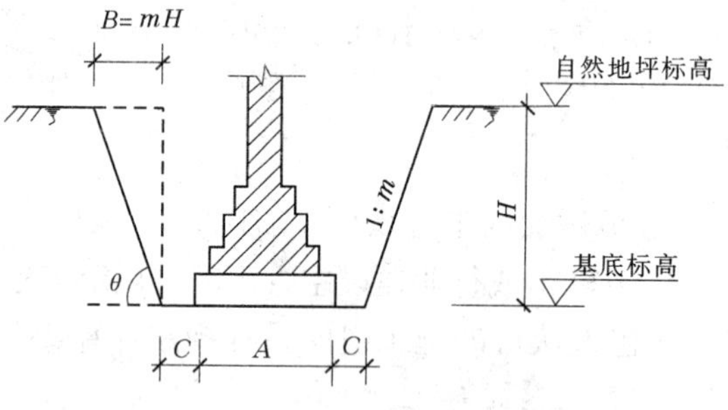

图 3-1　放坡地槽示意

$$V_{沟槽} = (A + 2C + mH) \cdot H \cdot L + 凸出部分(垛、壁柱、附墙烟囱)体积$$

式中　A——基础(或垫层)底面宽度,m;

C——增加工作面宽度,m,清单工程量的工作面宽度按表 3-6 确定;

m——放坡系数,土方边坡 $i = \tan\theta = H/B = 1:m$,即 $m = B/H$,清单工程量的 m 按表 3-5 确定;

H——沟槽开挖深度,m;

L——沟槽的计算长度,m,外墙沟槽长度按图示槽底尺寸的中心线计算,内墙沟槽长度按图示槽底尺寸的净长线计算。

地坑：地坑坑底通常为正方形、长方形或圆形。方形地坑示意如图 3-2 所示。圆形地坑示意如图 3-3 所示。

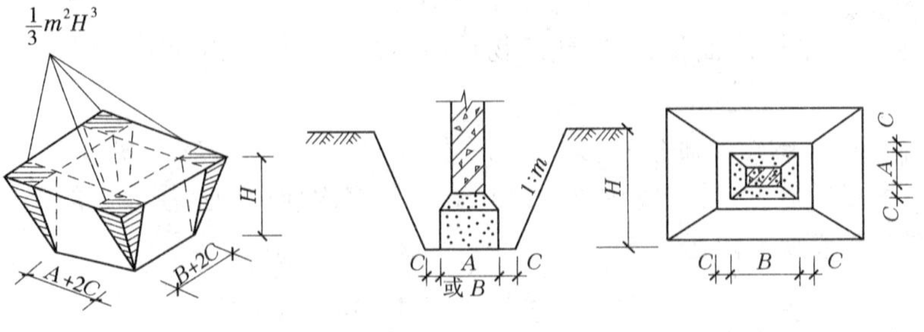

图 3-2　方形地坑示意

$$V_{地坑} = (A + 2C + mH)(B + 2C + mH)H + \frac{1}{3}m^2H^3$$

式中　$A(B)$——独基基底（或垫层）的长与宽，m；

C——增加的工作面，m；

m——放坡系数；

H——基坑开挖深度，m。

$$V_{圆形} = \frac{1}{3}\pi H \times (R^2 + r^2 + Rr)$$

式中　r——坑底半径，m；

R——坑上口半径，m；

H——挖土深度，m。

管沟：

$$V_{管沟} = (A + 2C + mH)HL$$

式中　A——管底垫层底宽，无管底垫层按管外径，m；

L——管沟中心线长度，m，不扣除各类井的长度；

H——挖土深度，m。

(3) 回填方体积。

基础回填土：示意如图 3-4 所示。

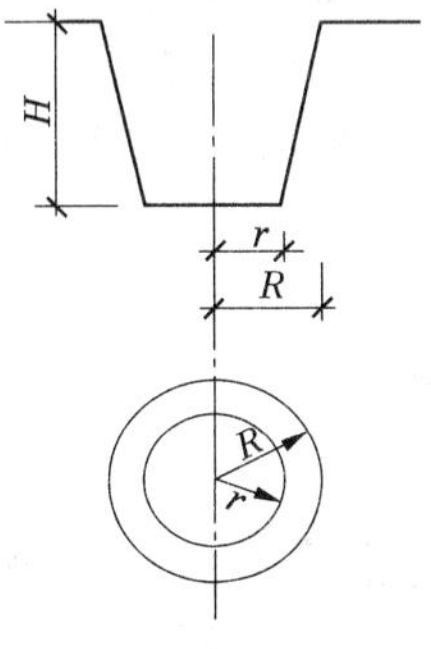

图 3-3　圆形地坑示意

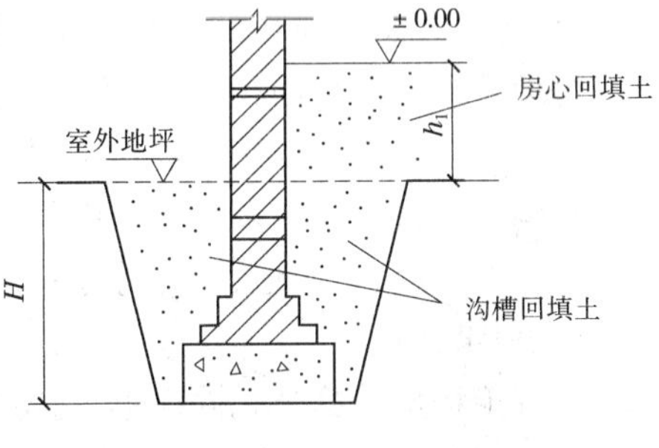

图 3-4　沟槽及室内回填土

$$V_{沟槽(坑)回填土} = V_{槽、坑挖土} - V_{基础设计室外地坪以下埋设部分}$$

式中埋设部分体积，包括基础垫层、墙基、柱基、杯形基础、基础墙、基础梁、地圈梁、管道基础及设计室外地坪以下的地沟及地下室的体积等。

室内回填方体积：

$$V_{室内回填土} = S_{室内} h_{室回}$$

式中，$S_{室内}$指室内主墙间净面积，等于建筑物首层面积与墙体所占面积的差值，主墙指厚 115 mm 以上的墙体。即

$S_{室内}$ = 底层建筑外墙外围面积 -（外墙长度 $L_{中}$ × 外墙厚度 + 内墙长度 $L_{内}$ × 内墙厚度）

$h_{室回}$指回填土的厚度，等于室内外设计标高差与室内地坪构造层厚度的差值。

（4）余方弃置或缺方内运。

$$V_{余(缺)土} = V_{总挖土} - V_{总回填土体积}$$

式中，总回填土体积指基础、房心及管沟回填所需的天然密实状态下的土体积，应在上面基础、房心及管沟回填土的计算结果基础上，考虑是松填还是夯填，在原公式基础上乘以天然密实体积的折算系数进行折算，松填时系数取 0.93，夯填时系数取 1.15。

式中计算结果为正数时，为余土弃置体积；如为负数，则为缺方内运体积。

3.1.2 工程量清单计价

3.1.2.1 编制工程量清单

工程量清单五因素要结合工程实际按照《建装计量规范》附录 A 中规定进行编制。

清单项目编码的一至九位数字应按《建装计量规范》附录 A 的规定设置，十至十二位数字从 001 ~ ××× 表示由编制人根据拟建工程的同一工程量清单项目名称但不同条件（土壤类别、挖土方法、深度、干湿等）不同报价而自行设置的区别码。本分部清单项目编码的前 9 位以 01 - 01 - 01 ~ 03 - 001 ~ ××× 表示。从前至后的各级数字含义为：01 建筑与装饰工程，01 表示土石方专业工程，01 ~ 03 分别表示土方工程、石方工程、回填等分部工程顺序，001 ~ ××× 表示不同清单项目。

3.1.2.2 确定清单项目综合单价

（1）列出工程量清单项目所对应的定额计价项目。根据《河南省 08 综合单价》计价定额规定，各清单项目所对应的定额计价项目如表 3-1、表 3-2 所示的定额项目。

（2）计算计价项目工程量。《河南省 08 综合单价》中规定的各计价项目的工程量计算规则如表 3-1、表 3-2 所示的定额项目对应的计算规则。具体计算说明如下：

①平整场地工程量中所指的建筑物首层面积，是指按建筑物外墙外边线计算的首层面积。其中，落地阳台计算全面积，悬挑阳台不计算面积。地下室和半地下室的采光井等不计算建筑面积的部位，也应计入平整场地工程量。

围墙、地沟、水塔、烟囱按基坑垫层面积计算平整场地。

管道支架、下水道、化粪池、窨井等零星工程不计算平整场地。

②土方工程量计算。

沟槽、地坑工程量计算公式同清单工程量公式，工作面、放坡起点、放坡系数按施工组织设计规定进行，若无规定，可按表 3-8、表 3-9 确定。

表 3-8 《河南省 08 综合单价》对基础施工所需工作面宽度计算表(C)

基础材料	每边各增加工作面宽度(mm)
砖基础	200
浆砌毛石、条石基础	150
混凝土基础垫层支模板	300
混凝土基础支模板	300
基础垂直面做防水层	800(防水层面)

表 3-9 《河南省 08 综合单价》对放坡起点深度及放坡系数

土壤分类	人工挖土	机械挖土		放坡起点深度(m)
		坑内作业	坑上作业	
一般土	1:0.43	1:0.29	1:0.71	1.35
砂砾坚土	1:0.25	1:0.10	1:0.33	2.0

注:一般土、砂砾坚土指表 3-3 土壤分类表中的一、二、三类土和四类土所对应。

管沟体积,管道直径不大于 500 mm 的管道所占体积可不扣除;管径超过 500 mm 的管道所占体积按表 3-10 规定扣除。

表 3-10 《河南省 08 综合单价》对管沟回填土每延长米扣除体积表 (单位:m^3)

管道名称	管道直径(mm)					
	501 ~ 600	601 ~ 800	801 ~ 1 000	1 001 ~ 1 200	1 201 ~ 1 400	1 401 ~ 1 600
钢管	0.21	0.44	0.71			
铸铁管	0.24	0.49	0.77			
混凝土管	0.33	0.60	0.92	1.15	1.35	1.55

(3)套用取费定额分析计算清单项目的人工费、材料费、管理费和利润,计算清单项目的综合单价,填写工程量清单项目综合单价分析表(格式见表 1-2)。

本分部的定额取费使用说明摘要如下:

①平整场地计价时,无论施工方法与土壤类别的不同,均执行同一定额子目。定额已综合考虑了各种因素,与实际不同时不能换算。计算挖土方时,也不扣除场地平整的厚度。

②土方开挖要考虑沟槽形式、挖土方法、土的类型、挖土深度、土的干湿不同分开计价。

沟槽形式有沟槽、地坑、挖土方、山坡切土。具体规定如下:

凡图示沟槽基底宽在 3 m 以内,且基底长大于基底宽 3 倍以上的土石方,称为沟槽;凡图示沟槽基底面积在 20 m^2 以内(不包括加宽工作面)的土石方,称为地坑;凡图示基底宽在 3 m 以上,基底面积在 20 m^2 以上(不包括加宽工作面)的土方,以及平整场地挖土方厚度在 30 cm 以上者,均为挖土方。

山区或丘陵地建设中一边挖土者属于山坡切土。

挖土方法:人工挖土和机械挖土。

土的类型:一般土和砂砾坚土。一般土、砂砾坚土指表 3-3 中所对应的一、二、三类土和四类土。

挖土深度按 1.5 m 以内、2 m 以内、3 m 以内、4 m 以内等以 1 m 递增设置定额子目。

干湿土的划分,应根据地质勘察资料中的地下常水位为界划分,地下常水位以上称为干土,地下常水位以下称为湿土。施工中若采用降排水,则按干土。

③人工挖土方、沟槽、地坑均以干土编制,如挖湿土,人工乘以系数 1.18;机械土方子目以土壤天然含水率为准划分,含水量大于 25% 时,定额子目人工、机械乘以系数 1.15;如大于 40%,另行处理。若采取降排水措施,则均按干土计算,降排水应另按措施项目计算技术措施项目费用。

④人工挖沟槽、地坑深度超过 4 m 时,以相应的 4 m 深子目单价为基础,分别乘以系数:6 m 以内为 1.1,8 m 以内为 1.15,10 m 以内为 1.2,10 m 以上为 1.25,同时每 100 m^3 土方增加少先式吊车 3.25 台班。人工挖沟槽(坑)深度超过 4 m 的湿土,其定额单价的换算公式为:相应的 4 m 内挖土单价 × 超深系数 + 该子目单价中的人工费 × 超深系数 ×(湿土系数 - 1) + 3.25 台班 × 少先式吊车台班单价。

⑤机械挖土方深度按 5 m 取定,如深度超过 5 m,相应子目中的挖掘机台班数量乘以系数 1.09。

⑥机械开挖土方,单位工程量小于 2 000 m^3 时,相应子目乘以系数 1.1。

⑦机械开挖土方,不包括机械挖不到的地方,其工程量机械挖土按总挖方量的 90% 计算,人工挖土按总挖方量的 10% 计算,人工挖土部分执行相应定额子目,人工乘以系数 2。

⑧同一槽内、坑内有干湿土时应分别计算,但使用定额时,按槽、坑全深套用对应子目。

【例 3-1】 某工程基础平面图及剖面图如图 3-5 所示,土壤为三类土,已知混凝土基础的体积为 12.384 m^3,砖基础的体积为 28.58 m^3,地面做法总厚度为 80 mm。按施工组织设计要求,人工挖土,基槽和房心回填土在槽边堆放,余土外运,运距 5 km,编制土方工程工程量清单并编制平整场地、挖土工程量清单计价表。

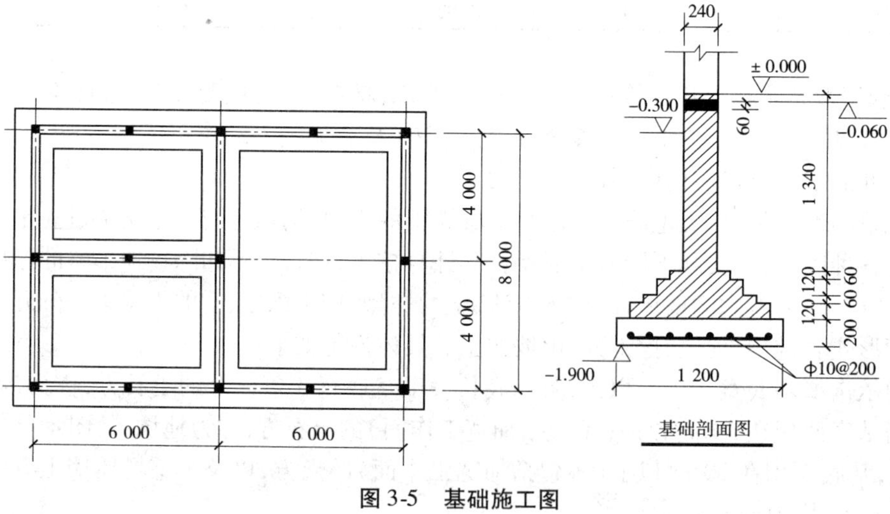

图 3-5　基础施工图

解　1. 编制工程量清单

列清单项目名称:平整场地、挖沟槽土方、回填土、缺方内运;

计算清单工程量:

(1)平整场地 $S = (12 + 0.24) \times (8 + 0.24) = 100.86(m^2)$

(2)挖沟槽土方体积。

挖土深度 $H=1.9-0.3=1.6(\text{m})$，工作面 $C=0.3\ \text{m}$

查表 3-5 知，放坡系数 $m=0.33$

沟槽长度：$L_{中}=(12+8)\times2=40(\text{m})$　$L_{内净}=(8-0.6\times2-0.3\times2)+(6-0.6\times2-0.3\times2)=10.4(\text{m})$

基础底宽度：$A=1.20\ \text{m}$

土方体积：$V_{挖}=(A+2C+mh)HL=(1.2+2\times0.3+0.33\times1.6)\times1.6\times(40+10.4)=187.73(\text{m}^3)$

(3)回填土体积。

基础回填土体积：

$$V_{基础回填}=V_{挖}-V_{垫}-V_{混凝土基础}-V_{砖基础}+V_{室内外高差高度内砖基础}$$
$$=187.73-12.384-28.58+[(40+13.52)\times0.24\times0.3]$$
$$=150.62(\text{m}^3)$$

注：由于砖基础的体积计算时高度算至室内地坪，而回填土的体积计算时只扣除室外地坪下基础的体积，因而计算公式中要增加室内外高差部分(0.3 m 高)的砖基础的体积。该部分体积 $V=$(外墙长度 $L_{中}\times$ 外墙厚度 + 内墙长度 $L_{内}\times$ 内墙厚度)× 高度，$L_{内}=(8-0.24)+(6-0.24)=13.52(\text{m})$

房心回填土体积：

地面做法总厚度为 80 mm，则回填土厚度 $h=0.3-0.08=0.22(\text{m})$

室内净面积 $S_{净}=(12+0.24)\times(8+0.24)-(40+13.52)\times0.24=88.01(\text{m}^2)$

$$V_{房心回填}=S_{净}\cdot h=88.01\times0.22=19.36(\text{m}^3)$$

回填土体积：$150.62+19.36=169.98(\text{m}^3)$

(4)缺方内运体积：

$V_{余土}=V_{挖}-(V_{基础回填}+V_{房心回填})\times1.15=187.73-169.98\times1.15=-7.75(\text{m}^3)$

注：1.15 为回填土进行夯填时所需天然密实状态体积的折算系数。

编制“分部分项工程量清单”，如表 3-11 所示。

表 3-11　分部分项工程量清单

序号	项目编码	项目名称	项目特征	计量单位	工程量
1	010101001001	平整场地	土壤为三类土	m^2	100.86
2	010101003001	挖沟槽土方	土壤为三类土 基础为条形混凝土基础 挖土深度 1.6 m	m^3	187.73
3	010103001001	回填土	满足设计与规范要求	m^3	169.98
4	010103002001	缺方内运	汽车运输，运距 5 km	m^3	7.75

2. 编制平整场地、挖土工程量清单计价表

分析平整场地和挖沟槽土方两个清单项目综合单价。

根据实际情况，参照《河南省 08 综合单价》计价定额计算工程量并套价分析。

(1)划分清单项目所对应的计价项目：

010101001001 平整场地:平整场地。

010101003001 挖沟槽土方:挖沟槽土方、原土打夯。

(2)计算计价项目工程量。

平整场地工程量:同清单工程量,$S=100.86(m^2)$

挖沟槽土方:混凝土基础,工作面每边留 300 mm,人工挖土,三类土,挖土深度 1.6 m > 1.35 m,查表 3-9 知放坡系数 0.43。

$$V_{挖}=(1.2+2\times0.3+0.43\times1.6)\times1.6\times(40+10.4)=200.63(m^3)$$

原土打夯:$S_{夯}=1.2\times[40+(8-1.2)+(6-1.2)]=61.92\ (m^2)$

(3)套定额计算综合单价,填写综合单价分析表,如表 3-12、表 3-13 所示。

表 3-12 “平整场地”综合单价分析表

项目编码			010101001001	项目名称		平整场地		计量单位			m²
清单综合单价组成明细											
定额编号	定额名称	定额单位	数量	单价				合价			
				人工费	材料费	机械费	管理费和利润	人工费	材料费	机械费	管理费和利润
1-1	平整场地	100 m²	0.01	348.3	0	0	115.83	3.48	0	0	1.16
人工单价	小计							3.48	0	0	1.16
43 元/工日	未计价材料费										
清单项目综合单价								4.64			

表 3-13 “挖沟槽土方”综合单价分析表

项目编码			010101003001	项目名称		挖沟槽土方		计量单位			m³
清单综合单价组成明细											
定额编号	定额名称	定额单位	数量	单价(元)				合价(元)			
				人工费	材料费	机械费	管理费和利润	人工费	材料费	机械费	管理费和利润
1-19	人工挖沟槽(一般土、2 m以内)	100 m³	2.006 3	1 314.85	0.00	0.00	342.47	2 637.98	0.00	0.00	687.10
1-128	原土打夯	100 m²	0.619 2	41.28	0.00	7.11	13.73	25.56	0.00	4.40	8.50
人工单价	小计							2 663.54	0.00	4.40	695.6
43 元/工日	未计价材料费										
清单项目综合单价								17.92			

表中计算说明如下:

①数量是计价工程量的数量,有两种表示法:一种是除以清单工程量的表示法,若定额计价项目与清单项目是一一对应可采用,如表 3-12 中的数量 0.01(计价工程量/定额单位/清单工程量 =100.86/100/100.86 =0.01);另一种则没有除以清单工程量,而仅是以定额

单位表示的计价工程数量，如表 3-13 中的数量 2.006 3（计价工程量/定额单位 = 200.63/100 = 2.006 3）。

②合价由单价乘以数量而得，人工费、材料费、机械费等费用的小计为各合价的数值竖向求和。

③清单项目综合单价计算：对应计价工程量数量的两种表示的两种方法。

第一种方法中，综合单价 = 小计人工费 + 小计材料费 + 小计机械费 + 小计管理费 + 小计利润；

第二种方法中，综合单价 =（小计人工费 + 小计材料费 + 小计机械费 + 小计管理费 + 小计利润）/清单项目清单工程量。

“平整场地”综合单价 = 3.48 + 1.16 = 4.64（元/m^2）

“挖沟槽土方”综合单价 =（2 663.54 + 4.4 + 695.6）/187.73 = 17.92（元/m^3）

编制工程量清单计价表。在工程量清单基础上填入综合单价，由工程量乘以综合单价计算出合价，如表 3-14 所示。

表 3-14　分部分项工程量清单计价表

序号	项目编码	项目名称	项目特征	计量单位	工程量	综合单价（元）	合价（元）
1	010101001001	平整场地	土壤为三类土	m^2	100.86	4.64	467.99
2	010101003001	挖沟槽土方	土壤为三类土 基础为条形混凝土基础 挖土深度 1.6 m	m^3	187.73	17.92	3 364.12
小计							3 832.11

习　题

1. 如图 3-6 所示基础工程，三类土，人工开挖，基底标高为 −1.7 m。试编制挖土工程量清单计价表。

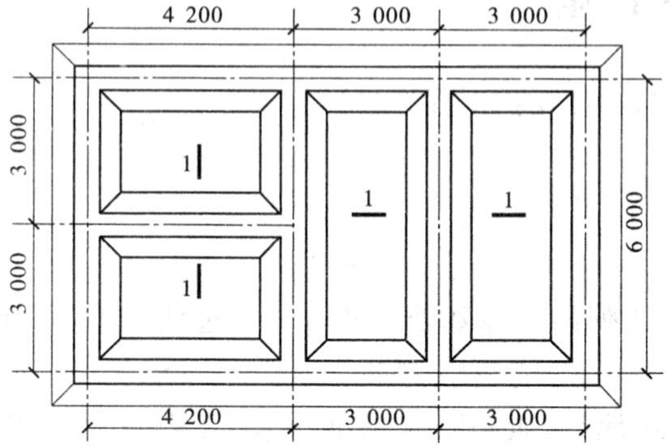

(a)基础平面图

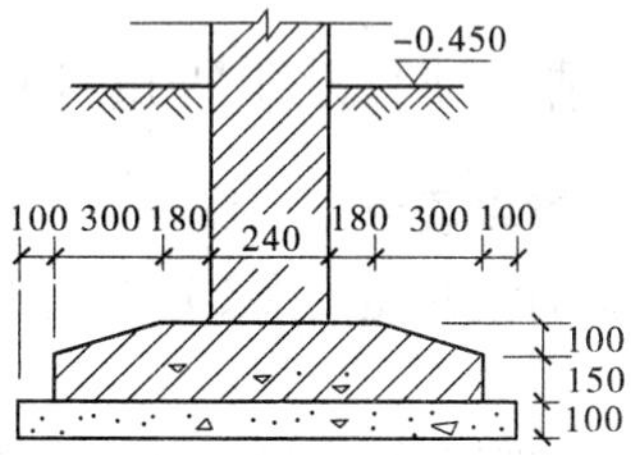

(b) Ⅰ—Ⅰ基础剖面图

图 3-6　某带形基础平面图

2. 某建筑物基础平面图、断面详图如图 3-7 所示。采用 C10 混凝土垫层，基础为 M5.0 水泥砂浆标准砖基础，地面构造厚度为 100 mm，挖土全部运出，采用双轮车运土，运距 500

m。试编制平整场地、人工挖土、房心回填土工程量清单计价表。

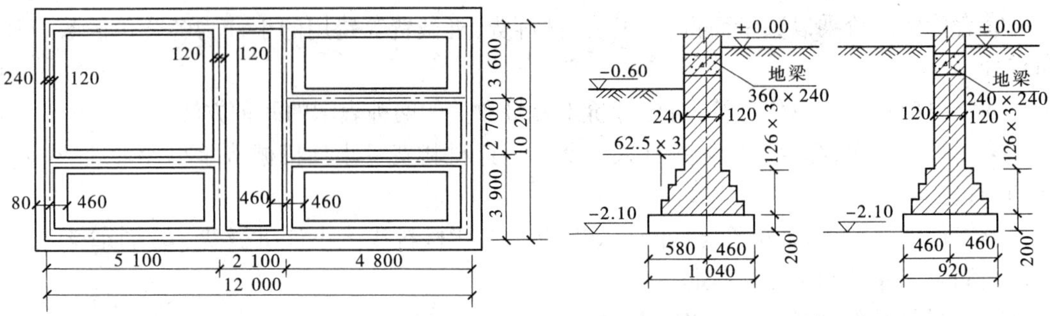

图 3-7　某建筑物基础图

3. 如图 3-8 所示，某构筑物基础为满堂基础，基础垫层为混凝土，长、宽方向的外边线尺寸分别为 8.04 m 和 5.64 m，垫层厚 20 cm，垫层顶面标高为 −4.55 m，室外地面标高为 −0.65 m，地下常水位标高为 −3.50 m，该处土壤类别为三类土，挖掘机挖土、汽车运土，运距 3.6 km，边坡放坡从垫层顶起，试编制挖土方工程量清单计价表。

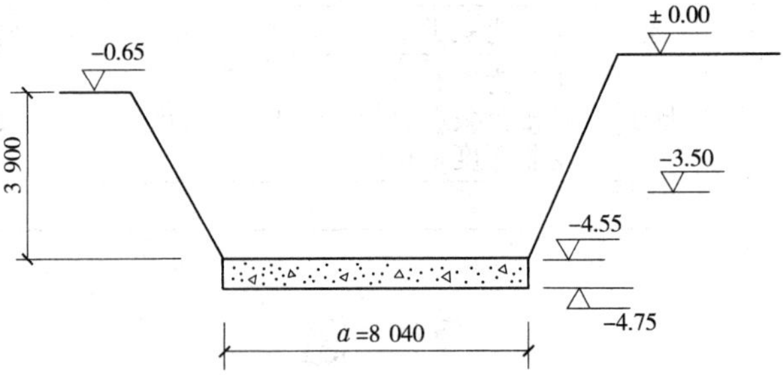

图 3-8　基础断面示意

3.2　地基处理与边坡支护工程

本分部工程内容有地基处理和基坑与边坡支护工程。

3.2.1　清单项目及工程量计算

3.2.1.1　清单项目

《建装计量规范》附录 B.1 ~ 附录 B.2 列出了地基处理和基坑与边坡支护工程的清单项目。

地基处理清单项目有：换填垫层、预压地基、强夯地基、振冲密实、砂石桩、石灰桩、灰土桩、水泥粉煤灰碎石桩、深层搅拌桩、粉喷桩、高压喷射注浆桩等。

基坑与边坡支护清单项目有：支撑（钢筋混凝土及钢支撑）、地下连续墙、预制钢筋混凝土板桩、型钢桩、钢板桩、锚杆（锚索）、土钉、喷射（混凝土、水泥砂浆）护坡等。

本分部具体列项通常应结合工程的具体情况，根据施工组织设计要求的处理方法，以《建装计量规范》的附录 B 的项目划分方法进行列项。

3.2.1.2 工程量计算

工程量应按《建装计量规范》的附录 B 的清单项目中的工程量计算规则进行计算。常用地基处理和基坑与边坡支护工程的清单项目工程量计算规则见表 3-15 和表 3-16。

表 3-15 地基处理计算规则

模式	项目名称	计量单位	计算规则	工程内容
清单项目 1	换填垫层	m^3	按设计图示尺寸以体积计算	1. 分层铺填 2. 碾压、振密或夯实 3. 材料运输
定额项目	换填垫层			
清单项目 2	强夯地基	m^2	按设计图示处理范围以面积计算	1. 铺设夯填材料 2. 强夯 3. 强夯材料运输
定额项目	强夯	m^2	按设计图示尺寸以面积计算。设计无规定时，以建筑物基础外边线处延 5 m 计算	1. 铺设夯填材料 2. 强夯
	运土	m^3	按运输方案中所运材料以天然密实状态以体积计算	强夯材料运输
清单项目 3	砂石、石灰、灰土桩	m	按设计图示尺寸以桩长(包括桩尖)计算	1. 成孔 2. 填充、振实 3. 材料运输
定额项目	砂石、石灰、灰土成桩	m^3	按设计图示尺寸桩长(包括桩尖，不扣除桩尖虚体积)乘以设计截面面积以体积计算	成孔、填充、振实
	运土	m^3	按运输方案中所运材料以天然密实状态以体积计算	材料运输
清单项目 4	水泥粉煤灰碎石桩	m	按设计图示尺寸以桩长(包括桩尖)计算	1. 成孔 2. 混合料制作、灌注、养护 3. 材料运输
定额项目	水泥粉煤灰碎石桩	m^3	按设计图示尺寸桩长(包括桩尖，不扣除桩尖虚体积)乘以设计截面面积以体积计算	
清单项目 5	深层搅拌桩、粉喷桩、旋喷桩	m	按设计图示尺寸以桩长计算	1. 成孔 2. 材料制作、成桩 3. 材料运输
定额项目	深层搅拌桩、粉喷桩、旋喷桩	m^3 m	按设计图示长度乘以设计截面面积以体积计算 旋喷桩按设计图示尺寸以桩长计算	成孔、材料制作、成桩、材料运输
	空桩费	m^3 m	按设计图示空桩长度乘以设计截面面积以体积计算 旋喷桩按设计图示尺寸以空桩长计算	地面以下至桩顶的成孔

表 3-16　基坑与边坡支护计算规则

模式	项目名称	计量单位	计算规则	工程内容
清单项目 1	地下连续墙	m^3	按设计图示墙中心线长度乘以厚度及槽深以体积计算	1. 导墙挖填、制作、安装、拆除 2. 挖坑成槽、固壁、清底置换 3. 混凝土制作、运输、灌注、养护 4. 接头处理 5. 土方、废泥浆外运 6. 打桩场地硬化及泥浆池、泥浆沟
定额项目	导墙开挖	m^3	按设计图示墙中心线长度乘以开挖宽度及深度以体积计算	导墙放线、挖土
	导墙浇灌	m^3	按设计图示墙中心线长度乘以开挖宽度及深度以体积计算	导墙混凝土灌注、养护
	机械成槽	m^3	按设计图示墙中心线长度乘以墙厚及成槽深度以体积计算。成槽深度按自然地坪至连续墙底面的垂直距离另加 0.5 m 计算	成槽机定位、安装、拆除
	泥浆运输	m^3	按成槽体积计算	建拆泥浆池、装卸泥浆、运输、清理场地
	清底置换	段	按分段施工时的槽壁单元计算	移动吸泥管、清刷墙缝、清底
	接头管安拔	段	按分段施工时的槽壁单元计算	接头管入槽就位、移动、拔除
	混凝土搅拌加工	m^3	制作图示实体所消耗混凝土的体积	混凝土搅拌加工、运输
	连续墙浇灌	m^3	按设计图示墙中心线长度乘以墙厚及墙深以体积计算	连续墙混凝土灌注、养护
清单项目 2	预制钢筋混凝土板桩	m 根	按设计图示尺寸以桩长(包括桩尖)计算； 按设计图示数量计算	1. 工作平台搭拆 2. 桩机移位 3. 沉桩 4. 板桩连接
定额项目	打桩	m^3	按桩的体积(含桩尖虚体积)	1. 成品桩购置、运输 2. 工作平台搭拆、桩机移位、打桩
	送桩	m^3	按送桩长度(打桩架底至桩顶面高度或桩顶面至自然地坪面另加 0.5 m)乘以桩截面面积以体积计算	把桩送入地面下
	接桩	个	按设计图示规定以接头数量计算	分段桩上下连接
清单项目 3	钢板桩	t m^2	按设计图示尺寸以质量计算 按设计图示墙中心线长度乘以桩长以面积计算	1. 工作平台搭拆 2. 桩机移位 3. 打拔钢板桩

续表 3-16

模式	项目名称	计量单位	计算规则	工程内容
定额项目	安拆导向夹具	m	按设计图示的水平长度计算	安装、拆除导向夹具
	打桩	t	按设计图示尺寸以钢板桩质量计算	1. 成品桩购置、运输 2. 工作平台搭拆、桩机移位、打桩
	拔桩	t	按设计图示尺寸以钢板桩质量计算	系桩、拔桩
清单项目 4	锚杆（锚索）	m 根	按设计图示尺寸以钻孔深度计算 按设计图示数量计算	1. 钻孔、浆液制作、运输、压浆 2. 锚杆（锚索）制作、安装 3. 张拉锚固 4. 锚杆（锚索）施工平台搭设、拆除
定额项目	机械土层锚杆钻孔、灌浆	m	按设计图示尺寸的长度计算	钻孔、浆液制作、运输、灌浆
	入岩增加费	m	按设计规定的入岩深度计算	入岩钻孔
	预应力锚杆制作、安装	t	按设计要求的杆径和长度以质量计算	锚杆（锚索）施工平台搭设、拆除 锚杆（锚索）制作、安装、张拉锚固
清单项目 5	土钉	m 根	按设计图示尺寸以钻孔深度计算 按设计图示数量计算	1. 钻孔、浆液制作、运输、压浆 2. 土钉制作、安装 3. 土钉施工平台拆除
定额项目	土钉支护	m	按设计图示尺寸的长度计算	
清单项目 6	喷射混凝土、水泥砂浆	m^2	按设计图示尺寸以面积计算	1. 修整边坡 2. 混凝土（砂浆）制作、运输、喷射、养护 3. 钻排水孔、安装排水管 4. 喷射施工平台搭设、拆除
定额项目	喷射混凝土、水泥砂浆护坡	m^2		

注：1. 土钉置入方法包括钻孔置入、打入或射入等。

2. 基坑与边坡的检测、变形观测等费用按国家相关取费标准单独计算，不在本清单项目中。

3. 地下连续墙和喷射混凝土的钢筋网与咬合灌注桩的钢筋笼及钢筋混凝土支撑的钢筋制作、安装，按《建装计量规范》附录 E 中相关项目编码列项。本分部未列的基坑与边坡支护的排桩按《建装计量规范》附录 C 中相关项目编码列项。水泥土墙、坑内加固按《建装计量规范》中表 B.1 中相关项目编码列项。砖、石挡土墙、护坡按《建装计量规范》中附录 D 中相关项目编码列项。混凝土挡土墙按《建装计量规范》中附录 E 中相关项目编码列项。

4. 钻排水孔、安装排水管按实际发生费用计算。

3.2.2 工程量清单计价

3.2.2.1 编制工程量清单

工程量清单五因素要结合工程实际按照《建装计量规范》附录 B 中规定进行。

本分部清单项目编码的前 9 位数字以 01－02－01～02－001～×××进行编制。

3.2.2.2 确定清单项目综合单价

(1)列出工程量清单项目所对应的定额计价项目。根据《河南省 08 综合单价》计价定额规定，各清单项目所对应的定额计价项目如表 3-15、表 3-16 所示的定额项目。

(2)计算计价项目工程量。《河南省 08 综合单价》中规定的各计价项目的工程量计算规则如表 3-15、表 3-16 所示的定额项目对应的计算规则。

(3)套用取费定额分析计算清单项目的人工费、材料费、管理费和利润，计算清单项目的综合单价，填写工程量清单项目综合单价分析表(见表 1-2)。

本分部的定额取费使用说明摘要如下：

①地基强夯区分不同夯击能量及相应每夯点所夯击遍数而计价。夯击能按夯锤重乘以起吊高度计算。夯击点有梅花形和方块形等，定额已综合取定各类布点形式，使用时不允许换算。

②锚杆支护基坑深度大于 6 m 时，以上各计价项目子目中的人工均乘以系数 1.3。

③土钉定额中的锚杆长度是按单根长度 8 m 以内考虑的，超过 8 m 时，计价子目中的人工乘以系数 1.25。基坑深度大于 6 m 时，人工乘以系数 1.3。

④喷射混凝土护坡区分喷射厚度计价，并根据实际的厚度进行厚度修正。基坑深度大于 6 m 时，人工乘以系数 1.3。

3.3 桩基工程

本分部工程包括打桩(预制桩)和灌注桩工程。

3.3.1 清单项目及工程量计算

3.3.1.1 清单项目

《建装计量规范》附录 C.1～附录 C.2 列出了打桩(预制桩)和灌注桩工程的清单项目。

打桩(预制桩)清单项目有：预制钢筋混凝土方桩和管桩、钢管桩、截(凿)桩头等。

灌注桩清单项目有：泥浆护壁成孔灌注桩、沉管灌注桩、干作业成孔灌注桩、挖孔桩土(石)方、人工挖孔灌注桩、钻孔压浆桩、灌注桩后压浆等。

本分部计算时具体列项通常按《建装计量规范》)附录 C 的项目划分方法，结合工程的具体情况，以桩类别、打桩或成桩条件、截面形状、规格尺寸等不同分开列项。

3.3.1.2 工程量计算

工程量应按《建装计量规范》的附录 C 的清单项目中的工程量计算规则进行计算。常用清单项目工程量计算规则见表 3-17 和表 3-18。

表 3-17　打桩工程量计算规则

模式	项目名称	计量单位	计算规则	工程内容
清单项目1	预制钢筋混凝土方桩	m m^3 根	按设计图示尺寸以桩长（包括桩尖）计算 按设计图示截面面积乘以桩长（包括桩尖）以实体积计算 按设计图示数量计算	1. 工作平台搭拆 2. 桩机竖拆、移位 3. 沉桩 4. 接桩 5. 送桩
定额项目	打桩	m^3	按设计图示尺寸桩长（包括桩尖，不扣除桩尖虚体积）乘以设计桩截面面积计算	购置成品桩、运输打（压）桩
	送桩	m^3	按送桩长度（打桩架底至桩顶面高度或桩顶面至自然地坪面另加 0.5 m）乘以桩截面面积以体积计算	把桩打入地面以下
	接桩	个	按设计图示规定以接头数量计算	对接上、下节桩
清单项目2	预制钢筋混凝土管桩	m m^3 根	按设计图示尺寸以桩长（包括桩尖）计算 按设计图示截面面积乘以桩长（包括桩尖）以实体积计算 按设计图示数量计算	1. 工作平台搭拆 2. 桩机竖拆、移位 3. 沉桩 4. 接桩 5. 送桩 6. 桩尖制作、安装 7. 填充材料、刷防护材料
定额项目	打桩	m	按设计图示尺寸以桩长计算	购置成品桩、运输打（压）桩
	送桩	m	按送桩长度（打桩架底至桩顶面高度或桩顶面至自然地坪面另加 0.5 m）以 m 计算	把桩打入地面以下
	桩尖制作、安装	m^3	按设计图示尺寸的体积计算	预制桩尖制作、安装
	离心管桩灌填充	m^3	以管桩空心部分体积计算	灌注混凝土或其他填充材料
清单项目3	截（凿）桩头	m^3 根	按设计桩截面面积乘以桩头长度以体积计算 按设计图示数量计算	1. 截（切割）桩头 2. 凿平 3. 废料外运
定额项目	截（凿）桩头	根	按实际凿、截的数量计算	凿、截桩头，运至现场内指定地点

注：1. 预制钢筋混凝土方桩、管桩项目以成品桩编制，应包括成品桩购置费，如果用现场预制，应包括现场预制桩的所有费用。

2. 打试验桩和打斜桩应按相应项目编码单独列项，并应在项目特征中注明试验桩或斜桩（斜率）。

3. 截（凿）桩头项目适用于《建装计量规范》附录 B、附录 C 所列桩的桩头截（凿）。

4. 桩基础的承载力检测、桩身完整性检测等费用按国家相关取费标准单独计算，不在本清单项目中。

表 3-18　灌注桩计算规则

模式	项目名称	计量单位	计算规则	工程内容
清单项目 1	泥浆护壁成孔灌注桩	m m^3 根	按设计图示尺寸以桩长(包括桩尖)计算 按不同截面在桩上范围内以体积计算 按设计图示数量计算	1. 护筒埋设 2. 成孔、固壁 3. 混凝土制作、运输、灌注、养护 4. 土方、废泥浆外运 5. 打桩场地硬化及泥浆池、泥浆沟
定额项目	泥浆护壁灌注成桩	m^3	按设计图示尺寸桩长(包括桩尖,不扣除桩尖虚体积)并考虑翻浆高度乘以设计截面面积以体积计算	1. 护筒埋设及拆除 2. 准备钻孔机具,钻孔出渣 3. 加泥浆和泥浆制作,清钻孔泥浆 4. 导管安拆,灌注混凝土
	混凝土搅拌加工	m^3	制作桩所消耗混凝土体积	混凝土搅拌加工、运输
	入岩增加费	m^3	按设计桩断面面积乘以规定的入岩深度以体积计算	桩尖打入岩石内
	泥浆运输	m^3	按钻孔体积计算	建拆泥浆池、装卸泥浆、运输、清理场地
清单项目 2	沉管灌注桩	m m^3 根	按设计图示尺寸以桩长(包括桩尖)计算 按不同截面在桩上范围内以体积计算 按设计图示数量计算	1. 打(沉)拔钢管 2. 桩尖制作、安装 3. 混凝土制作、运输、灌注、养护
定额项目	沉管灌注成桩	m^3	按设计图示尺寸桩长(包括桩尖,不扣除桩尖虚体积)并考虑翻浆高度乘以设计截面面积以体积计算	1. 用钢管打桩孔 2. 灌注混凝土,拔钢管,夯实混凝土,养护
	混凝土搅拌加工	m^3	制作桩所消耗混凝土体积	混凝土搅拌加工、运输
	空桩费	m^3	按自然地坪至设计桩顶标高的长度减去超灌长度乘以桩设计截面面积的体积计算	地面下空桩部分成孔
	桩尖制作、安装	m^3	按设计图示尺寸的体积计算	预制桩尖制作
清单项目 3	干作业成孔灌注桩	m m^3 根	按设计图示尺寸以桩长(包括桩尖)计算 按不同截面在桩上范围内以体积计算 按设计图示数量计算	1. 成孔、扩孔 2. 混凝土制作、运输、灌注、振捣、养护

续表 3-18

模式	项目名称	计量单位	计算规则	工程内容
定额项目	长螺旋钻机钻孔灌注成桩	m^3	按设计图示尺寸桩长(包括桩尖,不扣除桩尖虚体积)并考虑翻浆高度乘以设计截面面积以体积计算	1. 钻孔 2. 将土运至现场 150 m 内指定地点 3. 灌注混凝土、夯实、养护
	混凝土搅拌加工	m^3	制作桩所消耗混凝土体积	混凝土搅拌加工、运输
	空桩费	m^3	按自然地坪至设计桩顶标高的长度减去超灌长度乘以桩设计截面面积的体积计算	地面下空桩部分成孔
	土方超运距增加费	m^3	按钻孔体积计算	将土运至现场 150 m 以外的指定地点
清单项目 4	人工挖孔灌注桩	m^3 根	按桩芯混凝土体积计算 按设计图示数量计算	1. 护壁制作 2. 混凝土制作、运输、灌注、振捣、养护
定额项目	人工挖孔灌注成桩	m^3	按设计图示长度乘以设计截面面积以体积计	1. 挖土、提土、运土于 50 m 内,排水沟修造、修整桩底 2. 安装护壁模具,安放钢筋笼,灌注护壁和桩芯混凝土 3. 抽水吹风,照明、安装设施搭拆等
	混凝土搅拌加工	m^3	制作桩所消耗混凝土体积	混凝土搅拌加工、运输
	空桩费	m^3	按自然地坪至设计桩顶标高的长度乘以桩设计截面面积的体积计算	地面下空桩部分成孔
	土方超运距增加费	m^3	按成孔体积计算	将土运至现场 50 m 以外的指定地点

注:1. 混凝土灌注桩的钢筋笼制作、安装,按《建装计量规范》附录 E 中相关项目编码列项。

2. 空桩费、土方超运距增加费等,可视具体情况进行删减。

3. 沉管灌注桩的翻浆高度取 0.25 m,钻孔桩的翻浆高度取 0.8 m。

4. 施工排水按《建装计量规范》附录 S 中相关项目编码列项。

3.3.2 工程量清单计价

3.3.2.1 编制工程量清单

工程量清单五因素要结合工程实际按照《建装计量规范》附录 C 中规定进行。

本分部清单项目编码的前 9 位数字以 01 - 03 - 01 ~ 02 - 001 ~ ××× 进行编制,后 3 位要考虑不同桩的类型、桩的截面类型及规格尺寸、打桩的地理位置情况(有平地、斜坡、基坑内打、地坪上打坑槽内桩等)、直桩还是斜桩、试验桩还是工程桩、桩间补桩或强夯后的地基上打桩、是否是打密桩、桩的总体积是否符合小型工程等不同条件分开列项编码。

3.3.2.2 确定清单项目综合单价

(1)列出工程量清单项目所对应的定额计价项目。根据《河南省08综合单价》计价定额规定,各清单项目所对应的定额计价项目如表3-17、表3-18所示的定额项目。

(2)计算计价项目工程量。《河南省08综合单价》中规定的各计价项目的工程量计算规则如表3-17、表3-18所示的定额项目所对应的计算规划。具体计算说明如下:

送桩是指设计桩顶低于自然地面时,桩锤无法直接将桩打入设计位置,必须借助一根工具桩(又称桩筒)接到桩的上端,将桩打至设计位置,然后将工具桩拔出的工作过程。当桩需打入自然地面以下情况时列入。

送桩长度:即打桩架底至桩顶面高度或自桩顶面至自然地坪面另加0.5 m,如图3-9所示。

当灌注桩设计标高低于自然地面以下时需要计取空桩费,空桩指从自然地坪至设计桩顶标高的长度减去超灌长度,如图3-9所示。

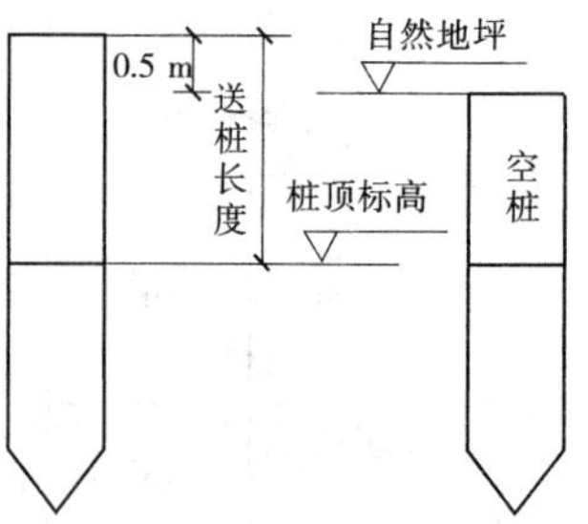

图3-9 送桩、空桩示意

接桩是指设计单根桩长度较大,受打桩架高度及运输条件的限制,设计时将其分成若干节(段)预制,打桩时先把第一节打入地面下,然后第二节与第一节连接起来,再继续往下打,依此类推,向下逐次打入地下的连接过程。其接桩方法有焊接接桩、硫黄胶泥接桩等。对于静力压桩及打预制钢筋混凝土离心管桩计价子目中已考虑接桩费用,无接桩计算项目。

管桩填充材料计算项目仅适用于离心管桩的管内需填充材料的情况。

为避免灌注桩桩尖出现跌脚的现象,保证桩尖的质量,往往采用预制混凝土桩尖。

(3)套用取费定额分析计算清单项目的人工费、材料费、管理费和利润,计算清单项目的综合单价,填写工程量清单项目综合单价分析表(见表1-2)。

本分部的定额取费使用说明摘要如下:

①桩基础分部按平地打桩考虑(坡度小于15°)。如在斜坡上打桩(坡度大于15°),按相应定额子目人工、机械乘以系数1.15。如在基坑内打桩(基坑深度大于1.5 m),或在地坪上打坑槽内桩(坑槽深度大于1 m),按相应定额子目人工、机械乘以系数1.1。

②定额是按打直桩考虑,如打斜桩在1:6以内的桩,按相应定额子目人工、机械乘以系数1.25调整;如斜度大于1:6的桩,按相应定额子目人工、机械乘以系数1.43调整。

③当桩间净距小于4倍桩径(桩边长)时,属于打密桩,按相应定额子目中的人工、机械乘以系数1.13。

④打试验桩按相应定额子目的人工、机械乘以系数2计算。

⑤在桩间补桩或在强夯后的地基打桩时,按相应定额子目人工、机械乘以系数1.15。

⑥单位工程打(灌)桩工程量在表3-19规定数量以内时,属于小型桩基工程。其人工、机械量按相应定额子目乘以系数1.25计算。

⑦泥浆运输应按运输距离基本运距(5 km)和增减运距进行计价与换算。其工作内容包括:建拆泥浆池、装卸泥浆、运输、清理现场等。其中泥浆池的费用为综合取定的,如果不设泥浆池,而直接用罐车将泥浆运走,也不得换算。当施工方案中的土方运距超过子目内容中的距离或土方需要外运时,则应按第一分部的土石方工程中的有关规定计取土方超运距增加费。

⑧各类预制桩均按商品桩考虑，其施工损耗率分别为：预制静力压桩为0，预制方桩为1%，预制板桩、管桩为1%。该损耗已计入相应的计价子目内。

表3-19　小型桩基工程量

项目	单位工程的工程量
钢筋混凝土方桩	150 m^3
钢筋混凝土管桩	50 m^3
钢筋混凝土板桩	50 m^3
钢板桩	50 t
沉管灌注混凝土桩	60 m^3
沉管灌注砂、石桩	60 m^3
机械成孔灌注混凝土桩	100 m^3
泥浆护壁成孔灌注混凝土桩	100 m^3
喷粉桩、深层搅拌桩	100 m^3
高压旋喷桩	200 m

⑨各种机械灌注桩的材料用量，均已包括表3-20规定的充盈系数和材料损耗（充盈系数已综合考虑土壤类别）。

表3-20　灌注桩定额所含的充盈系数及材料损耗

项目名称	充盈系数	损耗率（%）
沉管灌注混凝土桩	1.18	1.5
机械成孔灌注混凝土桩	1.23	1.5
沉管灌注砂桩	1.24	3
沉管灌注石桩	1.24	3

⑩静力压桩和离心管桩实际不存在接桩时，也不扣除综合单价中的接桩费用。如管桩需要接桩，其接桩螺栓应按设计要求并入制作项目内。焊接桩接头钢材设计用量与定额子目含量不同时，可按设计用量换算。

【例3-2】　某工程有30根钢筋混凝土柱，根据上部荷载计算，每根柱下需要设4根350 mm×350 mm断面的预制钢筋混凝土方桩，桩长30 m，由3根长10 m的方桩用焊接方式接桩。桩顶距自然地面为5 m。采用柴油打桩机，试编制桩基础工程施工的工程量清单计价表。

解　(1)列清单项目名称并计算清单工程量。

清单项目：预制钢筋混凝土方桩。

清单工程量 $=0.35\times0.35\times30\times30\times4=441(m^3)$

(2)编制工程量清单，如表3-21所示。

(3)分析“预制钢筋混凝土方桩”清单项目综合单价。

表 3-21 “预制钢筋混凝土方桩”工程量清单

序号	项目编码	项目名称	项目特征	计量单位	工程量
1	010301001001	预制钢筋混凝土方桩	桩截面 350 mm×350 mm 桩长 30 m,由 3 根长 10 m 的方桩用焊接方式接桩,送桩深度 5.5 m	m^3	441
本页小计					

划分计价项目(3 项):打桩、接桩、送桩。

计算计价项目工程量。

打桩:工程量 $=0.35\times0.35\times30\times30\times4=441(m^3)>150\ m^3$,属正常工程(不是小型工程)

接桩:工程量 $=30\times4\times2=240$(个)

送桩:工程量 $=0.35\times0.35\times(5+0.5)\times120=80.85(m^3)$

分析综合单价:

把清单项目所对应的计价项目的取费定额子目号、计量单位、数量和相应人工费、材料费、管理费和利润单价填入表中,然后用数量乘以相应的单价填入表中的合价栏,再对合价部分进行竖向求和,如表 3-22 所示。

表 3-22 “预制钢筋混凝土方桩”清单项目综合单价分析表

项目编码	010301001001		项目名称		预制钢筋混凝土方桩		计量单位		m³		
清单综合单价组成明细											
定额编号	定额名称	定额单位	数量	单价				合价			
				人工费	材料费	机械费	管理费和利润	人工费	材料费	机械费	管理费和利润
2-3	打桩	m³	441	47.09	832.77	130.91	28.19	20 766.69	367 251.57	57 731.31	12 431.79
2-22	接桩	个	240	87.72	156.32	197.49	65.02	21 052.80	37 516.80	47 397.60	15 604.80
2-4	送桩	m³	80.85	67.32	6.64	187.01	40.3	5 442.82	536.84	15 119.76	3 258.26
人工单价		小计						47 262.31	405 305.21	120 248.67	31 294.86
43 元/工日		未计价材料费									
清单项目综合单价								1 369.87			
材料费明细	主要材料名称、规格、型号			单位		数量		单价(元)	合价(元)	暂估单价	暂估合价
	预制钢筋混凝土桩			m³		1.010		817.95	826.13		
	角钢			t		0.044		3 180.00	139.92		
	电焊条			kg		4.000		4.00	16		
	材料费小计							—	982.05	—	

综合单价 = (47 262.31 + 405 305.21 + 120 248.67 + 31 294.86)/441 = 1 369.87(元/m^3)

(4)形成工程量清单计价表,如表 3-23 所示。

表 3-23　预制钢筋混凝土方桩工程量清单计价表

序号	项目编码	项目名称	项目特征	计量单位	工程量	金额		
						综合单价(元)	合价(元)	暂估价
1	010301001001	预制钢筋混凝土方桩	桩截面 350 mm × 350 mm 桩长 30 m,由 3 根长 10 m 的方桩用焊接方式接桩 送桩深度 5.5 m 采用柴油打桩机打桩	m^3	441	1 369.87	604 112.67	
本页小计							604 112.67	
合计							604 112.67	

习　题

1. 某工程桩基础为柴油打桩机打沉管灌注桩,设计桩长 12 m,桩径为 500 mm,空桩长 2 m,混凝土强度等级为 C20。每根桩钢筋笼设计重量为 110 kg,共有 22 根。试编制桩基础工程施工的工程量清单计价表。(需要考虑翻浆高度,不考虑混凝土制作和运输)。

2. 某工程桩基础有泥浆护壁钻孔灌注桩共 48 根,设计桩长 20 m,桩顶距自然地平面 5 m,桩径为 1 000 mm,混凝土强度等级为 C30(碎石粒径 40(32.5 水泥))。每根桩钢筋笼设计重量为 450 kg,泥浆外运 6 km。试编制桩基础工程施工的工程量清单计价表。(需要考虑翻浆高度,无入岩增加费)

3. 某工程有 40 根钢筋混凝土桩,根据计算,每根柱下有 6 根 400 mm × 400 mm 方桩,桩长 30 m(用 2 根 15 m 方桩焊接接桩),桩顶距自然地坪 4 m,外购商品桩至工地的单价为 850 元/ m^3,采用柴油打桩机打桩。试编制桩基础工程量清单计价表。

3.4　砌筑工程

砌筑工程是指用胶凝材料(水泥砂浆、混合砂浆、石灰砂浆等)把砖、毛石、砌块等块体砌筑而成的砌体结构。其中,砖按材料不同分为机砖、蒸养灰砂砖、粉煤灰砖等;砌块按材料不同分为多孔砖、空心砖、硅酸盐砌块、小型空心砌块、加气混凝土砌块等。

本分部工程包含内容有砖砌体、砌块砌体、石砌体、垫层等工程。

3.4.1　清单项目及工程量计算

3.4.1.1　清单项目

《建装计量规范》附录 D.1 ~ 附录 D.4 列出了砖砌体、砌块砌体、石砌体、垫层等工程的清单项目。

砖砌体的清单项目有：砖基础、实心砖墙、多孔砖墙、空心砖墙、空斗墙、空花墙、填充墙、砖柱、砖检查井、零星砌体、砖散水、地坪、砖地沟、明沟等。

其中，零星砌体指空斗墙的窗间墙、窗台下、楼板下等的实砌部分，砌筑台阶、台阶挡墙、梯带、锅台、炉灶、蹲台、小便槽、池槽腿、花台、花池、楼梯栏板、阳台栏板、地垄墙，0.3 m^2以内孔洞填塞等。

砌块砌体的清单项目有：砌块墙、砌块柱。

石砌体的清单项目有：石基础、石勒脚、石墙、石挡土墙、石柱、石栏杆、石护坡、石台阶、石坡道、石地沟、明沟等。

本分部具体列项通常按《建装计量规范》的附录 D 的项目划分方法，结合工程砌体的使用部位、材料做法、砌筑方法等具体情况分开列项。

3.4.1.2　工程量计算

工程量应按《建装计量规范》的附录 D 的清单项目中的工程量计算规则进行计算。常用砌体工程和垫层清单项目工程量计算规则见表 3-24 和表 3-25。

表 3-24　砌体工程量计算规则

<table>
<tr><th>模式</th><th>项目名称</th><th>计量单位</th><th>计算规则</th><th>工程内容</th></tr>
<tr><td>清单项目 1</td><td>砖、石基础</td><td>m^3</td><td rowspan="2">按设计图示尺寸以体积计算。扣除地梁(圈梁)、构造柱所占体积，不扣除基础大放脚 T 形接头处的重叠部分及嵌入基础内的钢筋、铁件、管道、基础砂浆防潮层和单个面积 0.3 m^2以内的孔洞所占体积，靠墙暖气沟的挑檐不增加体积</td><td>1. 砂浆制作、运输
2. 砌砖、砌石
3. 防潮层铺设
4. 材料运输</td></tr>
<tr><td rowspan="2">定额项目</td><td>砖、石基础</td><td>m^3</td><td>1. 砂浆制作、运输
2. 砌砖、砌石
3. 材料运输</td></tr>
<tr><td>防潮层</td><td>m^2</td><td>按设计图示尺寸的面积计算</td><td>防潮层铺设</td></tr>
<tr><td>清单项目 2</td><td>实心墙</td><td>m^3</td><td rowspan="3">按设计图示尺寸以体积计算</td><td rowspan="2">1. 砂浆制作、运输
2. 砌砖、砌块、砌石
3. 刮缝
4. 砖压顶砌筑
5. 材料运输</td></tr>
<tr><td rowspan="2">定额项目</td><td>实心墙</td><td>m^3</td></tr>
<tr><td>石材加工</td><td>m^3</td><td>方整石打荒、錾凿</td></tr>
<tr><td>清单项目 3</td><td>空斗墙</td><td rowspan="2">m^3</td><td rowspan="2">按设计图示尺寸以空斗墙外形的体积计算。墙角、内外墙交接处、门窗洞口立边、窗台砖、屋檐处的实砌部分并入空斗墙体积内</td><td rowspan="6">1. 砂浆制作、运输
2. 砌砖
3. 装填充料
4. 刮缝
5. 材料运输</td></tr>
<tr><td>定额项目</td><td>空斗墙</td></tr>
<tr><td>清单项目 4</td><td>空花墙</td><td rowspan="2">m^3</td><td rowspan="2">按设计图示尺寸以空花部分的外形体积计算，不扣除空洞部分体积。空花墙中实砌部分的墙身及附墙柱应另按墙、柱计算</td></tr>
<tr><td>定额项目</td><td>空花墙</td></tr>
<tr><td>清单项目 5</td><td>填充墙</td><td rowspan="2">m^3</td><td rowspan="2">按设计图示尺寸以填充墙外形体积计算</td></tr>
<tr><td>定额项目</td><td>填充墙</td></tr>
</table>

续表 3-24

模式	项目名称	计量单位	计算规则	工程内容
清单项目6 定额项目	实心砖柱、多孔砖柱、砌块柱	m^3	按设计图示尺寸的体积计算。扣除混凝土及钢筋混凝土梁垫、梁头、板头所占体积	1. 砂浆制作、运输 2. 砌砖 3. 刮缝 4. 材料运输
清单项目7	砖检查井	座	按设计图示数量计算	1. 土方挖运 2. 砂浆制作、运输 3. 铺设垫层 4. 底板混凝土制作、运输、浇筑、振捣、养护 5. 砌砖 6. 刮缝 7. 井池底、壁抹灰 8. 抹防潮层 9. 回填 10. 材料运输
定额项目	挖土方	m^3	按设计图示体积计算，并考虑放坡加工作面增加的体积	土方挖运
	垫层	m^3	按设计图示尺寸以体积计算	铺设垫层
	混凝土制作	m^3	按设计图示尺寸以体积计算	底板混凝土浇筑、振捣、养护
	混凝土搅拌加工费	m^3	按底板混凝土的消耗量体积计算	底板混凝土制作、运输
	砌砖	m^3	按设计图示尺寸以体积计算	砂浆制作、运输，砌砖，刮缝
	抹灰	m^2	按设计图示尺寸以面积计算	井池底壁抹灰
	防潮层	m^2	按设计图示尺寸以面积计算	抹防潮层
	回填土	m^3	按挖方体积减去基坑内的基础所占的体积计算	回填
清单项目8	零星砌体	m^2 m 个 m^3	台阶按设计图示尺寸水平投影面积计算 小便槽、地垄墙按设计图示尺寸以长度计算 锅台与炉灶按设计图示数量计算 其他按设计图示尺寸截面面积乘以长度以体积计算	1. 砂浆制作、运输 2. 砌砖 3. 刮缝 4. 材料运输
定额项目	台阶、零星砌体	m^2 m^3	台阶按设计图示尺寸水平投影面积计算。如台阶与平台相连，其分界线以最上层踏步外沿加 300 mm 计算 其他按设计图示尺寸以体积计算	

续表 3-24

模式	项目名称	计量单位	计算规则	工程内容
清单项目 9	砖散水、地坪	m^2	按设计图示尺寸以面积计算	1. 土方挖运 2. 地基找平夯实 3. 铺设垫层 4. 砌砖 5. 抹砂浆面层
定额项目	挖土方	m^3	按设计图示以体积计算，并考虑放坡加工作面增加的体积	土方挖运
	原土打夯	m^2	按设计图示尺寸以面积计算	地基找平夯实
	垫层	m^3	按设计图示尺寸以体积计算	铺设垫层
	砖散水、地坪	m^3	按设计图示尺寸以体积计算	砌砖
	砂浆面层	m^2	按设计图示尺寸以面积计算	抹砂浆面层
清单项目 10	砖地沟、明沟	m	按设计图示中心线长度计算	1. 土方挖、运、填 2. 铺设垫层 3. 底板混凝土制作、运输、浇筑、振捣、养护 4. 砌砖 5. 刮缝、抹灰 6. 材料运输
定额项目	挖土方	m^3	按设计图示体积计算，并考虑放坡加工作面增加的体积	土方挖运
	垫层	m^3	按设计图示尺寸以体积计算	铺设垫层
	混凝土制作	m^3	按设计图示尺寸以体积计算	底板混凝土浇筑、振捣、养护
	混凝土搅拌加工费	m^3	按设计图示尺寸所需混凝土的消耗量以体积计算	底板混凝土制作、运输
	砌砖	m^3	按设计图示尺寸以体积计算	1. 砌砖 2. 刮缝
	抹灰	m^2	按设计图示尺寸以面积计算	抹灰
	回填	m^3	按挖方体积减去沟槽内垫层及砌体所占的体积计算	土方回填

注：1. 砖基础适用于各类砖基础：柱基础、墙基础、管道基础等。

2. 实心墙按材料类型不同有实心砖墙、多孔砖墙、空心砖墙、砌块墙、石墙等项目。

3. 架外表面的镶贴部分按零星项目编码列项。

4. 附墙烟囱、通风道、垃圾道，应按设计图示尺寸以其体积计算（扣除孔洞所占体积），并入所依附的墙体体积内，当设计规定孔洞内需抹灰时，应按《建装计量规范》附录 L 中零星抹灰项目编码列项。

5. 使用混凝土花格砌筑的空花墙，实砌墙体与混凝土花格应分别计算，混凝土花格按混凝土中预制构件相关项目编码列项。

6. 砖砌体内钢筋加固应按《建装计量规范》钢筋混凝土中相关项目编码列项。

表 3-25　垫层工程量计算规则

垫层	计量单位	计算规则	工程内容
清单规则	m^3	按设计图示尺寸以体积计算	1. 垫层材料拌制 2. 垫层铺设 3. 材料运输
定额规则			

注：除混凝土垫层按《建装计量规范》附录 E 中相关项目编码列项外，清单项目没有包括垫层的其他材料的垫层应按本表垫层项目编码列项。

1. 基本规定

(1) 基础与墙身(柱身)的划分，如表 3-26 及图 3-10、图 3-11 所示。

表 3-26　基础与墙身划分

砖基础与墙身	基础与墙身使用同一种材料	设计室内地坪为界(有地下室的按地下室室内设计地坪为界)，以下为基础，以上为墙身或柱身，示意图如图 3-10、图 3-11 所示
	基础与墙身使用不同材料	材料分界线位于设计室内地坪下 300 mm 以内时，以不同材料为界；超过 300 mm 时，以设计室内地坪为界，以下为基础，以上为墙身或柱身
	室内地坪有坡度差(如影剧院、礼堂)	以低处设计室内地面标高为分界线，以下为基础，以上为墙身或柱身
	设计室内标高不同	按设计室内地坪最大面积的标高为分界线，以上为墙身或柱身
	基础与围墙	设计室外地坪为界，以下为基础，以上为墙身
石墙	基础与勒脚	设计室外地坪为界，以下为基础，以上为勒脚
	勒脚与墙身	设计室内地坪为界，以下为基础，以上为墙身
	基础与围墙	围墙内、外地坪标高不同时，应以较低地坪标高为界，以下为基础；围墙内、外标高之差为挡土墙时，挡土墙以上为墙身

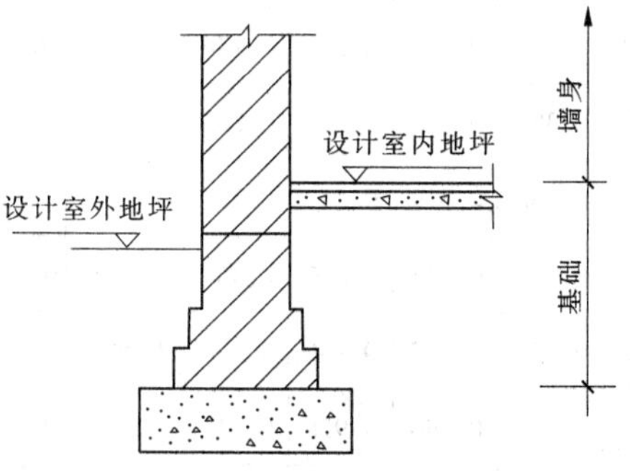

图 3-10　基础与墙身划分

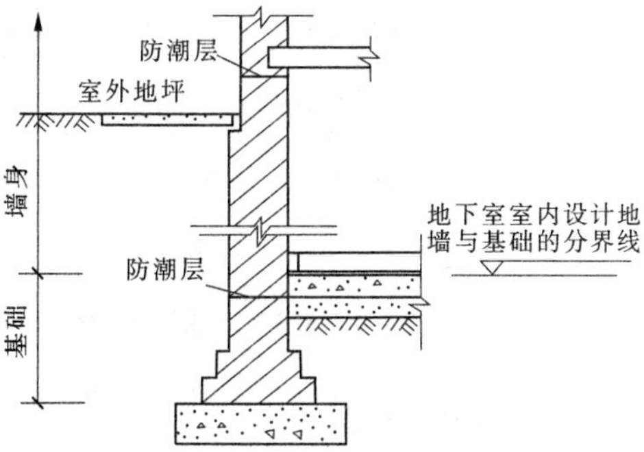

图 3-11　地下室的基础与墙身划分

(2) 标准砖墙墙体厚度应取构造尺寸，按表 3-27 规定计算。

表 3-27　标准砖砌体计算厚度

砖数(厚度)	1/4	1/2	3/4	1	1.5	2	2.5	3
标准砖厚度(mm)	53	115	180	240	365	490	615	740

(3)砖基础大放脚尺寸。砖基础通常采用等高式或不等高式(间隔式)两种形式,如图 3-12 所示。等高式大放脚是每二皮砖一收,每次收进 1/4 砖长加灰缝(构造尺寸为(240 + 10)/4 = 62.5(mm))。间隔式大放脚是二皮一收与一皮一收相间隔,每次收进 1/4 砖长加灰缝(62.5 mm)。

大放脚的面积也可折算为与基础墙同宽的高度,如图 3-13 所示。

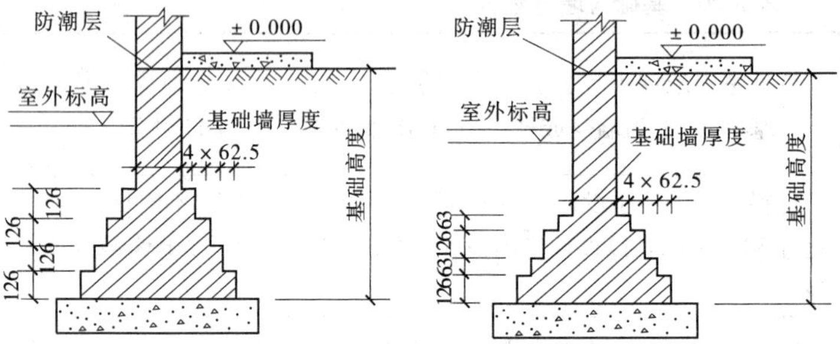

图 3-12　砖基础大放脚

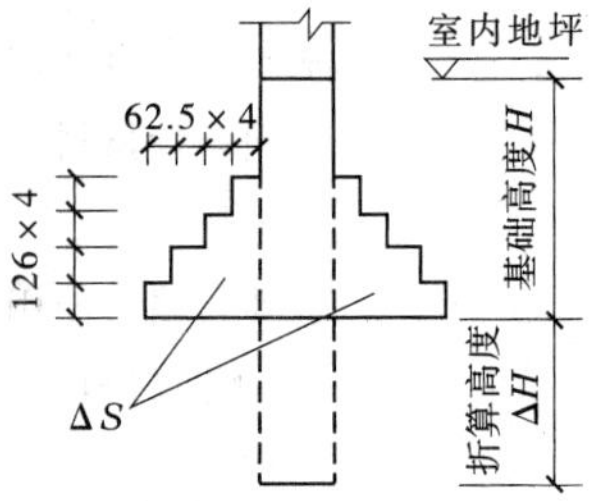

图 3-13　砖基础大放脚折加高度

大放脚的面积及折加高度一般可直接查取费定额中的相应表,如表 3-28 所示。

表 3-28　砖基础大放脚折加高度和增加断面面积

放脚层数	折加高度(m)												增加的断面面积(m^2)	
	1/2 砖(0.115)		1 砖(0.24)		1.5 砖(0.365)		2 砖(0.49)		2.5 砖(0.615)		3 砖(0.74)			
	等高	不等高	等高	不等高	等高	不等高	等高	不等高	等高	不等高	等高	不等高	等高	不等高
一	0.137	0.137	0.066	0.066	0.043	0.043	0.032	0.032	0.026	0.026	0.021	0.021	0.015 75	0.015 75
二	0.411	0.342	0.197	0.164	0.129	0.108	0.096	0.080	0.077	0.064	0.064	0.053	0.047 25	0.039 38
三			0.394	0.328	0.259	0.216	0.193	0.161	0.154	0.128	0.128	0.106	0.094 5	0.078 75
四			0.656	0.525	0.432	0.345	0.321	0.253	0.256	0.205	0.213	0.170	0.157 5	0.126
五			0.984	0.788	0.647	0.518	0.482	0.380	0.384	0.307	0.319	0.255	0.236 3	0.189
六			1.378	1.083	0.906	0.712	0.672	0.530	0.538	0.419	0.447	0.351	0.330 8	0.259 9
七			1.838	1.444	1.208	0.949	0.900	0.707	0.717	0.563	0.596	0.468	0.441	0.345 6
八			2.363	1.838	1.553	1.208	1.157	0.900	0.922	0.717	0.766	0.596	0.567	0.441 1
九			2.953	2.297	1.942	1.510	1.447	1.125	1.153	0.896	0.958	0.745	0.708 8	0.551 3
十			3.610	2.789	2.372	1.834	1.768	1.366	1.409	1.088	1.171	0.905	0.866 3	0.669 4

注:本表折算墙基高度均以标准砖双面放脚为准。每层大放脚高为两皮砖,每层放出 1/4 砖(单面)。

（4）墙高的确定。墙高起点均从墙身与墙基的分界面开始计算，上至墙顶点，具体规定如下。

外墙：有钢筋混凝土楼板隔层者算至板顶，平屋顶算至钢筋混凝土板底，如图 3-14 所示；斜（坡）屋面无檐口天棚者算至屋面板底，如图 3-15 所示；有屋架且室内外均有天棚者算至屋架下弦底另加 200 mm，如图 3-16 所示；无天棚者算至屋架下弦底另加 300 mm，如图 3-17所示；出檐口宽度超过 600 mm 时按实砌高度计算。

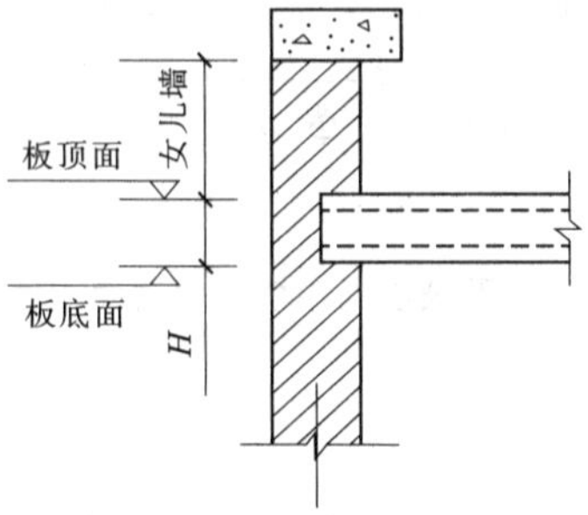

图 3-14　平屋顶外墙高度

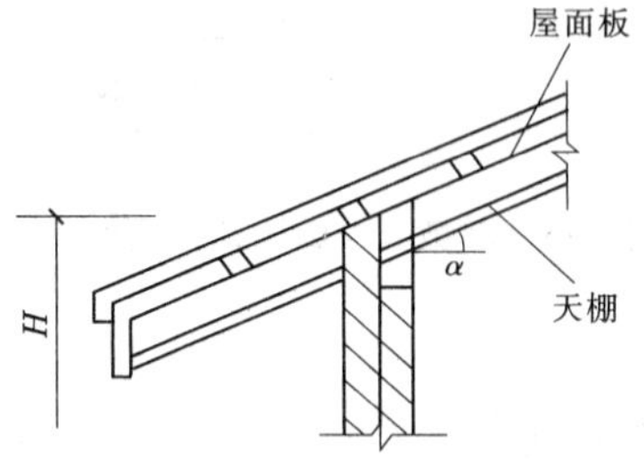

图 3-15　无檐口天棚外墙高度

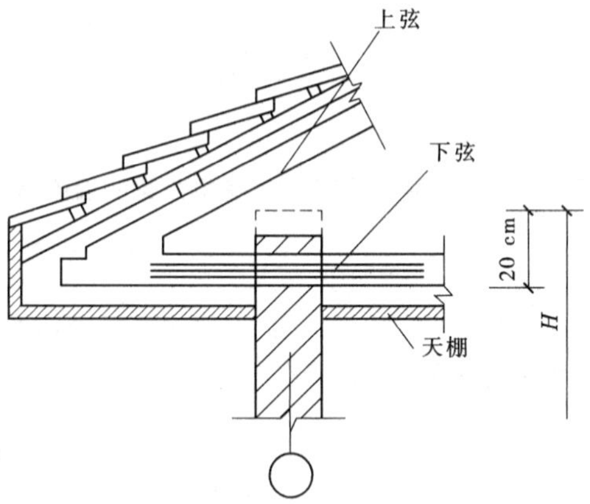

图 3-16　有屋架且室内外均有天棚外墙高度

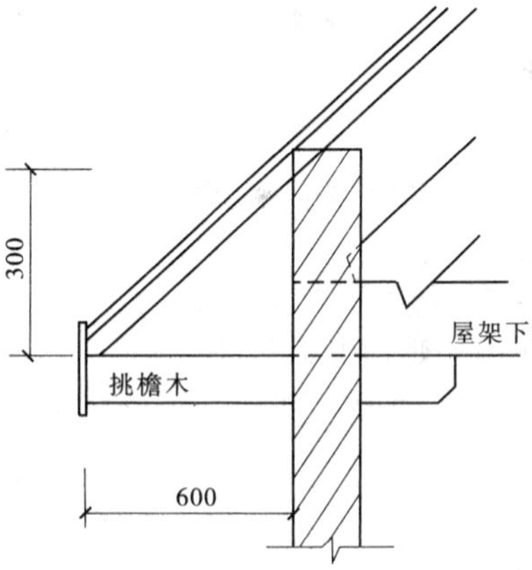

图 3-17　有屋架无天棚外墙高度

女儿墙：从屋面板上表面算至压顶上表面（如有钢筋混凝土压顶时算至压顶下表面）。如图 3-14 所示。

内外山墙：按其平均高度计算。顶点如图 3-18、图 3-19 所示。

内墙：有钢筋混凝土楼板隔层者算至板顶；位于屋架下弦者算至屋架底，如图 3-20 所示；无屋架者算至天棚底另加 100 mm，如图 3-21 所示。

框架间墙：均取框架梁间的净高，如图 3-22 所示。

围墙：高度算至压顶上表面（如有混凝土压顶时算至压顶下表面），围墙柱并入围墙体积内。

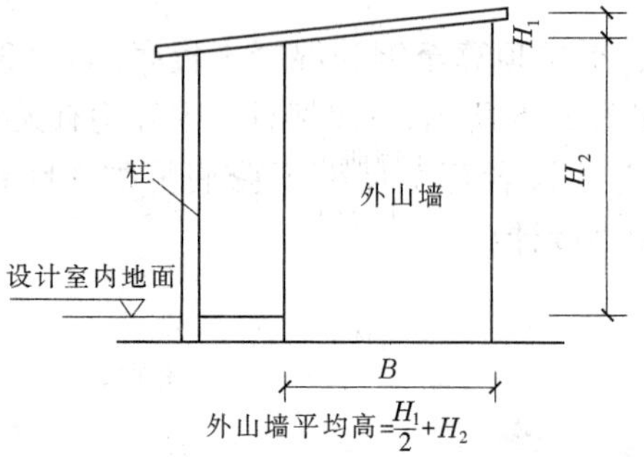

图 3-18　单坡屋面山墙外墙高度

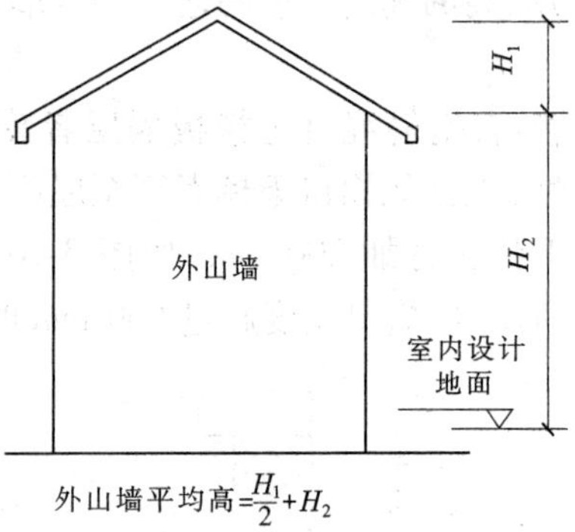

图 3-19　双坡屋面山墙外墙高度

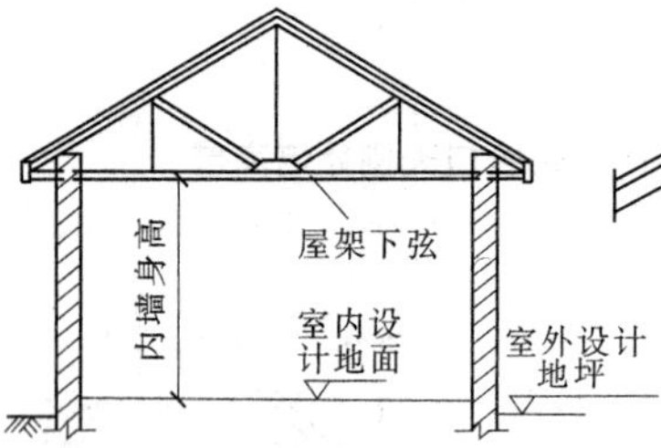

图 3-20　屋架下弦内墙高度

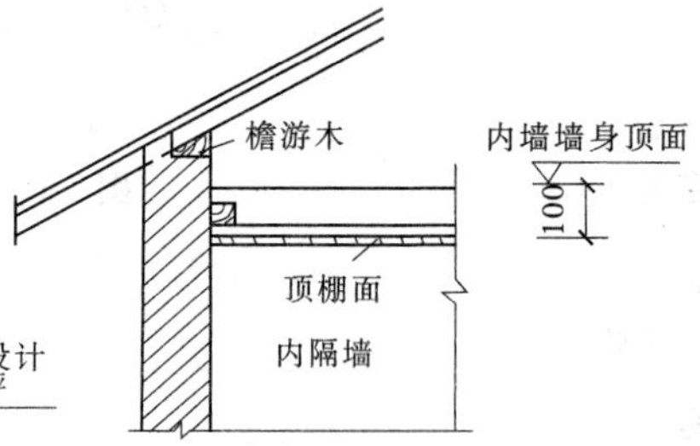

图 3-21　无屋架有天棚的内墙高度

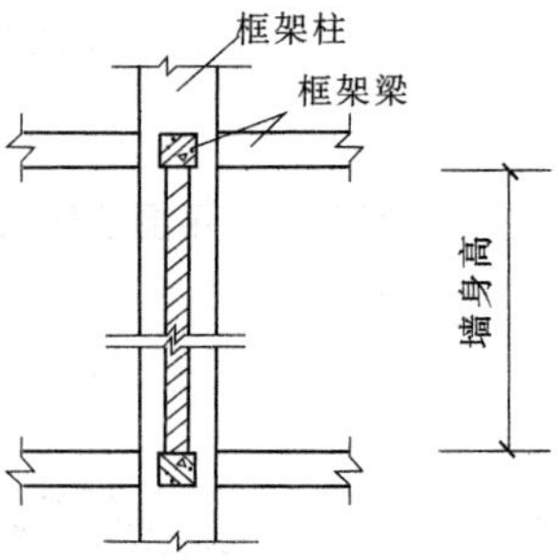

图 3-22　有框架梁的墙体高度

2. 计算公式说明

(1)条形砖基础体积。

基础体积 = 基础墙厚 ×(设计基础高度 + 大放脚折加高度)× 基础长度 - 混凝土构造柱及地梁体积 + 墙垛基础宽出部分的体积

或　　基础体积 =(基础墙厚 × 设计基础高度 + 大放脚面积)× 基础长度 - 混凝土构造柱及地梁体积 + 墙垛基础宽出部分的体积

其中,基础长度:外墙墙基按中心线,内墙墙基按内墙净长线计算,当内墙墙基和内外墙墙基在丁形交接时,较长的内外墙基长度通长算,另 T 形交接的内墙墙基长度自内外墙墙基的墙体内面始算,取净长;当内墙墙基和内墙墙基在 L 形处交接,则在 L 形处的长度应取至中心线;内墙墙基与内墙墙基十字相交时,基础墙较厚的长度通算,基础墙较薄的长度算至较厚基础墙的内面。

(2)实心砖墙、多孔砖墙、空心砖墙、砌块墙、石墙体积。

V = 外墙长 × 外墙高 × 外墙厚 + 内墙长 × 内墙高 × 内墙厚 - 应扣除部分体积 + 应增加部分体积

外墙长按外墙中心线或框架柱间净长,内墙长按内墙净长线或框架柱间净长。

墙体应增加、扣减体积及不增加、不扣除的体积见表 3-29。

表 3-29 墙体体积计算的相关规定

扣除体积	门窗洞口、过人洞、空圈、单个面积在 0.3 m^2 以上孔洞，嵌入墙身的钢筋混凝土柱（如GZ）、梁（L）、圈梁（QL）、挑梁、过梁（GL）、砖平拱、平砌砖过梁及凹进墙内的壁龛、管槽、暖气槽、消火栓箱所占体积
增加体积	凸出墙面的砖垛及附墙烟囱、通风道、垃圾道（扣除孔洞所占体积）的体积
不扣除体积	梁头、板头、檩木、垫木、木楞头、檐椽木、木砖、门窗走头、砖墙内的加固钢筋、木筋、铁件、钢管及单个面积在 0.3 m^2 以下孔洞所占体积
不增加体积	凸出墙面的腰线、挑檐、压顶、窗台线、虎头砖、门窗套的体积

3.4.2 工程量清单计价

3.4.2.1 编制工程量清单

工程量清单五因素要结合工程实际按照《建装计量规范》附录 D 中规定进行。

本分部清单项目编码的前 9 位数字以 01－04－01～04－001～×××进行编制。01 表示建筑与装饰工程，04 表示砌筑工程专业工程，01～04 表示砖砌体、砌块砌体、石砌体、垫层等分部工程顺序，001～×××表示按不同清单项目。

3.4.2.2 分析清单项目综合单价

（1）列出工程量清单项目所对应的定额计价项目。根据《河南省 08 综合单价》计价定额规定，各清单项目所对应的定额计价项目如表 3-24、表 3-25 所示的定额项目。

（2）计算计价项目工程量。《河南省 08 综合单价》中规定的各计价项目的工程量计算规则如表 3-24、表 3-25 所示的定额项目所对应的计算规则。

（3）套用取费定额分析计算清单项目的人工费、材料费、管理费和利润，计算清单项目的综合单价，填写工程量清单项目综合单价分析表（见表 1-2）。

本分部的定额取费使用说明摘要如下：

①本分部的黏土砖是按标准规格编制的，砌块、多孔砖是按常用规格编制的，规格不同时，可以换算。实心砖、加气混凝土砌块的规格为 240 mm×115 mm×53 mm，空心砖的规格为 240 mm×240 mm×115 mm，多孔砖的规格为 240 mm×115 mm×90 mm，小型空心砌块的规格为 390 mm×190 mm×190 mm。

②空斗墙定额，已综合了各种不同因素，在执行定额时，不论几斗几卧，均采用空斗墙定额，不得换算。

③砌体墙已综合考虑了腰线、窗台线、挑檐等部分艺术形式砌体及构造柱马牙槎、先立门窗框等增加用工因素，使用时不作调整，且已包括砌体内砌实心砖的工料费用。

④砖砌挡土墙，2 砖以上执行砖基础定额；2 砖以内执行砖墙定额。

⑤填充墙子目采用炉渣、泡沫混凝土填充，如实际使用材料不同时允许换算，其他不变。

⑥砌筑圆弧形砌体基础、墙，可按相应定额子目人工乘以系数 1.1。

⑦设计所采用的砂浆的种类、规格、强度等级与定额不同时，可以换算。

⑧毛石护坡垂直高度超过 4 m 时，定额子目人工乘以系数 1.15。

⑨毛石台阶套用毛石基础子目，垫层套用装饰工程的楼地面分部的相应定额子目，人工乘以 1.2。

⑩方整石加工子目中的人工工日均系累计数量,即錾凿包括打荒、剁斧包括錾凿与打荒。

【例 3-3】 根据基础平面图 3-23 所示,三步等高大放脚,基础墙均为 240 mm 厚,采用标准黏土砖,强度为 MU10,砌筑砂浆为水泥砂浆 M5,假定基础在室内地坪下 60 mm 设有 20 mm 厚 1∶3水泥砂浆防潮层。基础底部设 3∶7灰土垫层。试编制相应砌筑工程的工程量清单,并编制砖基础的工程量清单计价表。

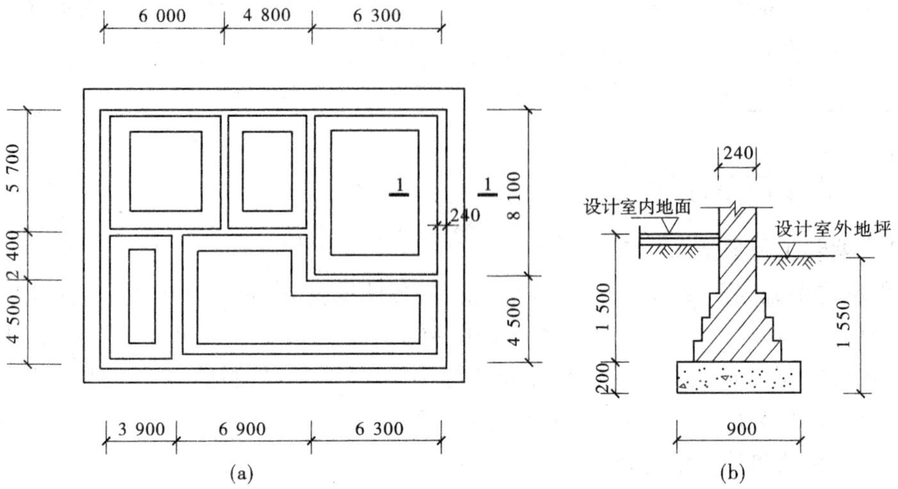

图 3-23 某基础平面图

解 (1)列清单项目名称并计算清单工程量。

①清单项目:砖基础、垫层。

②计算清单工程量。

砖基础工程量:

基础长度计算。

外墙砖基础长($L_{中}$) = [(6.0 +4.8 +6.3) +(4.5 +2.4 +5.7)] ×2 =59.40(m)

内墙砖基础长($L_{内}$) = (6.0 +4.8 −0.24) +(6.3 −0.12) +(4.5 +2.4 −0.24) +(5.7 −0.24) +(2.4 +5.7 −0.12) =36.84(m)

基础断面面积 A =0.24 ×(1.5 +0.394) =0.454 56(m²)

基础体积 $V=(L_{中}+L_{内})\times A$ =(59.40 +36.84) ×0.454 56 =43.75(m³)

垫层工程量:

垫层长度计算。

外墙垫层长($L_{中}$) =59.40 m

内墙垫层长($L_{内净}$) = (6.0 +4.8 −0.9) + (6.3 −0.9/2) +(4.5 +2.4 −0.9) +(5.7 −0.9) +(2.4 +5.7 −0.9/2) =34.2(m)

垫层断面面积 A =0.9 ×0.2 =0.18(m²)

基础体积 $V=L\times A$ =(59.40 +34.2) ×0.18 =16.85(m³)

(2)编制工程量清单,见表 3-30。

(3)分析"砖基础"清单项目综合单价。

①划分计价项目(2 项):砖基础、防潮层。

②计价项目工程量。

“砖基础”工程量：同清单工程量 = 43.75 m^3

“防潮层”工程量 = ($L_{中}$ + $L_{内}$) × 基础墙厚度 = (59.40 + 36.84) × 0.24 = 23.10(m^2)

③分析综合单价。“砖基础”套(3 - 1)“砖基础”定额子目；“防潮层”套(3 - 4)“墙基防潮层”定额子目，水泥砂浆配合比设计为 1∶3，而定额是 1∶2，需要进行换算，换算后的材料费为

$$566.99 + (195.94 - 229.62) \times 2.2 = 492.89(\text{元}/100\ m^2)$$

把清单项目所对应的计价项目的取费定额子目号、计量单位、数量和相应人工费、材料费、管理费和利润单价填入表中，然后用数量乘以相应的单价填入表中的合价栏，再对合价部分进行竖向求和，如表 3-31 所示。

“砖基础”综合单价 = (2 280.73 + 8 040.44 + 90.54 + 828.47)/43.75 = 256.92(元/m^3)

表 3-30 “砖基础”工程量清单

序号	项目编码	项目名称	项目特征	计量单位	工程量
1	010401001001	砖基础	1. 黏土砖，规格 240 mm × 115 mm × 53 mm，MU10 2. 砌筑砂浆为水泥砂浆 M5 3. 防潮层为 20 mm 厚 1∶3水泥砂浆	m^3	43.75
2	010404001001	垫层	3∶7灰土，厚度 200 mm	m^3	16.85
本页小计					
合计					

表 3-31 “砖基础”清单项目综合单价分析表

项目编码	010401001001			项目名称		砖基础		计量单位		m³	
清单综合单价组成明细											
定额编号	定额名称	定额单位	数量	单价				合价			
				人工费	材料费	机械费	管理费和利润	人工费	材料费	机械费	管理费和利润
3 - 1	砖基础	10 m^3	4.375	502.67	1 811.79	19.78	182.55	2 199.18	7 926.58	86.54	798.66
3 - 4 换	墙基防潮层	100 m^2	0.231	353.03	492.89	17.31	129.05	81.55	113.86	4.00	29.81
人工单价		小计						2 280.73	8 040.44	90.54	828.47
43 元/工日		未计价材料费									
清单项目综合单价								256.92			
材料费明细	主要材料名称、规格、型号			单位		数量		单价（元）	合价（元）	暂估单价（元）	暂估合价（元）
	黏土砖			千块		0.52		280	145.6		
	M5 水泥砂浆			m^3		0.244		144.09	35.16		
	1∶3水泥砂浆			m^3		0.012		195.94	2.35		
	材料费小计								183.11		

(4)形成工程量清单计价表。

将综合单价填入表中，再用清单工程量乘以综合单价计算出合价，填入表中，形成计价

表,如表 3-32 所示。

表 3-32 "砖基础"工程量清单计价表

序号	项目编码	项目名称	项目特征	计量单位	工程量	金额(元)		
						综合单价	合价	其中:暂估价
1	010401001001	砖基础	1. 黏土砖,规格 240 mm×115 mm×53 mm, MU10 2. 砌筑砂浆为水泥砂浆 M5 3. 防潮层为 20 mm 厚 1∶3水泥砂浆	m^3	43.75	256.92	11 240.25	
本页小计							11 240.25	
合计							11 240.25	

【例 3-4】 某三层建筑物为砖混结构,其建筑平面、剖面图如图 3-24 所示。墙体为 M5 混合砂浆砌实心砖墙,墙上均设有圈梁,圈梁高度为 180 mm,圈梁宽度同墙厚,窗洞口处圈梁兼过梁。门的高度均为 2 000 mm,门上设过梁,其断面与圈梁相同。外墙、女儿墙厚为 365 mm,内墙厚为 240 mm,轴线居中。求其墙体工程量及综合单价费。

解 (1)墙体长度。

外墙中心线长度:$L_{中} = (3.60\times3+5.80)\times2 = 33.20(m)$

内墙净长度:$L_{内} = (5.8-0.365)\times2 = 10.87(m)$

(2)门窗洞口面积。

$S_{外} = 1.2\times2.0\times3+1.5\times1.8\times17 = 53.1(m^2)$

$S_{内} = 0.9\times2\times6 = 10.8(m^2)$

(3)圈梁体积。

$V_{外} = L_{中}\times$圈梁断面面积$= 33.20\times0.365\times0.18\times3 = 6.54(m^3)$

$V_{内} = L_{内}\times$圈梁断面面积$= 10.87\times0.24\times0.18\times3 = 1.41(m^3)$

(4)门上过梁体积。

$V_{外} = (L_{洞}+0.5)\times$过梁断面面积$= (1.2+0.5)\times3\times0.365\times0.18 = 0.34(m^3)$

$V_{内} = (L_{洞}+0.5)\times$过梁断面面积$= (0.9+0.5)\times6\times0.24\times0.18 = 0.36(m^3)$

(5)墙体体积。

$V_{外墙}$ = 外墙长度×外墙高度×外墙厚度-外墙门窗面积×外墙厚度-外圈梁体积-外过梁体积

$= 33.20\times(3.30+3.00\times2+0.90-0.13)\times0.365-53.1\times0.365-6.54-0.34$

$= 95.77(m^3)$

$V_{内墙}$ = 内墙长度×内墙高度×内墙厚度-内墙门窗面积×内墙厚度-内圈梁体积-内过梁体积

$= 10.87\times(3.30+3.00\times2)\times0.24-10.8\times0.24-1.41-0.36 = 19.90(m^3)$

(6)综合单价费。

370 墙应执行(3-5)子目:2 579.30 元/10 m^3

综合单价合计 = 2 579.30×95.77/10 = 24 701.96(元)

240 墙应执行(3-6)子目:2 596.69 元/10 m^3

综合单价合计 = 2 596.69 × (19.90/10) = 5 167.41(元)

墙体综合单价费合计 = 24 701.96 + 5 167.41 = 29 869.37(元)

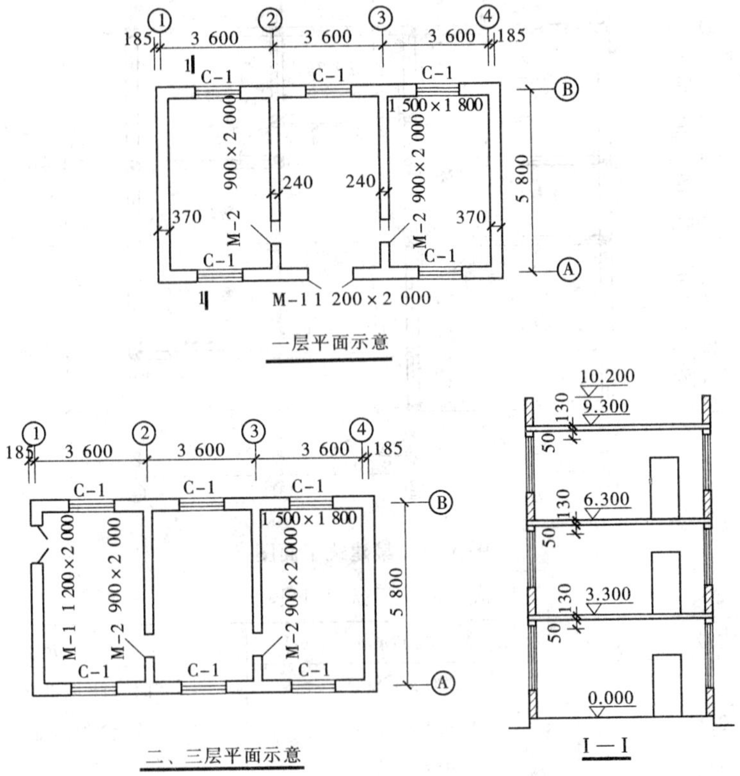

图 3-24　某建筑平面、剖面图

习　题

1. 如图 3-5 所示的工程中,根据地质勘探报告,土壤类别为三类土,无地下水。防潮层做法为 C20 抗渗混凝土 P10 以内,防潮层以下用 M7.5 水泥砂浆砌标准砖基础,防潮层以上为多孔砖墙身,C20 钢筋混凝土条形基础,混凝土构造柱截面尺寸为 240 mm × 240 mm,从钢筋混凝土条形基础中伸出。试按常规施工方案编制砖基础、回填土、余土弃置工程量清单计价表。

2. 某二层砖混结构宿舍楼首层平面图如图 3-25 所示,基础为标准砖砌筑,在 -0.06 m 处设置地圈梁,地圈梁上内外墙均为 M7.5 混合砂浆砌 240 mm 厚加气混凝土砌块,二层平面图除 M-1 的位置变为 C-1 外,其他均与首层平面图相同。层高均为 3.00 m,室外地坪为 -0.45 m,室内地坪标高为 +0.00 m,构造柱(墙体转角处均设置)、圈梁(有墙部分均设置)、过梁、楼板均为现浇 C20 钢筋混凝土,构造柱截面尺寸为 240 mm × 240 mm,圈梁截面尺寸为 240 mm × 300 mm,过梁(M2、M3 上)尺寸为 240 mm × 120 mm(门洞净宽 +500)mm,楼板和屋面板厚度为 100 mm,门窗洞口尺寸见表 3-33。试编制砌筑工程工程量清单计价表。

3. 某单层建筑物为框架结构,如图 3-26 所示,墙下均有基础梁,基础梁顶面标高为 -0.200 m,轴线居柱中,所有墙上均设有框架梁,板厚 100 mm,门窗洞口上设混凝土过梁 370 mm × 240 mm,砌体采用 M5 混合砂浆 MU10 灰砂砖砌筑。试编制砌筑工程工程量清单计价表。

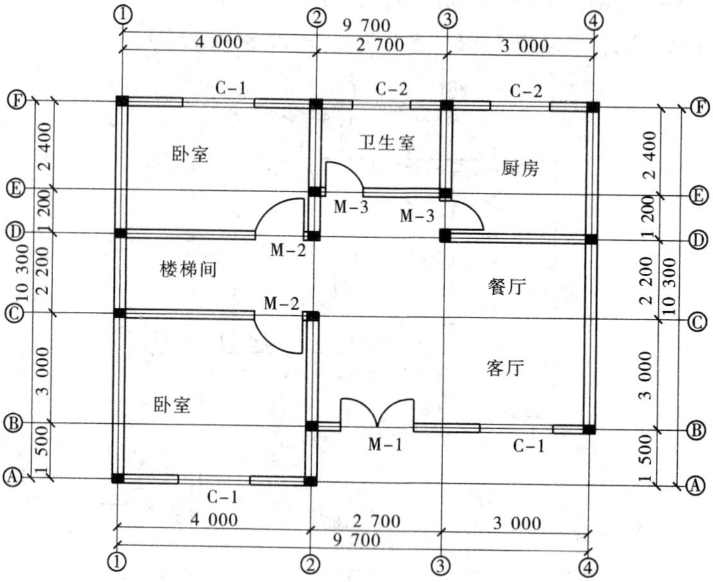

图 3-25　某建筑平面图

表 3-33　门窗洞口尺寸

门窗代号	尺寸(宽×高)(mm×mm)	备注
C－1	1 800×1 800	窗台距地面高 900 mm
C－2	1 500×1 500	窗台距地面高 1 200
M－1	1 200×2 700	
M－2	900×2 100	
M－3	800×2 100	

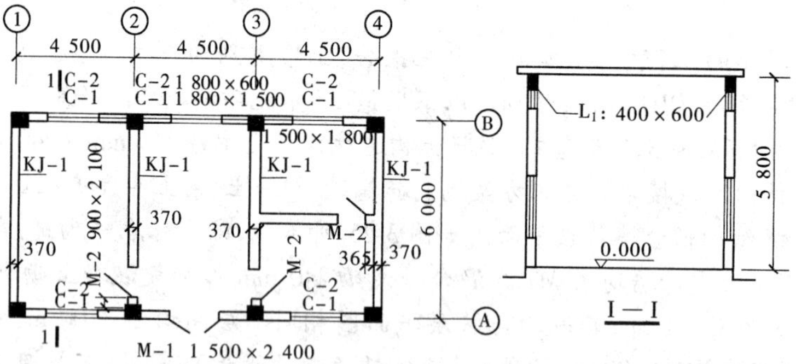

注：KJ-1：柱400 mm×400 mm,梁400 mm×600 mm

图 3-26　某框架结构平面图、剖面图

3.5　混凝土及钢筋混凝土工程

本分部工程包括现浇混凝土、预制混凝土、钢筋与螺栓、铁件等工程。

3.5.1 混凝土工程

混凝土工程包括现浇混凝土基础、柱、梁、墙、板、楼梯、现浇混凝土其他构件、后浇带、预制混凝土柱、梁、屋架、板、楼梯和其他预制构件。

3.5.1.1 清单项目及工程量计算

混凝土工程清单项目通常以构件类型为主,按《建装计量规范》的附录 E 的项目划分方法,结合构件施工方法、构造形式、截面大小及单个构件体积、混凝土加工方法及强度等级等条件分开列项。

1. 现浇混凝土基础、柱、梁、墙、板、楼梯

现浇混凝土基础、柱、梁、墙、板、楼梯清单项目及工程量计算见表 3-34,具体说明如下。

表 3-34 现浇混凝土基础、柱、梁、墙、板、楼梯计算规则

<table>
<tr><th>模式</th><th>项目名称</th><th>计量单位</th><th>计算规则</th><th>工程内容</th></tr>
<tr><td>清单项目</td><td>现浇混凝土基础、柱、梁、板、墙、楼梯</td><td>m^3</td><td rowspan="3">按设计图示尺寸以体积计算。不扣除构件内钢筋、预埋铁件的体积
基础计算时不扣除伸入承台基础的桩头所占体积
柱计算时,嵌接墙体部分(马牙槎)并入柱身体积,依附柱上的牛腿和升板的柱帽,并入柱身体积
伸入墙内的梁头、梁垫并入梁体积
墙计算时,扣除门窗洞口及单个面积 > 0.3 m^2 的孔洞所占体积,墙垛及突出墙面部分并入墙体体积内
板计算时,压形钢板混凝土楼板扣除构件内压形钢板所占体积;有梁板(包括主、次梁与板)按梁、板体积之和;无梁板按板和柱帽体积之和;各类板伸入墙内的板头并入板体积内;薄壳板的肋、基梁并入薄壳体积内;雨篷、悬挑板、阳台板按设计图示尺寸以墙外部分体积计算,包括伸入墙外的牛腿和反挑檐的体积;空心板应扣除空心部分体积
楼梯按设计图示尺寸以水平投影面积计算。不扣除宽度≤500 mm 的楼梯井,伸入墙内部分不计算</td><td>1. 模板及支撑制作、安装、拆除、堆放、运输及清理模内杂物、刷隔离剂等
2. 混凝土制作、运输、浇筑、振捣、养护</td></tr>
<tr><td rowspan="3">定额项目</td><td>现浇混凝土模板</td><td rowspan="3">m^3</td><td>模板制作、安装、拆除、整理堆放及场内外运输、清理模板黏结物及模内杂物、刷隔离剂等</td></tr>
<tr><td>混凝土构件制作</td><td>混凝土浇筑、振捣、养护</td></tr>
<tr><td>混凝土加工费</td><td>按相应项目混凝土消耗量体积计算</td><td>混凝土制作、运输</td></tr>
</table>

注:1. 混凝土基础包括垫层、带形基础、独立基础、满堂基础、桩承台基础、设备基础清单项目。
2. 现浇混凝土柱包括矩形柱、构造柱和异形柱等清单项目。
3. 现浇混凝土梁包括基础梁、矩形梁、异形梁、圈梁、过梁和弧形、拱形梁等清单项目。
4. 现浇混凝土墙包括直形墙、弧形墙、短肢剪力墙和挡土墙等清单项目。
5. 现浇混凝土板包括有梁板、无梁板、平板、拱板、薄壳板、栏板、天沟(檐沟)、挑檐板、雨篷板、悬挑板、阳台板、空心板和其他板等清单项目。
6. 现浇挑檐、天沟板、雨篷、阳台与板(包括屋面板、楼板)连接时,以外墙外边线为分界线;与圈梁(包括其他梁)连接时,以梁外边线为分界线,外边线以外为挑檐、天沟、雨篷或阳台。以挑檐为例,如图 3-39 所示。
7. 模板也可单独按《建装计量规范》附录 S. 2 项目列项计算。

1)现浇混凝土基础

根据《建装计量规范》附录 E. 1 规定,现浇混凝土基础清单项目分为垫层、带形基础、独立基础、满堂基础、桩承台基础、设备基础等。

(1)带形基础。带形基础的外形呈长条状,其断面形状一般有矩形、梯形、阶梯形、T 形等(如图 3-27 所示)。根据几何形状来区分有梁式和无梁式,上部带肋的 T 形及台阶型为有梁式带基。

如图 3-27 所示的(a)、(b)、(c)按无梁式带形基础计算,(d)、(e)按有梁式带形基础计算。

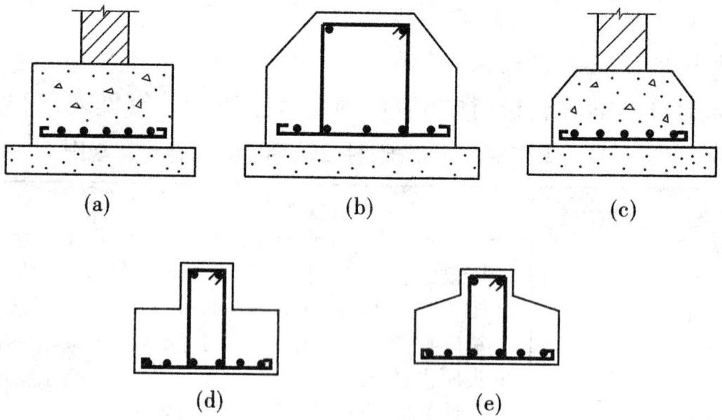

图 3-27　带形基础断面形式

带形基础体积 = 计算长度 × 断面面积 + T 形接头体积

式中计算长度:①外墙基础长度按带形基础中心线计算;②内墙基础按内墙基础底面净长线计算(如图 3-28 所示);③T 形接头是指截面为梯形的基础在 T 形交接部位所相交部分,如图 3-29 所示,是一个小楔体。

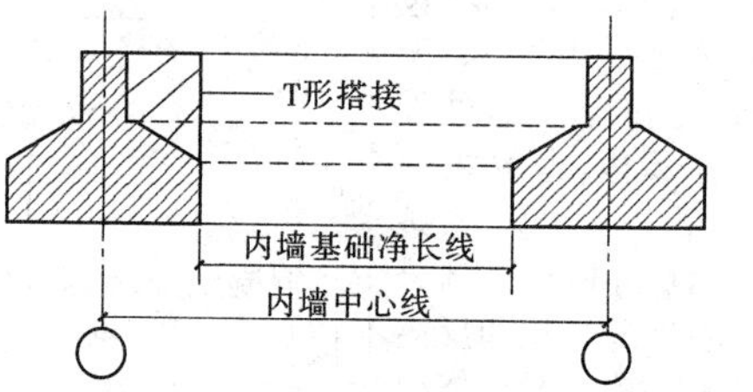

图 3-28　内墙基础净长线

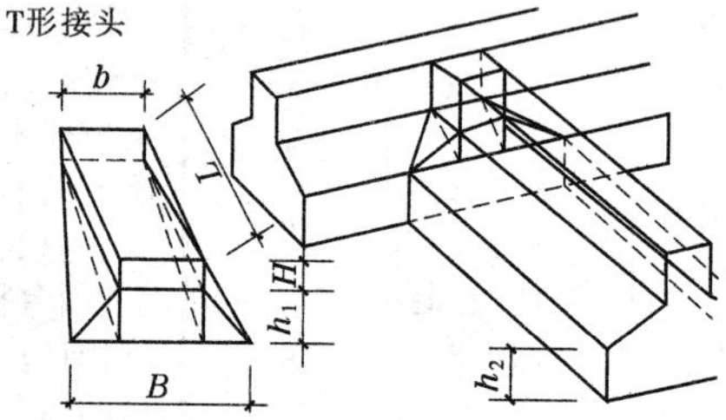

图 3-29　T 形接头

$$V_{\text{T形接头}} = \frac{B + 2b}{6} h_1 \cdot L_{\text{搭接}} + b \cdot H \cdot L_{\text{搭接}}$$

式中　B——基础断面底部宽度;

b——基础扩大顶面宽度;

h_1——基础分割梯形断面高度;

$L_{\text{搭接}}$——T 形接头处的 T 形的一方向基础的单面梯形部分水平投影长度;

H——基础分割上部矩形断面高度。

无梁式带形基础:

$$V = \left(Bh_2 + \frac{B + b}{2} h_1\right) \times (L_{\text{中}} + L_{\text{内基础净长}}) + V_{\text{T形接头}}$$

有梁式带形基础：

$$V = \left(Bh_2 + \frac{B+b}{2}h_1 + BH\right) \times (L_{中} + L_{内基础净长}) + V_{T形接头}$$

式中　h_2——基础分割下部矩形断面高度；

其余符号意义同上。

(2)独立基础。独立基础呈点状，有方形、圆柱形和多边形等形式。独立基础分三种：阶形基础、坡形基础(如图3-30)、杯形基础(见图3-31)。

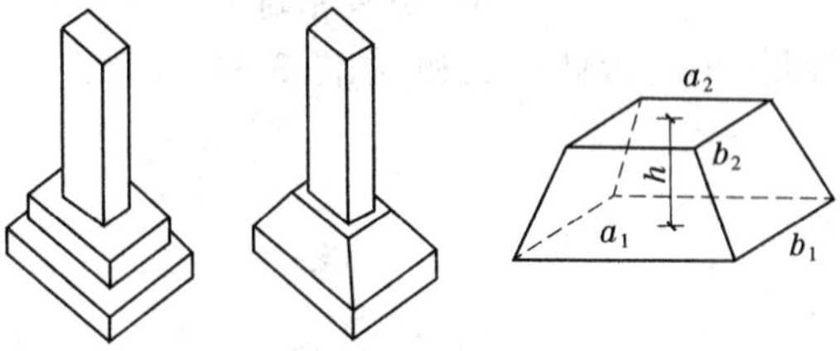

图3-30　独立基础

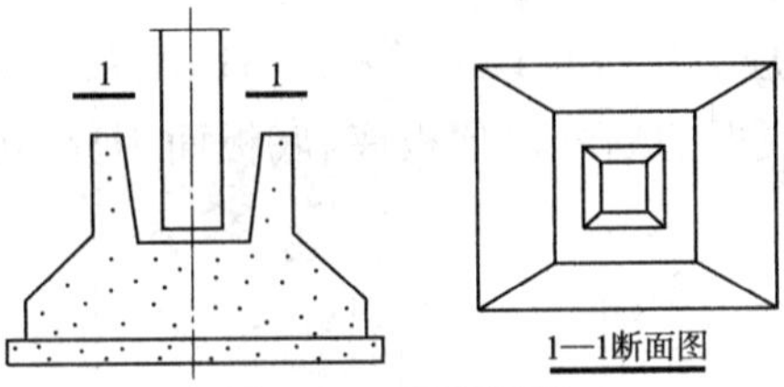

图3-31　杯形基础

当基础体积为阶梯形时，其体积为各阶矩形的长、宽、高相乘后相加。锥台式形状的独立柱体积，其体积可由矩形体积和棱台体积之和构成。

四棱台体积公式如下：

$$V = \frac{h}{3}[a_1b_1 + \sqrt{(a_1b_1) \times (a_2b_2)} + a_2b_2]$$

实际中，四棱台近似体积也经常使用如下公式：

$$V = \frac{h}{6}[a_1b_1 + (a_1 + a_2) \cdot (b_1 + b_2) + a_2b_2]$$

式中　h——四棱台高度；

a_1——四棱台大底面长边尺寸；

b_1——四棱台大底面短边尺寸；

a_2——四棱台小底面长边尺寸；

b_2——四棱台小底面短边尺寸。

杯形基础工程量计算时应扣除杯芯所占体积。其体积由两个长方体体积加一个棱台体积减一个倒棱台体积构成。

(3)满堂基础。用板梁墙柱组合浇筑而成的基础，称为满堂基础。一般有板式满堂基础(也叫无梁式筏板基础，见图3-32(a))、梁板式满堂基础(也叫有梁式筏板基础，见图3-32(b))和箱形满堂基础(见图3-32(c))三种形式。

板式满堂基础工程量：仅指底板体积（柱墩体积并入柱），如图3-33所示。

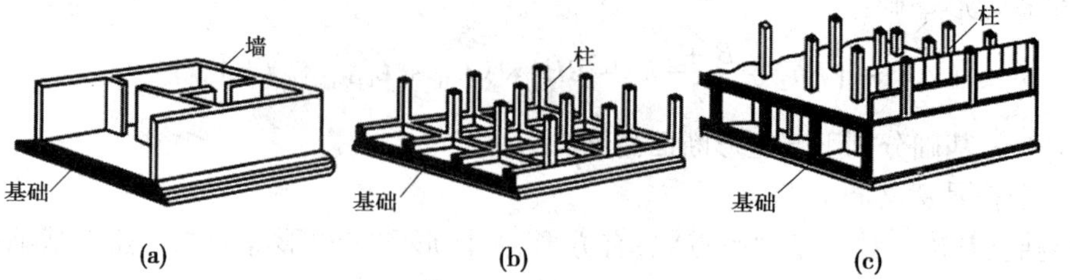

图 3-32　满堂基础

梁板式满堂基础工程量：梁与板体积之和，如图 3-34 所示。

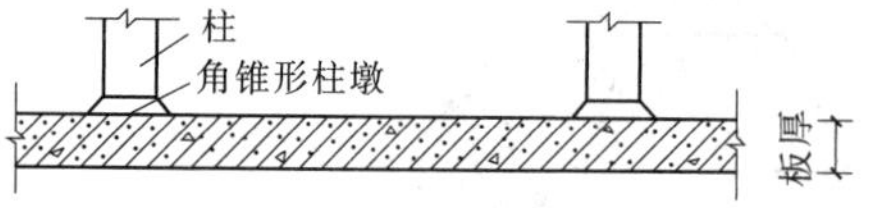

图 3-33　板式满堂基础

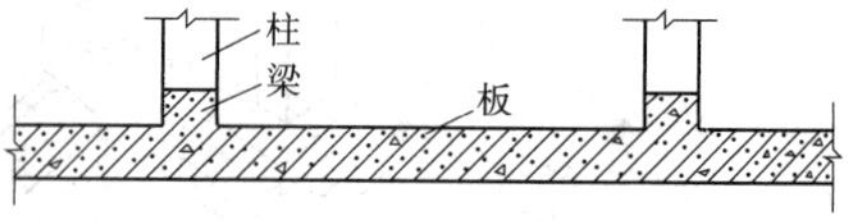

图 3-34　梁板式满堂基础

箱形满堂基础工程量：应分别按板式满堂基础、柱、墙及板的有关规定计算（柱、墙及板见下文介绍）。墙与顶板、底板的划分以顶板底、底板面为界，边缘实体体积部分按底板计算，如图 3-35 所示。

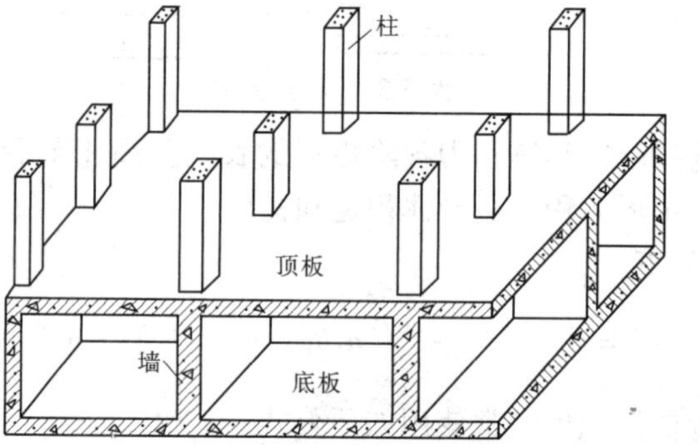

图 3-35　箱形满堂基础

（4）桩承台基础。桩基础顶用钢筋混凝土平台或者平板连成的整体基础按设计图示尺寸以体积计算，不扣除伸入承台基础的桩头所占体积。

（5）设备基础。设备基础除块体基础外，其他类型设备基础分别按基础、梁、柱、板、墙等有关规定计算。

【例 3-5】　计算模块 4 工程中基础工程的混凝土基础清单项目工程量。

解　根据模块 4 中图 4-11 的基础平面、剖面图分析，该工程为梁板式满堂基础。

底板体积：$V_1 = (24 - 0.2) \times (16.8 - 0.2) \times 0.6 = 237.048(m^3)$

X 方向梁体积：$V_2 = (24 - 0.9 \times 2 + 0.7) \times 0.8 \times 0.5 \times 4 = 36.64(m^3)$

Y 方向梁体积：$V_3 = (16.8 - 0.9 \times 2 + 0.6 - 4 \times 0.5) \times 0.8 \times 0.5 \times 5 = 27.2(m^3)$

梁板式满堂基础体积：$V = V_1 + V_2 + V_3 = 237.048 + 36.64 + 27.2 = 300.888(m^3)$

【例 3-6】　如图 3-36 所示的杯形基础有 50 个，计算钢筋混凝土杯形基础清单项目工程量。

解　把杯形基础分为三部分：V_1 为下面长方体，V_2 为上面长方体，V_3 为中间棱台部分；

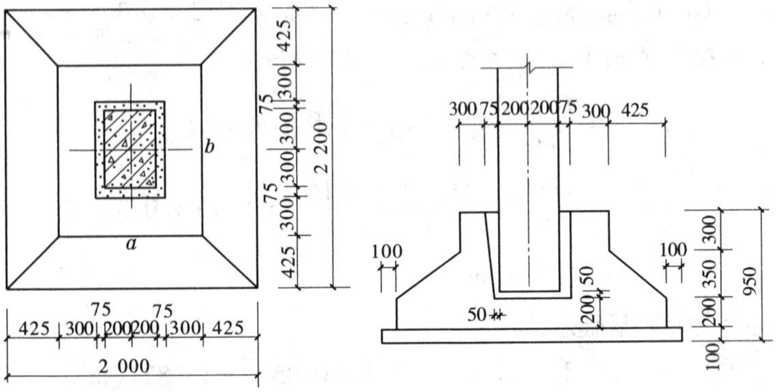

(a)平面图 (b)剖面图

图 3-36 某钢筋混凝土杯形基础示意

设中间空心倒棱台体积为 V_4。

$$V_1 = 2 \times 2.2 \times 0.2 = 0.88(\mathrm{m}^3) \qquad V_2 = 1.15 \times 1.35 \times 0.3 = 0.466(\mathrm{m}^3)$$

$$V_3 = 0.35/3 \times (2 \times 2.2 \times \sqrt{2 \times 2.2 \times 1.15 \times 1.35} + 1.15 \times 1.35) = 0.999(\mathrm{m}^3)$$

$$V_4 = 0.65/3 \times (0.55 \times 0.75 + \sqrt{0.55 \times 0.75 \times 0.5 \times 0.7} + 0.5 \times 0.7) = 0.248(\mathrm{m}^3)$$

则杯形基础体积为

$$V = (V_1 + V_2 + V_3 - V_4) \times 50 = (0.88 + 0.466 + 0.999 - 0.248) \times 50 = 104.85(\mathrm{m}^3)$$

【例 3-7】 如图 3-37 所示,计算基础工程的混凝土基础清单项目工程量。

解 (1)计算基础长度:$L_{中}$ 和内墙基础净长线 $L_{内基础净长}$。

$$L_{中} = (7 + 6.6) \times 2 = 27.2(\mathrm{m}) \qquad L_{内基础净长} = (6.6 - 0.5 \times 2) + (3.5 - 0.5 \times 2) = 8.1(\mathrm{m})$$

(2)计算混凝土带形基础断面面积:

$$S_{外墙墙基断面} = Bh_1 + \frac{B + b}{2}h_2 = 1 \times 0.2 + \frac{1 + 0.24 + 0.16}{2} \times 0.15 = 0.305(\mathrm{m}^2)$$

$$S_{内墙墙基断面} = S_{外墙墙基断面} = 0.305\ \mathrm{m}^2$$

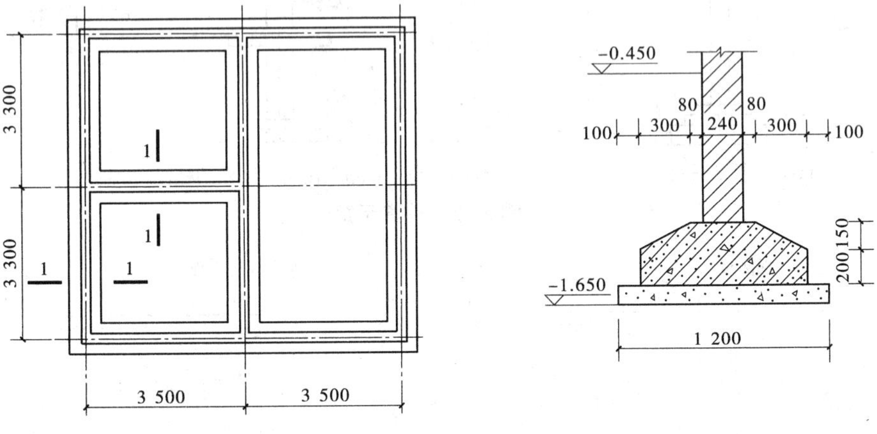

平面图 1—1剖面图

图 3-37 某混凝土带形基础示意

(3)计算混凝土带形基础体积 V_1:

$$V_1 = S_{外墙墙基断面} \cdot L_{中} + S_{内墙墙基断面} \times L_{内基础净长} = 0.305 \times 27.2 + 0.305 \times 8.1 = 10.767(m^3)$$

(4)计算 T 形接头体积 $V_{T形搭接}$(4 个):

$$V_{T形搭接} = \frac{B+2b}{6}h_2 \cdot L_{搭接} \cdot T形接头个数$$

$$= \frac{1+2\times(0.24+0.16)}{6} \times 0.15 \times 0.3 \times 4$$

$$= 0.054(m^3)$$

(5)计算混凝土带形基础总体积:

$$V = V_1 + V_{T形搭接} = 10.767 + 0.054 = 10.821(m^3)$$

2)现浇混凝土柱

根据《建装计量规范》附录 E.2 规定,现浇混凝土柱划分为矩形柱、异形柱和构造柱三大类。异形柱指的是柱断面为十字形、工字形、T 形及四边以上多边形、圆形柱,构造柱指按构造要求设置的埋入墙身的先砌墙体后浇筑的混凝土柱。

(1)柱高的规定如表 3-35 所示,标高示意如图 3-38 所示。

表 3-35　现浇混凝土柱高计算范围规定

柱类型	柱高计算范围
有梁板的柱	应自柱基上表面(或楼板上表面)至上一层楼板上表面之间的高度计算
无梁板的柱	应自柱基上表面(或楼板上表面)至柱帽下表面之间的高度计算
框架柱	应自柱基上表面至柱顶高度计算
构造柱	按全高计算

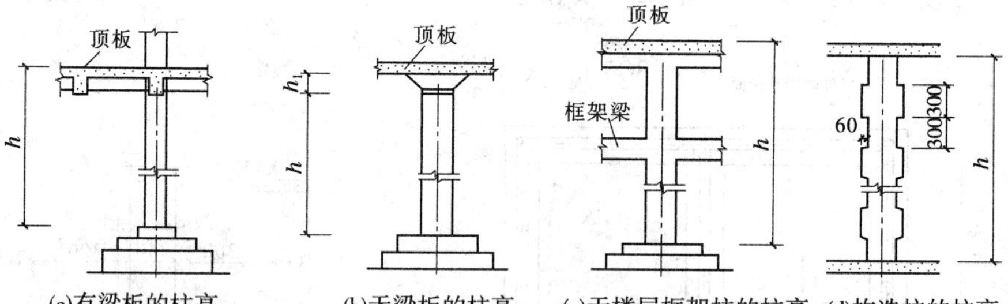

图 3-38　柱高示意

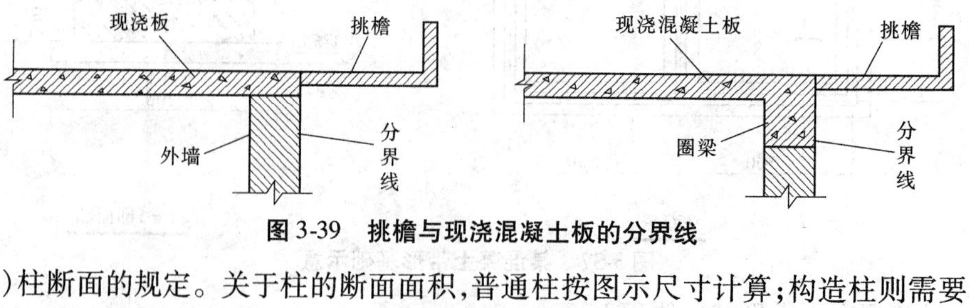

图 3-39　挑檐与现浇混凝土板的分界线

(2)柱断面的规定。关于柱的断面面积,普通柱按图示尺寸计算;构造柱则需要考虑与砌体的咬茬体积,按马牙槎与墙体嵌接面加宽 0.06/2 mm 进行断面计算,如图 3-40 所示。

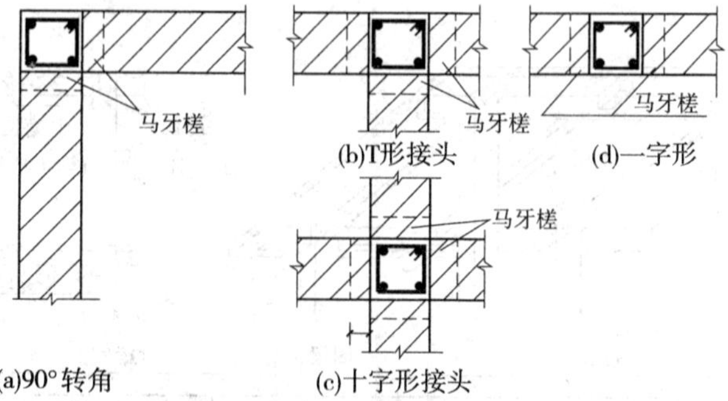

图 3-40　不同平面形状构造示意

马牙槎的体积公式为：$n\times0.06/2\times$墙厚$\times$柱高（n 为马牙槎的槎数）

【例 3-8】　试计算如图 3-41 所示混凝土构造柱体积：已知柱高为 2.9 m，柱断面尺寸为 240 mm×240 mm，与砖墙咬接为 60 mm。

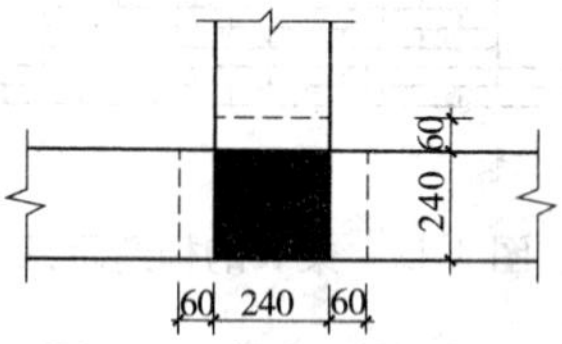

图 3-41　混凝土构造柱

解　T 形接头，马牙槎三面与墙体嵌接（$n=3$）。

$$V=2.9\times(0.24\times0.24+0.24\times0.03\times3)=0.230(\mathrm{m}^3)$$

【例 3-9】　计算模块 4 工程中的框架柱 KZ1 工程量。

解　根据模块 4 中结构施工图分析，柱底标高为：−1.000 m；柱顶标高为：10.750 m，故 KZ1 柱高：10.75+1=11.75(m)；柱截面尺寸为 700 mm×600 mm，共 20 根。

$$V=\text{柱断面面积}\times\text{柱高}=0.7\times0.6\times11.75\times20=98.7(\mathrm{m}^3)$$

3)现浇混凝土梁

根据《建装计量规范》附录 E.3 规定，现浇混凝土梁划分为基础梁、矩形梁、异形梁、圈梁、过梁和弧形梁、拱形梁。异形梁指断面 T 形梁、十字形梁、工字形梁及变截面梁。

(1)梁长的规定。梁长的规定如表 3-36 所示，梁长的构造示意如图 3-42 所示。

表 3-36　梁长计算长度规定

构造情况	梁长度计算范围
梁与柱连接	梁长度算至柱侧面
主梁与次梁连接	次梁长度算至主梁侧面
圈、过梁与主、次梁连接	圈、过梁长度应算至主、次梁侧面
圈、过梁与柱连接	圈、过梁长度应算至柱的侧面
圈梁与过梁连接	过梁应并入圈梁计算
过梁长度	按设计图示尺寸计算；若无规定，按洞口的宽度两端共加 500 mm 计算

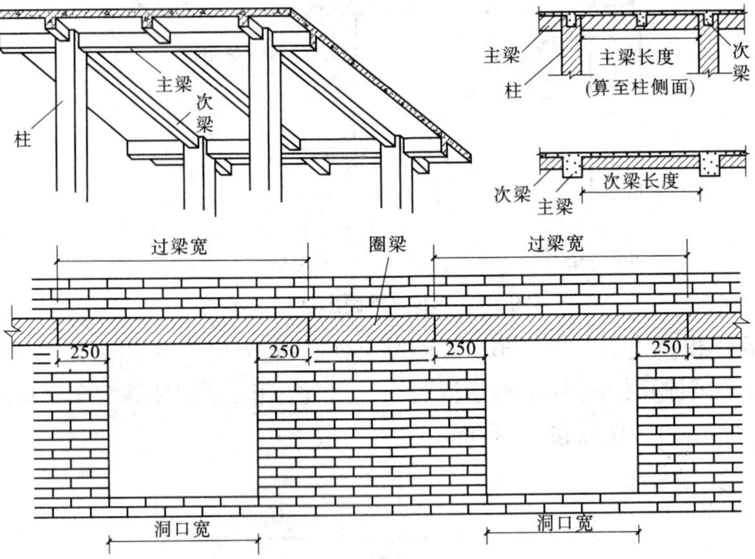

图 3-42　梁长的构造示意

(2)梁断面规定。梁断面规定:按设计梁断面尺寸计算断面面积,对于变截面梁断面取平均断面面积。

【例 3-10】　计算模块 4 工程中标高 3. 55 m 的所有框架梁清单项目工程量。(不考虑板)

解　分析模块 4 中施工图图 4-13、图 4-14,共有 9 种框架梁,所有框架梁截面尺寸为 300 mm×700 mm,轴线居柱中。

$$KL1=(22.2-4\times0.7)\times0.3\times0.7=4.074(m^3)$$

同理 KL2、KL3、KL4 与 KL1 计算过程及结果一致。

$$KL5=(15-3\times0.6)\times0.3\times0.7=2.772(m^3)$$

同理 KL6、KL7、KL8、KL9 与 KL5 计算过程及结果一致。

即框架梁工程量 $=4.074\times4+2.772\times5=30.156(m^3)$

4)现浇混凝土墙

《建装计量规范》附录 E. 4 中规定,现浇混凝土墙划分为直形墙、弧形墙、短肢剪力墙和挡土墙。短肢剪力墙是指截面厚度不大于 300 mm、各肢截面高度与厚度之比的最大值大于 4 但不大于 8 的剪力墙;各肢截面高度与厚度之比的最大值小于 4 的剪力墙按柱项目编码列项。

5)现浇混凝土板

根据《建装计量规范》附录 E. 5 规定,现浇混凝土板划分为有梁板、无梁板、平板、拱板、薄壳板、栏板、天沟(挑檐)板、雨篷(悬挑、阳台)板、空心板和其他板等。

有梁板是指梁(包括主、次梁)与板构成一体并至少有三边是以承重梁支撑的板;无梁板是指不带梁而直接用柱头支撑的板,如图 3-43 所示。平板是指无柱、梁直接由墙承重的板。现浇混凝土板在房间开间上设置梁,且现浇混凝土板二边或三边由墙承重者,应视为平板。由剪力墙支撑的板按平板考虑。

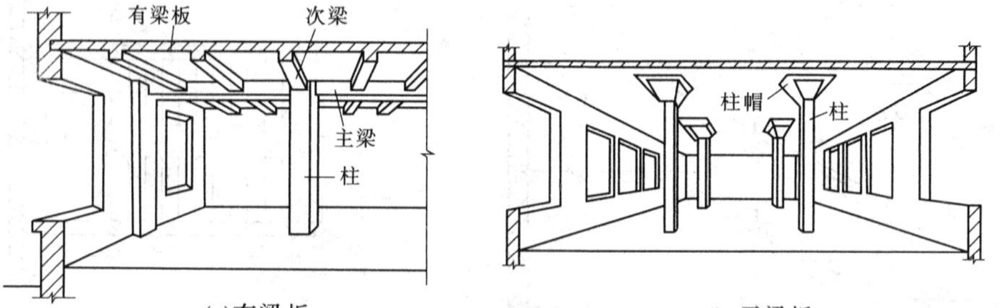

图 3-43　有梁板、无梁板构造示意

【例 3-11】 计算模块 4 工程标高 3.55 m 的楼面板 1～4 轴，A～B 轴之间现浇混凝土板的清单工程量。（仅以题意要求的轴线范围内的板来考虑，范围之外的板不考虑）

解　分析模块 4 的图 4-16 施工图知：LB1、LB2 板厚度为 150 mm，与 KZ1、KL 相交，计算板体积时需要扣除相交部分的体积。为简化计算，先不考虑板与柱交接的柱头部分体积，板的长度和宽度按梁之间的净尺寸，最后再计算柱头的体积，给予扣除。

(1)不扣柱头的板体积：

$(6.0+6.0+6.9+0.35+0.15-0.3\times4)\times(6+0.3+0.15-0.3\times2)\times0.15=15.9705(m^3)$

(2)柱头体积：

2、3 轴与 A 相交柱头工程量 $=0.2\times0.3\times0.15\times2\times2=0.036(m^3)$

2、3 轴与 B 相交柱头工程量 $=0.2\times0.15\times0.15\times2\times2=0.018(m^3)$

1 轴与 A 相交柱头工程量 $=0.4\times0.3\times0.15=0.018(m^3)$

1 轴与 B 相交柱头工程量 $=0.4\times0.15\times0.15=0.009(m^3)$

4 轴与 A 相交柱头工程量 $=0.2\times0.3\times0.15=0.009(m^3)$

4 轴与 B 相交柱头工程量 $=0.2\times0.15\times0.15=0.0045(m^3)$

则所有柱头体积为：$0.036+0.018\times2+0.009\times2+0.0045=0.0945(m^3)$

(3)现浇板工程量(LB1、LB2) $=15.9705-0.0945=15.876(m^3)$

6)现浇混凝土楼梯

根据《建装计量规范》附录 E.6 中规定，现浇混凝土楼梯分为直形楼梯和弧形楼梯。

楼梯(包括直形楼梯、弧形楼梯)水平投影面积包括休息平台、平台梁、斜梁和楼梯的连接梁。当整体楼梯与现浇楼板无梯梁连接时，以楼梯的最后一个踏步边缘加 300 mm 为界，如图 3-44、图 3-45 所示。

计算公式：当 $C\leqslant500$ mm 时，楼梯水平投影面积 $S=B\cdot L$

当 $C>500$ mm 时，楼梯水平投影面积 $S=B\cdot L-Cx$

2.现浇混凝土其他构件

1)清单项目

现浇混凝土其他构件清单项目包括散水(坡道)、室外地坪、电缆沟(地沟)、台阶、扶手(压顶)、化粪池(检查井)和其他构件等。

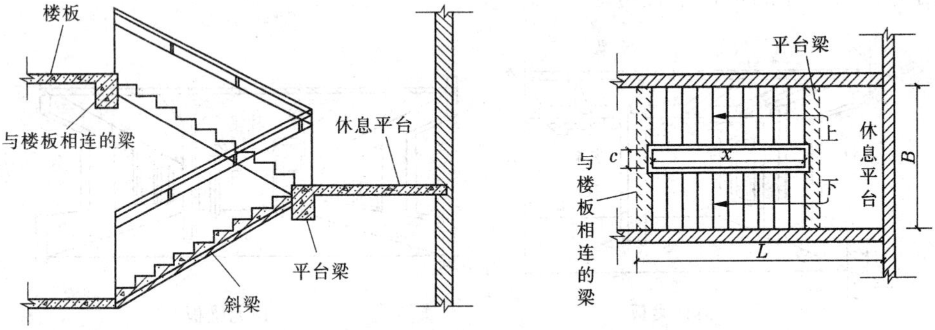

图 3-44　有与楼板相连梁的楼梯计算范围示意

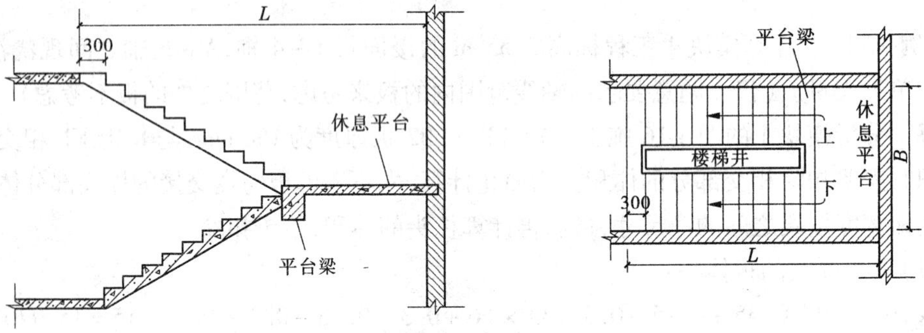

图 3-45　无与楼板相连梁的楼梯计算范围示意

2）工程量计算

根据《建装计量规范》附录 E. 7 规定计算，见表 3-37。

表 3-37　现浇混凝土其他构件计算规则

规则模式	项目名称	计量单位	计算规则	工程内容
清单项目 1	散水、坡道	m^2	按设计图示尺寸以水平投影面积计算。不扣除单个面积≤0.3 m^2 的孔洞所占面积	1. 地基夯实 2. 铺设垫层 3. 模板及支架（撑）制作、安装、拆除、堆放、运输及清理模内杂物、刷隔离剂等 4. 混凝土制作、运输、浇筑、振捣、养护 5. 变形缝填塞
定额项目	构件制作	m^2	按设计图示尺寸以水平投影面积计算	混凝土浇筑、振捣、养护
	模板工程	m^2		模板及支架（撑）制作、安装、拆除、堆放、运输及清理模内杂物、刷隔离剂等
	混凝土加工	m^3	按相应项目混凝土消耗量以体积计算	混凝土制作、运输
	原土打夯	m^2	按设计图示处理范围以面积计算	地基夯实
	垫层	m^3	按设计图示尺寸以体积计算	铺设垫层
	变形缝	m	按设计图示尺寸以长度计算	变形缝填塞

续表 3-37

规则模式	项目名称	计量单位	计算规则	工程内容
清单项目 2	电缆沟、地沟	m	按设计图示尺寸以中心线长度计算	1. 挖填、运土石方 2. 铺设垫层 3. 模板及支架(撑)制作、安装、拆除、堆放、运输及清理模内杂物、刷隔离剂等; 4. 混凝土制作、运输、浇筑、振捣、养护 5. 刷防护材料
定额项目	挖运土石方	m^3	按实际图示尺寸以体积计算	挖填、运土石方
	垫层		按设计图示尺寸以体积计算	铺设垫层
	构件制作		按设计图示尺寸以体积计算	混凝土浇筑、振捣、养护
	模板工程			模板及支架(撑)制作、安装、拆除、堆放、运输及清理模内杂物、刷隔离剂等
	混凝土加工		按相应项目混凝土消耗量以体积计算	混凝土制作、运输
清单项目 3	台阶	m^2 m^3	按设计图示尺寸以水平投影面积计算 按设计图示尺寸以体积计算	1. 模板及支架(撑)制作、安装、拆除、堆放、运输及清理模内杂物、刷隔离剂等 2. 混凝土制作、运输、浇筑、振捣、养护
定额项目	混凝土台阶制作	m^2	按设计图示尺寸以水平投影面积计算,如台阶与平台连接,其分界线应以最上层踏步外沿加 30 cm 计算	混凝土浇筑、振捣、养护
	模板工程			模板及支架(撑)制作、安装、拆除、堆放、运输及清理模内杂物、刷隔离剂等
	混凝土加工	m^3	按相应项目混凝土消耗量以体积计算	混凝土制作、运输
清单项目 4	扶手、压顶	m m^3	按设计图示的中心线延长米计算 按设计图示尺寸以体积计算	1. 模板及支架(撑)制作、安装、拆除、堆放、运输及清理模内杂物、刷隔离剂等 2. 混凝土制作、运输、浇筑、振捣、养护

续表 3-37

规则模式	项目名称	计量单位	计算规则	工程内容
定额项目	混凝土构件制作	m m^3	扶手按设计图示的中心线延长米计算 压顶按设计图示尺寸以体积计算	混凝土浇筑、振捣、养护
	模板工程			模板及支架(撑)制作、安装、拆除、堆放、运输及清理模内杂物、刷隔离剂等
	混凝土加工	m^3	按相应项目混凝土消耗量以体积计算	混凝土制作、运输
清单项目5	化粪池、检查井、其他构件	m^3 座	其他构件按设计图示尺寸以体积计算; 化粪池、检查井以座计量,按设计图示数量计算	1. 模板及支架(撑)制作、安装、拆除、堆放、运输及清理模内杂物、刷隔离剂等 2. 混凝土制作、运输、浇筑、振捣、养护
定额项目	构件制作	m^3	按设计图示尺寸以体积计算	混凝土浇筑、振捣、养护
	模板工程			模板及支架(撑)制作、安装、拆除、堆放、运输及清理模内杂物、刷隔离剂等
	混凝土加工		按相应项目混凝土消耗量以体积计算	混凝土制作、运输
清单项目6	其他构件	m^3	按设计图示尺寸以体积计算	1. 模板及支架(撑)制作、安装、拆除、堆放、运输及清理模内杂物、刷隔离剂等 2. 混凝土制作、运输、浇筑、振捣、养护
定额项目	构件制作	m^3	按设计图示尺寸以体积计算	混凝土浇筑、振捣、养护
	模板工程			模板及支架(撑)制作、安装、拆除、堆放、运输及清理模内杂物、刷隔离剂等
	混凝土加工		按相应项目混凝土消耗量以体积计算	混凝土制作、运输

注:1. 其他构件包括现浇混凝土小型池槽、垫块、门框等。

2. 架空式混凝土台阶,按现浇楼梯计算。

3. 模板也可单独按《建装计量规范》附录 S. 2 项目列项计算。

3. 后浇带

后浇带是在建筑施工中为防止现浇钢筋混凝土结构由温度、收缩不均可能产生的有害裂缝，按照设计或施工规范要求，在基础底板、墙、梁、板相应位置留设临时施工缝，将结构暂时划分为若干部分，经过构件内部收缩，在若干时间后再浇捣该施工缝混凝土，将结构连成整体。

后浇带工程量计算根据《建装计量规范》附录 E. 8 规定计算，见表 3-38。

表 3-38　后浇带构件计算规则

模式	项目名称	计量单位	计算规则	工程内容
清单项目	后浇带	m^3	按设计图示尺寸以体积计算	1. 模板及支撑制作、安装、拆除、堆放、运输及清理模内杂物、刷隔离剂等 2. 混凝土制作、运输、浇筑、振捣、养护
定额项目	后浇带制作	m^3	按设计图示尺寸以体积计算	混凝土浇筑、振捣、养护
	模板工程			模板及支撑制作、安装、拆除、堆放、运输及清理模内杂物、刷隔离剂等
	混凝土加工		按相应项目混凝土消耗量以体积计算	混凝土制作、运输

注：模板也可按《建装计量规范》附录 S. 2 项目单独列项计算。

4. 预制混凝土构件

预制混凝土构件包括柱、梁、屋架、板、楼梯和其他构件等。清单项目及计算规则按《建装计量规范》附录 E. 9 ~ 附录 E. 13 规定。

其中，预制混凝土柱包括矩形柱、异形柱；预制混凝土梁包括矩形梁、异形梁、过梁、拱形梁、鱼腹式吊车梁和其他梁等；预制混凝土屋架包括折线型、组合、薄腹、门式钢架和天窗架等几种形式屋架；预制混凝土板包括平板、空心板、槽型板、网架板、折线板、带肋板、大型板和沟盖板、井盖板、井圈等；其他预制构件包括垃圾道、通风道、烟道和其他构件等。

工程量计算规则如表 3-39 所示。

表 3-39　预制混凝土构件计算规则

<table>
<tr><th colspan="2">预制混凝土构件</th><th>计量单位</th><th>计算规则</th><th>工程内容</th></tr>
<tr><td colspan="2">清单规则</td><td>m^2
m^3/
根/榀
/块
（套）
/段
/m^2</td><td>1. 柱、梁、屋架以立方米计量，按设计图示尺寸以体积计算
2. 柱、梁以根计量，按设计图示尺寸以数量计算
3. 屋架以榀计量，按设计图示尺寸以数量计算
4. 板按设计图示尺寸以体积计算，不扣除单个面积≤300 mm×300 mm 的孔洞所占体积，扣除空心板空洞体积；以块计量，按设计图示尺寸以数量计算
5. 楼梯以立方米计量，按设计图示尺寸以体积计算；扣除空心踏步板空洞体积；以段计量，按设计图示数量计算
6. 其他构件以立方米计量，按设计图示尺寸以体积计算，不扣除单个面积≤300 mm×300 mm 的孔洞所占体积，扣除烟道、垃圾道、通风道的孔洞所占体积；以平方米计量，按设计图示尺寸以面积计算，不扣除单个面积≤300 mm×300 mm 的孔洞所占面积；以根计量，按设计图示尺寸以数量计算</td><td>1. 模板制作、安装、拆除、堆放、运输及清理模内杂物、刷隔离剂等
2. 混凝土制作、运输、浇筑、振捣、养护
3. 构件运输、安装
4. 砂浆制作、运输
5. 接头灌缝、养护</td></tr>
<tr><td rowspan="4">定额规则</td><td>构件安装</td><td rowspan="4">m^3</td><td rowspan="2">1. 按设计图示尺寸以体积计算，不扣除构件内钢筋、预埋铁件所占体积
2. 板不扣除单个面积≤300 mm×300 mm 的孔洞所占体积，空心板应扣除空心部分占的体积</td><td>构件安装；接头灌缝、养护</td></tr>
<tr><td>模板工程</td><td>模板制作、安装、拆除、堆放、运输及清理模内杂物、刷隔离剂等</td></tr>
<tr><td>混凝土加工</td><td>按相应项目混凝土消耗量以体积计算</td><td>混凝土制作、运输</td></tr>
<tr><td>构件运输</td><td>按施工组织设计要求就位运输的现场制作构件以体积计算</td><td>构件安装就位运输</td></tr>
</table>

注：1. 以根、榀、块、套计量，必须描述单件体积。

2. 三角形屋架按《建装计量规范》附录 E. 11 折线形屋架项目编码列项。

3. 不带肋的预制遮阳板、雨篷板、挑檐板、栏板等，按《建装计量规范》附录 E. 12 中平板项目编码列项。

4. 预制 F 形板、双 T 形板、带肋板和带反檐的雨篷板、挑檐板、遮阳板等按《建装计量规范》附录 E. 12 中带肋板项目编码列项。

5. 预制大型墙板、大型楼板、大型屋面板等按《建装计量规范》附录 E. 12 中大型板项目编码列项。

6. 预制钢筋混凝土小型池槽、压顶、扶手、垫块、隔热板、花格等按《建装计量规范》附录 E. 14 中其他构件项目编码列项。

7. 模板也可按《建装计量规范》附录 S. 2 项目单独列项计算。

3. 5. 1. 2　工程量清单计价

1. 编制工程量清单

工程量清单五因素要结合工程实际按照《建装计量规范》附录 E. 1～附录 E. 14 中规定进行编制。

本分部混凝土工程清单项目编码前 9 位以 01－05－01～14－001～×××表示。01 表示建筑与装饰工程，05 表示混凝土及钢筋混凝土专业工程，01～14 表示现浇混凝土基础、柱、梁、墙、板、楼梯、现浇混凝土其他构件、后浇带、预制混凝土柱、梁、屋架、板、楼梯和其他预制构件等分部工程顺序，001 ~ × × ×表示不同类型的混凝土分项工程。

2. 确定清单项目综合单价

(1)列出工程量清单项目所对应的定额计价项目。根据《河南省 08 综合单价》计价定额规定，各清单项目所对应的定额计价项目如表 3-34、表 3-37 ~ 表 3-39 所示的定额项目。

(2)计算计价项目工程量。《河南省 08 综合单价》规定的各计价项目的工程量计算规则如表 3-34、表 3-37 ~ 表 3-39 所示的定额项目对应的计算规则。

(3)套用取费定额分析计算清单项目的人工费、材料费、管理费和利润，计算清单项目的综合单价，填写工程量清单项目综合单价分析表(见表 1-2)。

本分部的定额取费使用说明摘要如下：

①混凝土子目中采用的是常用的强度等级和石子粒径的现场搅拌混凝土，如与设计不符，可以调整；现场搅拌混凝土可按相应子目计算现场搅拌加工费。如采用商品混凝土，可直接进行换算(不得先换算为定额附录中的现场搅拌泵送混凝土)。

②商品混凝土价格为出厂价格和运输费之和，运输价格按《河南省 08 综合单价》A.4 分部的相应子目计算。

③混凝土构件单件实体积在 0.1 m^3 以内者，执行零星构件子目。

④箱式满堂基础，应按满堂基础底板、柱、梁、墙、顶板分别列项，执行本分部有关子目。

⑤框架式设备基础，应按设备基础、柱、梁、墙、板分别列项，执行本分部有关子目。楼层上的设备基础按有梁板定额项目计算。

⑥有梁式带基梁高与梁宽之比在 4∶1以内时按有梁式带形基础计，超过 4∶1时，带形基础上部梁高部分套用墙定额子目，下部分套用无梁式带形基础子目。

⑦矩形柱根据柱断面周长不同分为 1.2 m 以内、1.8 m 以内、1.8 m 以外三个子目；异形柱计价时区分为圆形柱、异形柱，断面为圆形或七边以上的多边形执行圆形柱定额。圆形柱定额根据柱直径不同划分为 0.5 m 以内、0.5 m 以外两个定额子目；异形柱不分断面大小综合为一个定额子目。

⑧构造柱不分断面形式及大小综合为一个定额子目，若构造柱是先浇筑，后砌墙体，则构造柱应执行矩形柱或异形柱。

⑨变截面梁执行异形梁。

⑩短肢剪力墙执行墙的相应子目，人工乘以系数 1.025。

⑪挡土墙根据材料不同分为毛石混凝土挡土墙和混凝土挡土墙；一般混凝土按墙厚不同分为 100 mm 以内、200 mm 以内、300 mm 以内和 300 mm 以上四种定额子目。

⑫有梁板、平板定额又根据板厚不同划分为 100 mm 以内和 100 mm 以外两个子目。

⑬挑出墙面(外墙皮)长度在 1.5 m 以上的现浇带梁大雨篷执行有梁板子目；柱头支承的无梁大雨篷执行无梁板子目；压入墙的端梁另列项目计算，执行圈梁或过梁子目。挑出墙面(外墙皮)长度在 1.5 m 以上的现浇有梁板阳台执行有梁板子目；有柱者不论挑出多少，均执行有梁板子目。

⑭以投影面积或长度为计量单位者，设计图示计算的混凝土用量和定额子目含量不符时，按设计用量调整，人工、机械可按比例调整。

⑮预制板补现浇混凝土缝时，当缝宽(指下口宽)在 2 cm 以上 15 cm 以内者，执行预制板补缝子目；缝宽超过 15 cm 者，执行平板相应子目。

⑯基础垫层采用非混凝土时，可执行《河南省08综合单价》装饰装修工程B.1分部中相应子目，人工乘以系数1.2，其他不变。

⑰预制构件就位运输：本分部构件安装是按机械起吊中心回转半径15 m以内的距离计算的，图构件就位距离超过15 m时，可执行构件就位运输子目。

⑱模板工程取费规定如下：

本分部中的模板综合考虑了工具式钢模板、定型钢模板、木（竹）模板和混凝土地（胎）模的使用。实际采用模板不同时，不得换算。

本分部的现浇混凝土梁（不包括圈梁）、板、柱、墙的模板是按层高3.6 m编制的。层高超过3.6 m时可计算超高增加费，执行本分部超高增加费子目；每超过1 m计算一次超高增加费，尾数不足0.5 m者不计（4.2~5.1 m可计算1次超高费，5.2~6.1 m可计算2次，6.2~7.1 m可计算3次）。

短肢剪力墙模板、电梯井壁模板执行墙的相应子目，人工分别乘以系数1.1、1.2，其他不变。

采用钢滑模施工的钢筋混凝土烟囱筒身、圆贮仓壁是按无井架施工测算的，钢滑模施工的操作平台、费用已计入该定额子目内，不另计算；亦不得另行计算脚手架和竖井架。

钢滑模子目内所包括的提升支承杆的消耗量，不得调整和换算。如设计要求利用支承杆代替结构钢筋，应在钢筋用量中扣除该支承杆的重量。如支承杆施工后能拔出者，应扣除冲减拔杆费用后的回收价值。

弧形或折线形的混凝土构件模板，执行其相对应的子目时，模板乘以系数1.3、人工乘以系数1.25。

【例3-12】 根据例3-7题意，基础混凝土采用C25(40)现浇碎石混凝土，混凝土现场搅拌加工。编制工程量清单，进行综合单价分析。

解 现浇混凝土带形基础，从例3-7已知清单工程量：10.821 m^3

(1)编制工程量清单，如表3-40所示。

表3-40 现浇混凝土带形基础清单表

序号	项目编码	项目名称	项目特征	计量单位	工程量
1	010501002001	带形基础	1. C25(40)现浇碎石混凝土 2. 混凝土现场搅拌	m^3	10.821
本页小计					
合计					

(2)分析“带形基础”清单项目综合单价。

①列计价项目：无梁式带形基础、混凝土现场搅拌加工费。

注：模板另按措施项目计，因而在项目特征描述中没有描述。

②计算计价项目工程量。

“无梁式带形基础”工程量：10.821 m^3

“混凝土现场搅拌加工费”工程量：$10.821 \times 1.015 = 10.983(m^3)$

③分析综合单价。

“无梁式带形基础”套(4－3)定额子目。实际采用C25(40)现浇碎石混凝土（单价

183.11 元/m^3),与定额子目不符(C15:单价为 160.79 元/m^3),需要换算,换算后材料费增加的价差为

$$(183.11-160.79)\times 10.15=226.55(\text{元}/10\ m^3)$$

“混凝土现场搅拌加工费”套(4 - 197)定额子目。把清单项目所对应的计价项目的取费定额子目号、计量单位、数量和相应人工费、材料费、管理费和利润单价填入表中,然后用数量乘以相应的单价填入表中的合价栏,再对合价部分进行竖向求和,如表 3-41 所示。

“带形基础”综合单价 = (545.98 + 2 082.06 + 209.92 + 410.98)/10.821 = 300.24(元/m^3)

表 3-41 “现浇混凝土带形基础”清单项目综合单价分析表

项目编码	010501002001		项目名称			带形基础		计量单位		m³	
清单综合单价组成明细											
定额编号	定额名称	定额单位	数量	单价				合价			
				人工费	材料费	机械费	管理费和利润	人工费	材料费	机械费	管理费和利润
4 - 3 换	无梁式带形基础,C25(40)	10 m³	1.082	371.52	1 924.27	8.27	241.92	401.98	2 082.06	8.95	261.76
4 - 197	混凝土现场搅拌加工费	10 m³	1.098	131.15	—	183.03	135.9	144.00	—	200.97	149.22
人工单价			小计					545.98	2 082.06	209.92	410.98
43 元/工日			未计价材料费					—			
清单项目综合单价								300.24			
材料费明细	主要材料名称、规格、型号			单位		数量		单价(元)	合价(元)	暂估单价(元)	暂估合价(元)
	C25(40)碎石混凝土			m³		1.015		183.11	185.86		
	材料费小计								185.86		

(3)形成工程量清单计价表。

将综合单价填入表中,再用清单工程量乘以综合单价计算出合价,填入表中,形成计价表,如表 3-42 所示。

表 3-42 “带形基础”工程量清单计价表

序号	项目编码	项目名称	项目特征	计量单位	工程量	金额(元)		
						综合单价	合价	其中：暂估价
1	010501002001	带形基础	1. C25(40)现浇碎石混凝土 2. 现场搅拌	m^3	10. 821	300. 24	3 248. 9	
本页小计							3 248. 9	
合计							3 248. 9	

3. 5. 2 钢筋工程

钢筋工程包括现浇构件钢筋、预制构件钢筋、钢筋网片、钢筋笼、预应力钢筋(先张法、后张法)、预应力钢丝、预应力钢绞线、支撑钢筋等。螺栓、铁件包括螺栓、预埋铁件、机械连接等。

混凝土结构施工图通常采用平面整体表示方法绘制，现行《国家建筑标准设计图集》11G101－1、11G101－2、11G101－3 结构图集分别规定了混凝土基础、柱、墙、梁、板、楼梯的平面整体表示方法制图规则，钢筋计算时首先要结合图集熟悉钢筋施工图及构造要求，再按构件类型、钢筋类型、钢种、强度等级、直径规格等不同条件分开列项计算。

3. 5. 2. 1 钢筋计算基本规定

一般钢筋工程量均按设计图示钢筋(网)长度(面积)乘以单位理论质量计算。

《建装计量规范》附录 E. 15 钢筋工程和附录 E. 16 螺栓、铁件具体规定了钢筋及铁件的计算规则，见表 3-43。

钢筋每米质量可查表 3-44。

钢筋每米质量可用下式直接计算：

$$圆钢盘条 = 0.006\ 165d^2(kg/m)$$

式中：d 为直径，mm。

$$螺纹钢 = 0.006\ 17d^2(kg/m)$$

式中：d 为断面直径，mm。

钢筋的长度均指钢筋外皮与外皮的外包尺寸，除按图示设计尺寸取定外，还必须考虑其两端在端支座的锚固长度、弯起钢筋所增加长度、钢筋两端弯钩长度及钢筋接头的搭接长度。

表 3-43　钢筋工程计算规则

模式	项目名称	计算单位	计算规则	工作内容
清单项目 1	现浇构件钢筋 预制构件钢筋 钢筋网片 钢筋笼 支撑钢筋	t	按设计图示钢筋(网)长度(面积)乘单位理论质量计算	1. 钢筋制作、运输 2. 钢筋安装 3. 焊接(绑扎)
定额项目	现浇构件钢筋 预制构件钢筋 钢筋网片 钢筋笼	t		1. 钢筋制作、运输 2. 钢筋安装
	钢筋接头	个	按设计要求需要配置的数量计算	接头焊接
清单项目 2 定额项目	螺栓、预埋铁件	t	按设计图示尺寸以质量计算	螺栓、铁件制作、运输、安装
清单项目 3 定额项目	机械连接	个	按设计要求需要配置的数量计算	1. 钢筋套丝 2. 套筒连接

表 3-44　钢筋理论质量表

品种	圆钢筋		螺纹钢筋	
直径(mm)	截面(100 mm^2)	理论质量(kg/m)	截面(100 mm^2)	理论质量(kg/m)
4	0.126	0.099	—	—
5	0.196	0.154	—	—
6	0.283	0.222	—	—
6.5	0.332	0.260	—	—
8	0.503	0.395	—	—
10	0.785	0.617	0.785	0.062
12	1.131	0.888	1.131	0.089
14	1.539	1.21	1.54	1.21
16	2.011	1.58	2.0	1.58
18	2.545	2.00	2.54	2.00
20	3.142	2.47	3.14	2.47
22	3.801	2.98	3.80	2.98
25	4.909	3.85	4.91	3.85
28	6.158	4.83	6.16	4.83
30	7.069	5.55	—	—
32	8.042	6.31	8.04	6.31
40	12.561	9.865	—	—

1. 纵筋长度计算

纵筋长度 = 构件图示尺寸 − 混凝土保护层 + 端支座锚固长 + 弯起增加长 + 两端弯钩长 + 接头搭接长度

1)钢筋锚固长度

钢筋锚固长度因构件类型、钢筋所处的位置、混凝土强度等级、抗震等级、钢筋种类和直径不同而不同，详查混凝土构件相应平法结构图集，常用部分见下文介绍。

2）弯起钢筋增加长度

弯起钢筋增加长度根据钢筋弯起角度不同计算，如表 3-45 所示。

表 3-45　弯起钢筋增加长度

形状		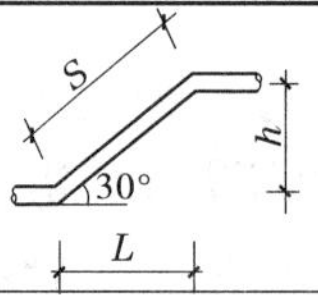	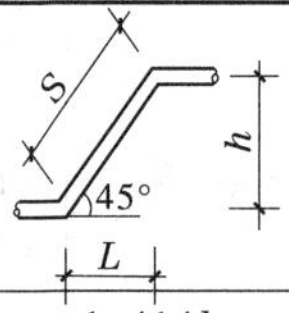	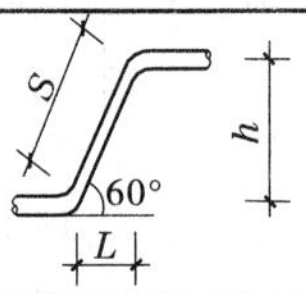
计算方法	斜边长 S	$2h$	$1.414h$	$1.155h$
	增加长度 $S-L=\Delta l$	$0.268h$	$0.414h$	$0.577h$

3）钢筋弯钩长度

一般一级纵向钢筋端部加半圆形（180°）弯钩，弯钩长取 $6.25d$、$9.75d$（抗震构件）；箍筋端部设 135°弯钩，弯钩长取 $1.9d+\max\{75\ \text{mm},10d\}$。

4）钢筋接头与搭接长度

盘圆钢筋不考虑搭接长度；梁板纵筋按每 9 m 长一接头；柱子、剪力墙纵筋按建筑物层数一层一接头。

若设计中明确钢筋采用焊接及机械连接，其接头以“个”计算；若设计中无明确钢筋采用焊接及机械连接，考虑绑扎连接，钢筋的搭接长度为钢筋的锚固长度乘以修正系数 ζ，ζ 的取值见表 3-46。

表 3-46　纵向受拉钢筋搭接长度修正系数 ζ

纵向受拉钢筋搭接接头面积百分率（%）	≤25	50	100
ζ	1.2	1.4	1.6

5）钢筋的混凝土保护层厚度

混凝土保护层厚度是指从构件内最外层钢筋的外边缘（包括箍筋、构造筋、分布筋等）到混凝土构件表面的距离，其最小保护层厚度应符合设计规范要求，见表 3-47。

表 3-47　混凝土保护层的最小厚度　（单位：mm）

环境类别		板、墙	梁、柱
一		15	20
二	a	20	25
	b	25	35
三	a	30	40
	b	40	50

注：1. 环境类别中的一类指室内正常环境，其他类均指特殊环境，详查《混凝土结构设计规范》（GB 50010—2010）。

2. 构件中受力钢筋的保护层厚度不应小于钢筋的公称直径。

3. 设计使用年限为 100 年的混凝土结构，一类环境中，最外层钢筋的保护层厚度不应小于表中数值的 1.4 倍。二、三类环境中，应采取专门的有效措施。

4. 混凝土强度等级不大于 C25 时，表中保护层厚度数值应增加 5。

5. 基础底面钢筋的保护层厚度，有混凝土垫层时应从垫层顶面算起，且不小于 40 mm，当无垫层时不应小于 70 mm。

2. 箍筋长度计算

$$箍筋长度=单根箍筋长度\times箍筋根数$$

1) 单肢箍筋

$$开口箍筋长度=2\times构件高+构件宽-6\times混凝土保护层+2\times弯钩长度$$

$$闭口箍筋长度=构件断面外围周长-8\times混凝土保护层+2\times弯钩长度$$

2) 复合箍筋(多肢箍筋长度)

外矩形箍筋长度=构件断面外围周长-8×混凝土保护层+2×弯钩长度

内竖向矩形箍筋长度=(构件断面高-2×混凝土保护层)×2+{[(构件宽-2×混凝土保护层-2d-D)/纵筋间距个数]×内箍筋占纵筋间距个数+D+2d}+2×弯钩长度

内横向矩形箍筋长度=(构件断面宽-2×混凝土保护层)×2+{[(构件高-2×混凝土保护层-2d-纵筋直径D)/纵筋间距个数]×内箍筋占纵筋间距个数+D+2d}+2×弯钩长度

式中 D——纵筋直径;

d——箍筋直径;

弯钩长度——$1.9d+\max\{75\ \text{mm},10d\}$。

3) 箍筋根数计算

箍筋根数的计算与构件尺寸及箍筋的布置范围、间距有关。梁、柱箍筋一般在构件的两端部是加密区,在构件的中部是非加密区。

$$箍筋根数=\left(\frac{加密区箍筋设置的长度}{加密区箍筋设置间距}+1\right)+\left(\frac{非加密区箍筋设置的长度}{非加密区箍筋设置间距}-1\right)$$

3.5.2.2 常用结构构件钢筋计算

1. 框架柱(KZ)钢筋

KZ 内钢筋有纵筋和箍筋两类。因纵筋构造较为复杂,下要插入基础底部,顶部要伸入框架梁内锚固,且顶层的外侧筋与内侧筋锚固不同,还有每层 KZ 的截面、纵筋的根数和直径可能有所不同;箍筋有加密区和非加密区,所以 KZ 钢筋需要分层、分柱所处位置进行计算,计算时可按表 3-48 进行。

表 3-48 KZ 钢筋

楼层名称	节点构造	钢筋名称	说明
基础层	与基础连接	基础插筋、箍筋	注意锚固形式
地下室	中间纵筋	柱纵筋、箍筋	注意连接形式
-1 层			
首层			
中间层			
顶层	角柱		根据柱所在位置不同区分柱类型及构造形式
	边柱		
	中柱		

1) KZ 钢筋的构造要求

下面介绍 KZ 钢筋常用的几项构造要求,其他可参见《国家建筑标准设计图集》11G101-

1、11G101－3。

（1）KZ 基础层纵筋构造要求。纵筋下要插入基础底部并水平弯折 $6d$ 且≥150 mm 或 $15d$，纵筋上要伸出基础上表面，跨过非连接区，并考虑搭接或机械连接分高位与低位相互错开。基础层 KZ 钢筋构造如图 3-46 所示，图中 l_{lE} 指纵筋绑扎连接时的搭接长度。若为焊接或机械连接时，则不考虑搭接长度，高低应错开 $35d$ 且≥500 mm。

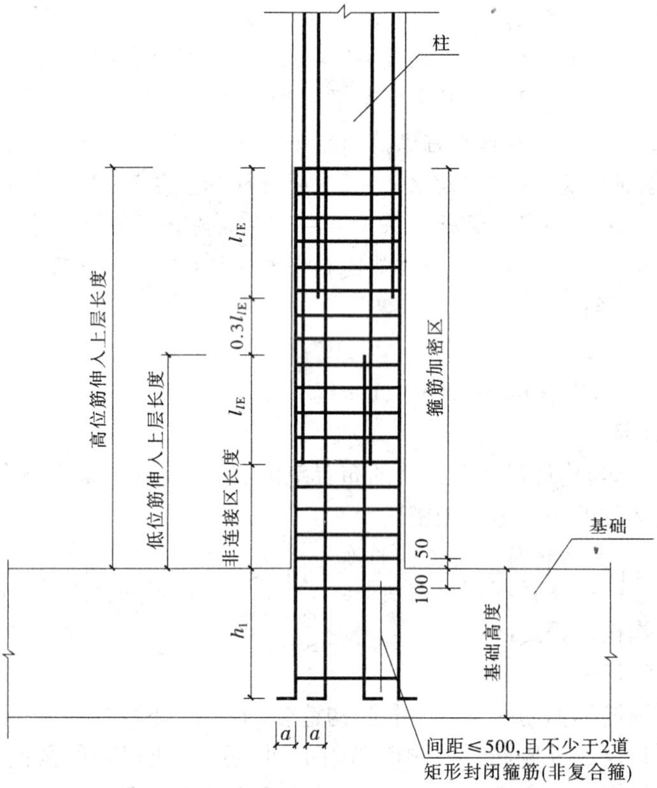

图 3-46 基础层 KZ 钢筋构造

（2）地下室及中间层 KZ 纵筋构造要求。KZ 纵筋在每楼层 KL 的上下区均是非连接区，连接应错开该区域，并考虑搭接或机械连接时分高位与低位相互错开。

地下室抗震 KZ 的纵筋连接构造如图 3-47 所示。地上部分抗震 KZ 的纵筋连接构造如图 3-48 所示。

当 KZ 纵筋出现上下楼层的根数或直径不同时，纵筋的锚固要求如图 3-49 所示。

（3）顶层 KZ 纵筋构造要求。顶层柱根据所在位置不同而构造不同。角柱和边柱存在外侧纵筋与内侧纵筋，中柱均是内侧纵筋。具体如图 3-50、图 3-51 所示。

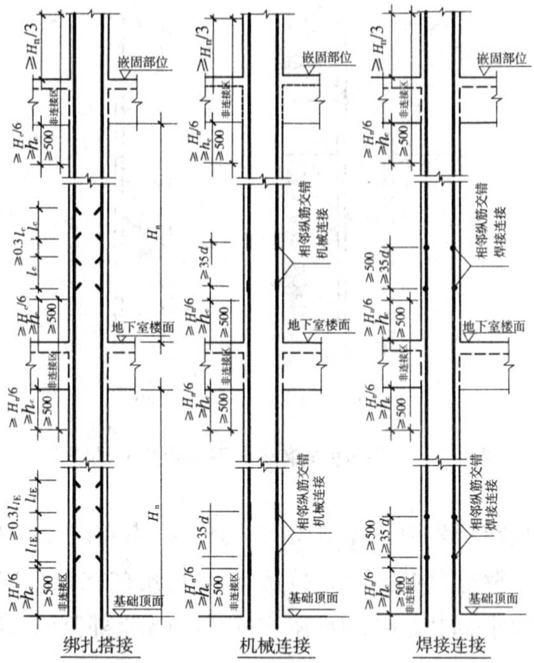

图 3-47　地下室抗震 KZ 纵向钢筋连接构造

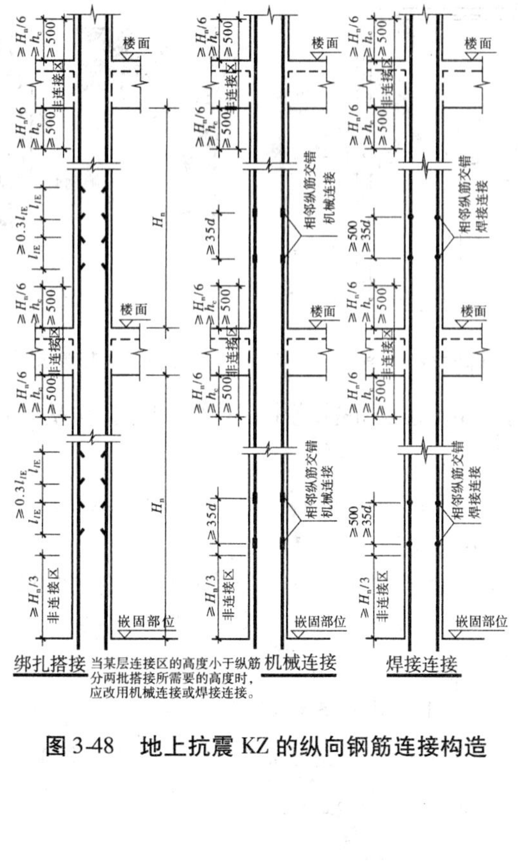

图 3-48　地上抗震 KZ 的纵向钢筋连接构造

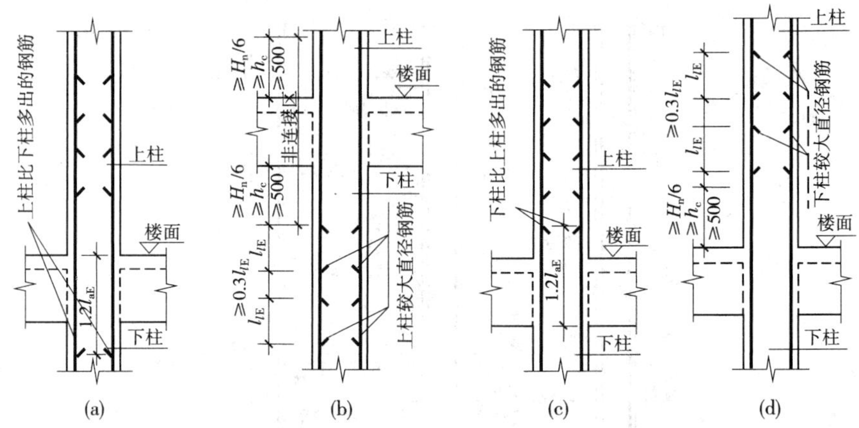

图 3-49　KZ 的纵向钢筋上下层变化时的锚固

顶层中柱纵筋构造要求：KZ 中柱柱顶纵向钢筋在梁内直锚或伸入梁顶弯锚 12d。

顶层抗震边、角柱上部纵筋构造要求：抗震 KZ 边、角柱柱顶纵向钢筋外侧钢筋与内侧钢筋分别有不同的构造要求，如图 3-52 所示，其中①②③是外侧筋、④⑤是内侧筋。l_{aE}是钢筋的抗震锚固长度。

（4）柱变截面位置纵向钢筋构造要求如图 3-53 所示，其中 l_{abE}是钢筋抗震基本锚固长度。

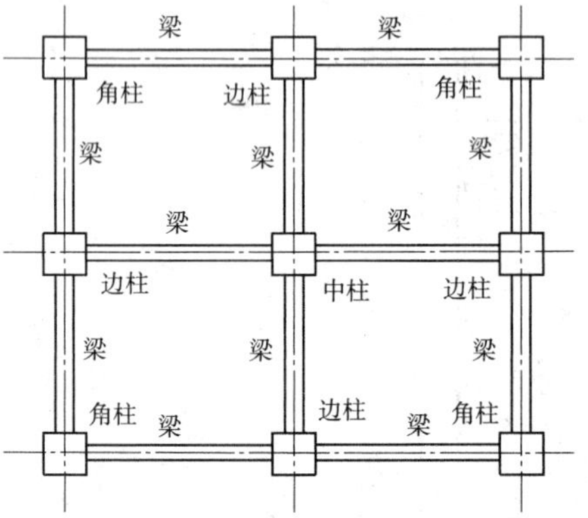

图 3-50　边、角柱和中柱的区分示意

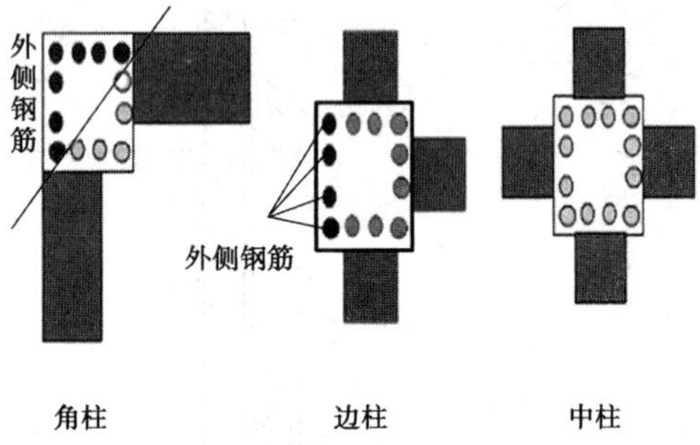

图 3-51　柱外侧钢筋与内侧钢筋示意

（5）KZ 箍筋构造要求。KZ 箍筋布置范围：基础高度内，从基础顶 50 mm 处开始起步至柱顶满布（含 KL 高度范围）。

KZ 箍筋在基础高度内上从基础顶部 100 mm 起步配置，间距不大于 500 mm 且不少于两道矩形非复合箍，如图 3-46 所示。

中间层 KZ 箍筋在每层的上下两端的纵筋非连接区、搭接错开区及楼层 KL 范围内要加密。如图 3-54 所示。

2）KZ 钢筋的计算

（1）基础层纵筋计算示意图如图 3-46 所示。

基础插筋长度 = 水平弯折 a + 竖直长度 h_1 + 伸入上层的长度（非连接区长度 + 搭接错开长度）

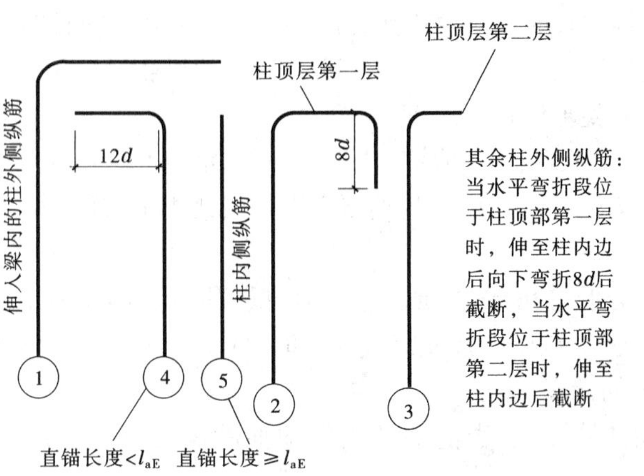

图 3-52　边、角柱顶层内外侧各种纵筋构造

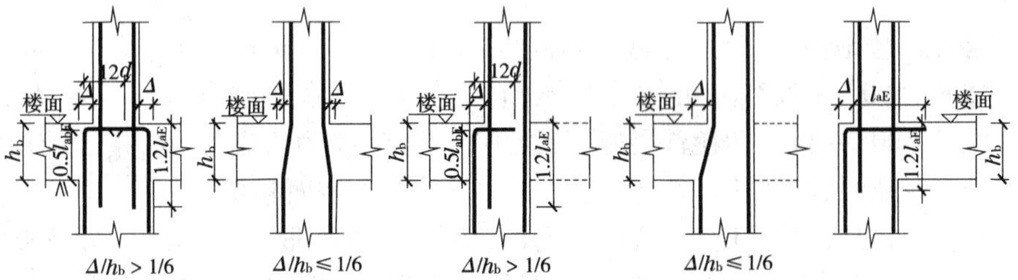

图 3-53　抗振 KZ 柱变截面位置纵向钢筋构造

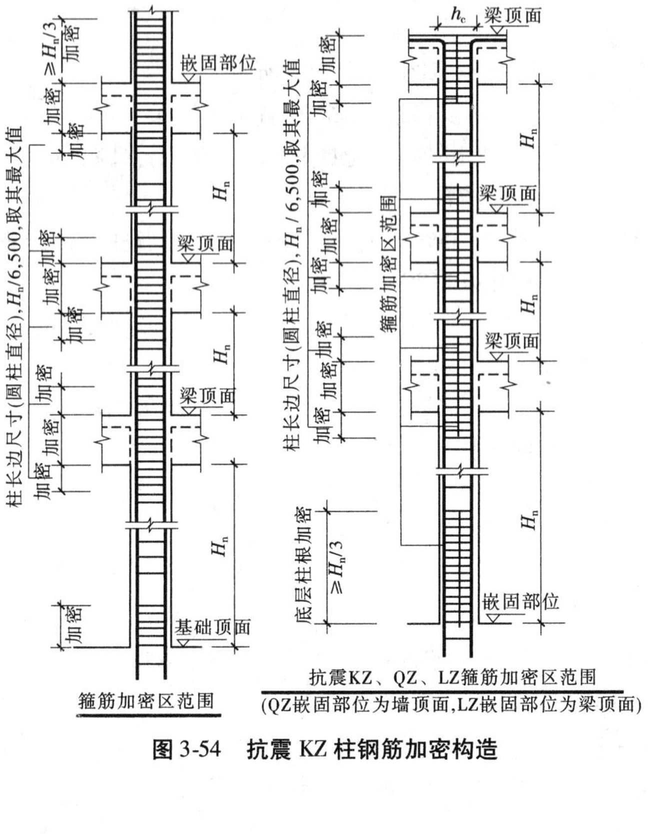

图 3-54　抗震 KZ 柱钢筋加密构造

a 取值：当 h_j > 锚固长时，a 取 $6d$ 且 ≥150 mm；当 h_j < 锚固长时，a 取 $15d$。（h_j 指基础底板厚，d 为纵筋直径）

$h_1 = h_j - c$（c 为混凝土保护层厚度）。

非连接区长度：若无地下室，取 $H_n/3$；若有地下室，地下 $-n$ ~ -2 层取 $H_n/6$，但在 -1 层上面（嵌固部位）取 $H_n/3$。（H_n 指基础顶面至上层楼板上表面的高度减柱顶梁高，又称基础层净高）

搭接错开长度：分低位和高位，绑扎连接时，低位取 l_{lE}，高位取 $2.3l_{lE}$，l_{lE} 为搭接长度，取 $1.4l_{aE}$（l_{aE} 为锚固长度）。机械连接或焊接连接时，取 0 和 $35d$。

（2）中间各层纵筋计算。

纵筋长度 = 当前层层高 − 当前层伸出楼地面的高度 + 上一层伸出楼地面的高度，如图 3-47、图 3-48 所示。

层高：与基础相连接层的层高要从柱基上表面起算，其他楼层则为下层楼面至上层楼面之间的距离。

当前层伸出楼地面的高度：分低位与高位，绑扎连接时，取 $\max\{H_{n1}/6, h_c, 500\} + l_{lE}$ 或 $\max\{H_{n1}/6, h_c, 500\} + 2.3l_{lE}$；机械连接或焊接连接时，分别取 $\max\{H_{n1}/6, h_c, 500\}$ 和 $\max\{H_{n1}/6, h_c, 500\} + 35d$。（在首层处，公式中的 $H_{n1}/6$ 换为 $H_{n1}/3$。H_{n1} 指当前层柱净高，等于柱高减柱顶梁高，与基础相连接层的柱高要从柱基上表面起算）

上一层伸出楼地面的高度：分低位与高位，绑扎连接时，取 $\max\{H_{n2}/6, h_c, 500\} + L_{lE}$ 或 $\max\{H_{n2}/6, h_c, 500\} + 2.3l_{lE}$；机械连接或焊接连接时，分别取 $\max\{H_{n2}/6, h_c, 500\}$ 和 $\max\{H_{n2}/6, h_c, 500\} + 35d$。（$H_{n2}$ 指当前层 +1 层柱净高；对于 −1 层，伸出首层上面的 $H_{n2}/6$ 换为 $H_{n2}/3$）

（3）顶层边、角柱纵筋计算，示意图如图 3-52 所示。

顶层非连接区长度：分低位与高位，绑扎连接时，取 $\max\{H_n/6, h_c, 500\} + l_{lE}$ 或 $\max\{H_n/6, h_c, 500\} + 2.3l_{lE}$；机械连接或焊接连接时，分别取 $\max\{H_n/6, h_c, 500\}$ 和 $\max\{H_n/6, h_c, 500\} + 35d$。（$H_n$ 指顶层柱净高）

1 号筋：外侧第一层（不少于 65%），伸入梁内 $1.5l_{abE}$（当柱外侧纵向钢筋配筋率大于 1.2% 时，分两批截断，第二批再延伸 $20d$）。

计算长度 = 顶层层高 − 顶层非连接区长度 − 梁高 + $1.5l_{abE}$ 或 $1.5l_{abE} + 20d$

2 号筋：外侧第一层（35%），伸至柱内侧，且向下弯折 $8d$。

计算长度 = 顶层层高 − 顶层非连接区长度 − 梁高 +（梁高 $-c$ + 柱宽 $-2c + 8d$）

3 号筋：外侧第二层筋，伸至柱边截断。

计算长度 = 顶层层高 − 顶层非连接区长度 − 梁高 +（梁高 $-c$ + 柱宽 $-2c$）

4 号筋：内侧筋，直锚不足，伸至梁顶，水平弯折 $12d$。

计算长度 = 顶层层高 − 顶层非连接区长度 − 梁高 +（梁高 $-c + 12d$）

5 号筋：内侧筋，直锚足，伸至梁顶。

计算长度 = 顶层层高 − 顶层非连接区长度 − 梁高 +（梁高 $-c$）

（4）顶层中柱纵筋计算。

顶层中柱纵筋 = 层高 − 梁高 − 非连接区长度 + 锚固长度

锚固长度：能直锚时，梁高 $-c$；弯锚时，梁高 $-c + 12d$。

非连接区长度的计算同边、角柱。

(5)箍筋计算。

箍筋长度:见3.5.2.1节箍筋长度计算。

根数:

基础内根数 = max{(基础底板厚度 − 100 − c)/间距(500),2}

中间层、顶层根数 =(加密区长度/加密区间距 +1)+(非加密区长度/非加密区间距 −1)

【例3-13】 如图3-55所示,计算图示KZ1纵筋、箍筋长度。已知混凝土强度等级为C30,三级抗震,钢筋连接为电渣压力焊。

层号	顶标高	层高	顶梁高
3	10.80	3.6	700
2	7.20	3.6	700
1	3.60	4.2	700
−1	±0.00	4.2	700
筏板基础	−4.20	基础厚800	—

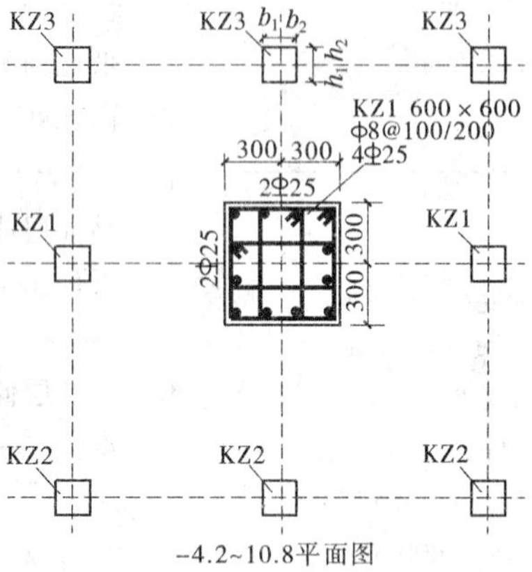

图3-55 某框架柱结构施工图

解 查11G101−1图集知 $l_{aE} = 1.05 \times 31d = 814$(mm)。

各层钢筋长度计算如表3-49所示。

表3-49 各层钢筋长度计算表

<table>
<tr><td rowspan="4">基础内插筋 = 水平弯折 a + 竖直长度 h_1 + 伸入上层的长度(非连接区长度 + 搭接错开长度)
基本条件:
基础高度800 mm
层高4.2 m
梁高700 mm
钢筋连接为焊接</td><td>$h_j = 800$,小于 l_{aE},基础底部弯折 a 取 $15d = 375$ mm,
$h_1 = 800 - 40 = 760$(mm)</td></tr>
<tr><td>伸出基础顶面高度的非连接区长度:
max{H_n/6,500,h_c} = max{(4 200 − 700)/6,500,600} = 600 mm
伸入上层的长度:
低位600 mm
高位600 + 35d = 1 475 mm</td></tr>
<tr><td>则基础内低位筋的长度 = 375 + 760 + 600 = 1 735(mm)</td></tr>
<tr><td>则基础内高位筋的长度 = 375 + 760 + 1 475 = 2 610(mm)</td></tr>
<tr><td rowspan="3">−1层纵筋 = 地下室层高 − 当前层伸出地面的高度 + 上一层伸出楼地面的高度
基本条件:
地下室层高4 200 mm
1层层高4 200 mm
梁高700 mm
钢筋连接为焊接</td><td>当前层伸出地面的高度:
低位600 mm,高位1 475 mm</td></tr>
<tr><td>上一层伸出楼地面的高度:
低位 $H_n/3 = (4\ 200 - 700)/3 = 1\ 167$(mm)
高位 $H_n/3 + 35d = 1\ 167 + 35d = 2\ 042$(mm)</td></tr>
<tr><td>低位筋的长度 = 4 200 − 600 + 1 167 = 4 767(mm)
高位筋的长度 = 4 200 − 1 475 + 2 042 = 4 767(mm)</td></tr>
</table>

续表 3-49

1 层纵筋 = 1 层层高 − 当前层伸出地面的高度 + 上一层伸出楼地面的高度 基本条件： 本层高 4 200 mm 2 层层高 3 600 mm 梁高 700 mm 钢筋连接为焊接	当前层伸出楼地面的高度： 低位 1 167 mm，高位 2 042 mm
	上一层伸出楼地面的高度： 低位 $\max\{H_n/6, 500, h_c\} = \max\{(3\ 600-700)/6, 500, 600\} = 600$ mm 高位 $600 + 35d = 600 + 35 \times 25 = 1\ 475$（mm）
	低位筋的长度 = 4 200 − 1 167 + 600 = 3 633（mm） 高位筋的长度 = 4 200 − 2 042 + 1 475 = 3 633（mm）
2 层纵筋 = 2 层层高 − 当前层伸出地面的高度 + 上一层伸出楼地面的高度 基本条件： 本层高：3 600 mm 3 层层高：3 600 mm 梁高：700 mm 钢筋连接为焊接	当前层伸出楼地面的高度： 低位：600 mm，高位 1 475 mm
	上一层伸出楼地面的高度： 低位 $\max\{H_n/6, 500, h_c\} = \max\{(3\ 600-700)/6, 500, 600\} = 600$ mm 高位 $600 + 35d = 600 + 35 \times 25 = 1\ 475$（mm）
	低位筋的长度 = 3 600 − 600 + 600 = 3 600（mm） 高位筋的长度 = 3 600 − 1 475 + 1 475 = 3 600（mm）
3 层（顶层）纵筋 = 层高 − 梁高 − 当前层伸出楼地面的长度 + 锚固长度 锚固长度：能直锚时，取梁高 − 混凝土保护层；弯锚时，取梁高 − 混凝土保护层 + $12d$	层高 3 600 mm，梁高 700 mm 混凝土保护层 25 mm
	当前层伸出楼地面的高度： 低位 600 mm 高位 1 475 mm
	锚固长度： 梁高 700 mm 小于 l_{aE}，取梁高 − 混凝土保护层 + $12d = 700 - 25 + 12 \times 25 = 975$（mm）
	则低位筋的长度 = 3 600 − 700 − 600 + 975 = 3 275（mm）
	则高位筋的长度 = 3 600 − 700 − 1 475 + 975 = 2 400（mm）

续表 3-49

箍筋 外箍长度 $=(b+h)\times2-8c+[\max(10d,75)+1.9d]\times2$ 内矩形箍筋长度 $=(h-2c)\times2+\{[(b-2c-2d-D)/$纵筋间距个数$]\times$内箍占间距个数$+D+2d\}+2\times[\max(10d,75)+1.9d]$（$D$ 为纵向钢筋直径） （$b=h=600$ mm，$c=25$ mm，$d=8$ mm） $\max(10d,75)+1.9d=95$ mm −1 层非连接区长度 $\max\{H_n/6,500,h_c\}=\max\{(4\ 200-700)/6,500,600\}=600$ mm 1 层非连接区长度 $H_n/3=(4\ 200-700)/3=1\ 167$(mm) 2、3 层非连接区长度 $\max\{H_n/6,500,h_c\}=\max\{(3\ 600-700)/6,500,600\}=600$ mm	外箍长度 $=(600+600)\times2-8\times25+95\times2=2\ 390$(mm)
	内箍长度 $=(600-2\times25)\times2+\{[(600-50-16-25)/3]\times1+25+16]+95\times2$ $=1\ 501$ mm（XY 方向一样）
	筏板基础内根数 = max{2,(基础板厚 − c − 100)/500} = max{2,675/500} = 2
	−1 层箍筋根数： 下端加密区根数 =（600 − 50）/100 + 1 = 7 梁下加密区根数 = 600/100 = 6 梁高范围内加密根数 =（700 − 2 × 25）/100 + 1 = 8 非加密区根数 =（4 200 − 600 − 600 − 700）/200 − 1 = 11 −1 层箍筋根数：7 + 6 + 8 + 11 = 32
	1 层箍筋根数： 下端加密区根数 =（1 167 − 50）/100 + 1 = 13 梁下加密区根数 = 600/100 = 6 梁高范围内加密根数 =（700 − 2 × 25）/100 + 1 = 8 非加密区根数 =（4 200 − 1 167 − 600 − 700）/200 − 1 = 8 1 层箍筋根数：13 + 6 + 8 + 8 = 35
	2、3 层箍筋根数 下端加密区根数 =（600 − 50）/100 + 1 = 7 梁下加密区根数 = 600/100 = 6 梁高范围内加密根数 =（700 − 2 × 25）/100 + 1 = 8 非加密区根数 =（3 600 − 600 − 600 − 700）/200 − 1 = 8 2、3 层箍筋根数：7 + 6 + 8 + 8 = 29
	外箍筋总数 = 2 + 32 + 35 + 29 × 2 = 127（根） 内箍筋总数 = 2 ×（32 + 35 + 29 × 2）= 250（根） 箍筋总长 = 127 × 2 390 + 250 × 1 501 = 678 780（mm）

2. 梁钢筋

梁钢筋类型如表 3-50 所示，计算时按构件类型、钢筋类型、所处位置、级别、直径等不同分开进行计算。

表 3-50　KL 钢筋

钢筋名称	构造部位	钢筋类型	备注
纵向受力筋	梁上部	上部贯通筋	
		端支座负筋	可分两排
		中间支座负筋	可分两排
		架立筋	
	梁高两边	侧面构造腰筋	配拉筋
		抗扭腰筋	配拉筋
	梁下部	下部贯通筋	可分两排
		下部非贯通筋	可分两排
箍筋	梁截面	构造钢筋	加密区/非加密区
	主次梁交接处	附加箍筋	主梁上布置
拉筋	梁截面	构造钢筋	
吊筋	主次梁交接处	附加吊筋	主梁上布置

1）框架（KL）钢筋的构造要求

下面介绍抗震 KL 钢筋的构造要求，其他梁构造要求可查相应结构平法图集。

（1）纵向钢筋的构造如图 3-56 ~ 图 3-58 所示。

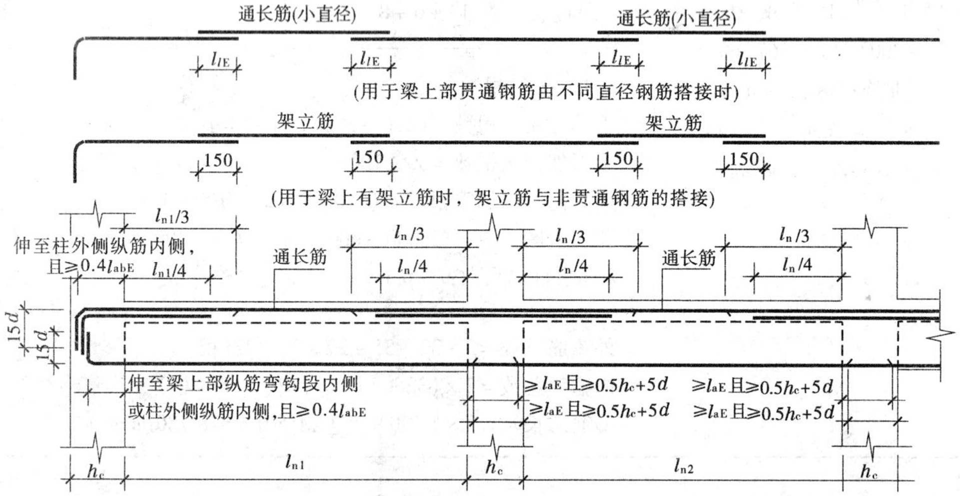

图 3-56　抗震楼层 KL 纵向钢筋构造

（2）箍筋的构造要求如图 3-59 所示。

（3）附加箍筋、吊筋、侧面纵向钢筋的构造要求如图 3-60 所示。其中 h_w 指梁高或有梁板的板下梁高。l_{aE} 是抗震锚固长度，l_a 是非抗震锚固长度。

2）KL 钢筋计算

（1）梁纵筋计算。

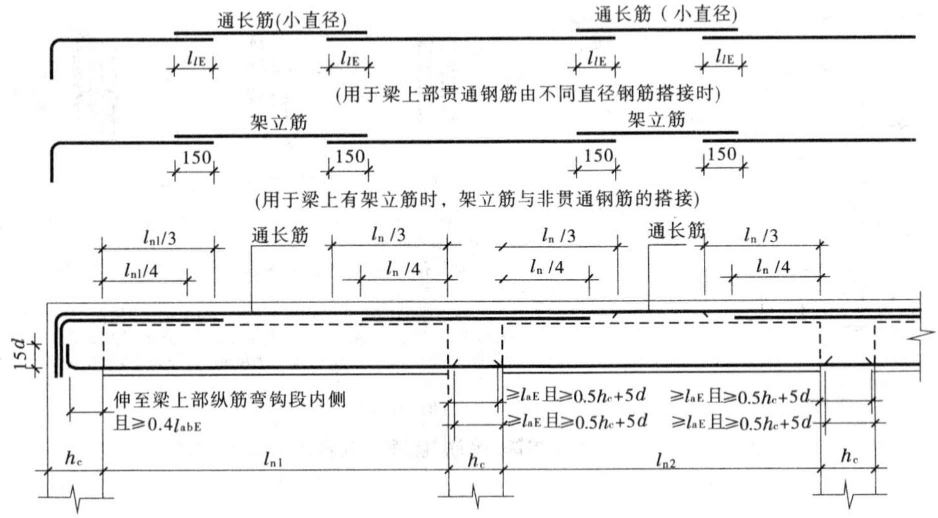

图 3-57　抗震屋面 KL 纵向钢筋构造示意

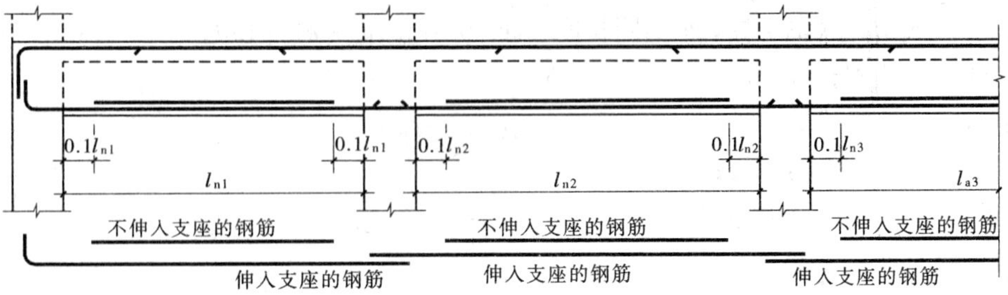

图 3-58　框架梁 KL 下部不伸入支座纵向钢筋构造

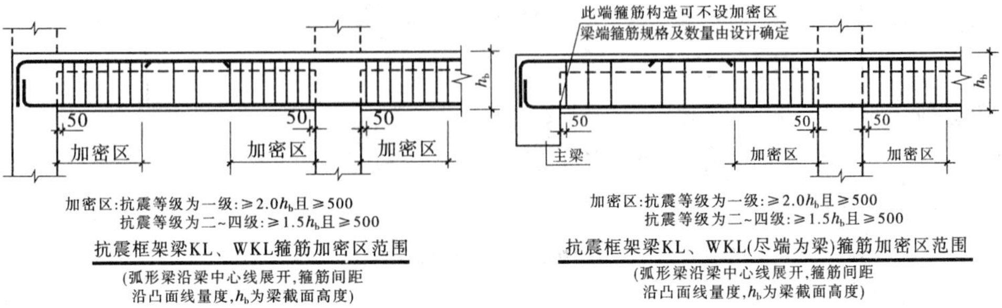

图 3-59　抗震框架梁 KL、WKL 箍筋构造

上下部贯通筋长度计算：

上下部贯通筋长度 = 通跨净长 + 首尾端支座锚固长度

首尾端支座锚固长度：$\max\{0.4l_{abE}, h_c - c\} + 15d$。

式中　c——混凝土保护层厚度；

d——纵筋直径；

h_c——柱截面沿框架方向的高度。

下部非贯通筋长度计算：

首尾跨下部非贯通筋长度 = 净跨长 $l_{n1}(l_{ns})$ + 左(右)端支座锚固长度 + 中间支座锚固

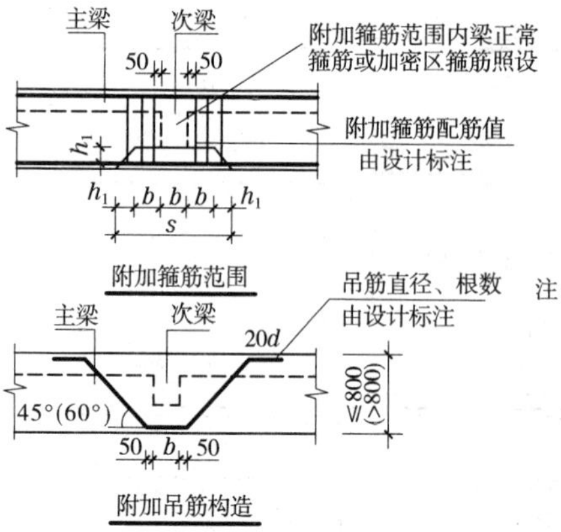

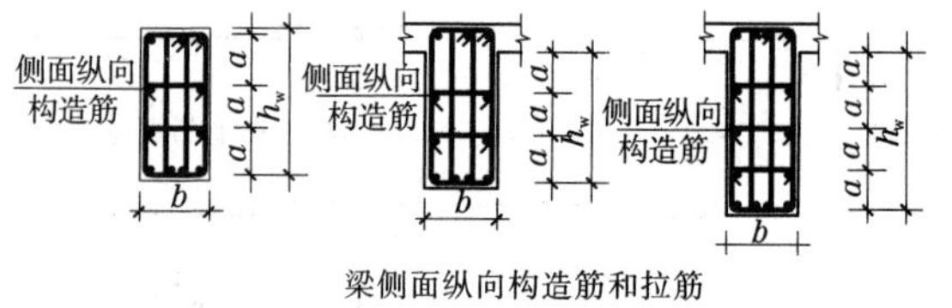

注:1.当$h_w \geq 450$ mm时，在梁的两个侧面应沿高度配置纵向构造钢筋；纵向构造钢筋间距$a \leq 200$ mm。

2.当梁侧面配有直径不小于构造纵筋的受扭纵筋时，受扭钢筋可以代替构造钢筋。

3.梁侧面构造纵筋的搭接与锚固长度可取15 d。梁侧面受扭纵筋的搭接长度为l_{lE}或l_l,其锚固长度为l_{aE}或l_a,锚固方式同框架梁下部纵筋。

4.当梁宽≤350 mm时，拉筋直径为6 mm；当梁宽>350 mm时，拉筋直径为8 mm，拉筋间距为非加密区 箍筋间距的2倍,当设有多排拉筋时,上下两排拉筋竖向错开设置

图 3-60　框架梁附加箍筋、吊筋、侧面纵向钢筋及拉筋构造

长度

中间跨下部非贯通筋长度 = 净跨长 l_{n2} + 左(右)中间支座锚固长度

下部非贯通筋(不伸入支座) = 净跨长 $l_n - 0.1 \times 2 \times$ 净跨长 l_n

以上公式中,左(右)端支座锚固长度:$\max\{0.4l_{abE}, h_c - c\} + 15d$；

中间支座锚固长度:$\max\{l_{aE}, 0.5h_c + 5d\}$。

式中　l_{n1}——首跨梁的净长；

l_{ns}——尾跨梁的净长；

l_{n2}——中间跨梁的净长。

端支座负筋长度计算:

第一排 $l_{n1}/3 + \max\{0.4l_{abE}, h_c - c\} + 15d$

第二排 $l_{n1}/4 + \max\{0.4l_{abE}, h_c - c\} + 15d$

中间支座负筋长度计算:

第一排 $l_n/3 \times 2 + h_c$

第二排 $l_n/4 \times 2 + h_c$

式中　l_n——取左右两边跨梁的净跨长的较大值。

(2)梁箍筋的计算。

梁箍筋长度的计算:见 3.5.2.1 节箍筋长度的计算。

梁箍筋根数计算:

Ⅰ级抗震箍筋根数 = $\{[\max(2h_b, 500) - 50]/$加密区间距$+1\} \times 2 + [($净跨长 − 加密区间距$\times 2)/$非加密区间距$-1]$

Ⅱ/Ⅲ/Ⅳ级抗震箍筋根数 = $\{(\max(1.5h_b, 500) - 50)/$加密区间距$+1\} \times 2 + [($净跨长 − 加密区间距$\times 2)/$非加密区间距$-1]$

式中　h_b——梁截面高度。

(3)架立筋长度计算。

架立筋长度 = 净跨 $- l_n/3 \times 2 + 2 \times 150$

(4)侧面纵向构造筋或抗扭钢筋的计算。

构造筋长度 = 净跨长 $+ 2 \times 15d$

抗扭筋长度 = 净跨长 + 2 × 锚固长度(同上部通长纵筋的锚固)

(5)拉筋的计算:

拉筋长度 = 梁宽 $-2c+\max\{10d, 75\text{ mm}\}\times 2+2\times 1.9d$

拉筋根数 = [(净跨长 − 50 × 2)/非加密间距 × 2 + 1] × 排数

(6)吊筋的计算:

吊筋夹角取值:梁高≤800 mm 取 45°,梁高 > 800 mm 取 60°。

吊筋长度 = 次梁宽 $b+2\times 50+2\times$(梁高 $-2c$)/sin45°(60°) $+2\times 20d$

【例 3-14】 计算模块 4 工程中标高 3.55 m 的 3 轴框架梁 KL7 的钢筋工程量。

解 根据模块 4 中图 4-14 及结构施工图说明可知:梁混凝土强度等级为 C30,三级抗震,梁混凝土保护层厚度为 30 mm,采用机械连接,轴线居柱中,柱宽为 600 mm。

(1)端支座锚固长度为

$\max\{0.4l_{abE}, h_c-c\}+15d=\max\{0.4\times 31d, 600-30\}+15d=945\text{(mm)}$

(2)上部通长筋(2 ⏀25) = 通跨净长 + 首尾端支座锚固长度

= (15 000 − 600 + 2 × 945) × 2 = 32 580(mm)

(3)第一跨和第三跨端支座负筋长度:由于跨长相等,左、右端计算一致。

左、右端支座第一排负筋(4 ⏀25) = $l_n/3$ + 端支座锚固长度

= [(6 000 − 600)/3 + 945] × 2 × 2 = 10 980(mm)

左、右端支座第二排负筋(4 ⏀25) = $l_n/4$ + 端支座锚固长度

= [(6 000 − 600)/4 + 945] × 2 × 2 = 9 180(mm)

(4)第二跨支座负筋:左右两端中间,取相邻两跨较大跨,数值上对称,长度计算一致。但由于第二跨跨长小,负筋形成搭接,这种搭接在构造中没有必要,所以通常让中间支座负筋贯通,故计算结果为

第一排负筋(2 ⏀25) = [max(6 000 − 600, 3 000 − 600)/3 × 2 + 3 000 + 600] × 2 = 14 400(mm)

第二排负筋(2 ⏀25) = [max(6 000 − 600, 3 000 − 600)/4 × 2 + 3 000 + 600] × 2 = 12 600(mm)

(5)第一、三跨下部非贯通筋(6 ⏀25) = 净跨长 + 左支座锚固长度 + 右支座锚固长度。

左支座为端支座,故锚固长度为 945 mm;右支座为中间支座,锚固长度取:$\max\{l_{aE}, 0.5h_c+5d\}$,即 $l_{aE}=761.25\text{ mm}>0.5h_c+5d=425\text{ mm}$,取 $l_{aE}=761.25\text{ mm}$

因此,第一跨非贯通筋长度 = [(6 000 − 600) + 945 + 761.25] × 6 = 42 638(mm)

(6)第二跨下部非贯通筋(4 ⏀25) = 净跨长 + 左支座锚固长度 + 右支座锚固长度

左右均为中间支座,锚固长度取:$\max\{l_{aE}, 0.5h_c+5d\}$,即 $L_{aE}=761.25\text{ mm}$

第二跨非贯通筋长度 = [(3 000 − 600) + 761.25 × 2] × 4 = 15 690(mm)

⏀14 钢筋重量 $=1.21\times 29.64\times 10^{-3}=0.036$(t)

(7)侧面纵向构造钢筋(2 ⏀14):

构造筋长度 = 净跨长 + 2 × 15d = [(15 000 − 600) + 2 × 15 × 14] × 2 = 29 640(mm)

⏀25 钢筋总长 = 32 580 + 10 980 + 9 180 + 14 400 + 12 600 + 42 638 × 2 + 15 690

= 180 706(mm)

⏀25 钢筋总重 $=3.85\times 180.706\times 10^{-3}=0.696$(t)

(8)箍筋：

单根长度＝构件尺寸$-8c+2\times$弯钩长度

$$=(300+700)\times2-8\times30+2\times11.9\times10=1\ 998(\text{mm})$$

因$1.5h_b=1.5\times700=1\ 050(\text{mm})>500\ \text{mm}$，故梁箍筋加密区长度取 1 050 mm。

$$\text{箍筋根数}=\left(\frac{\text{加密区箍筋设置的长度}}{\text{加密区箍筋设置间距}}+1\right)+\left(\frac{\text{非加密区箍筋设置的长度}}{\text{非加密区箍筋设置间距}}-1\right)$$

$$=\left[\frac{(1\ 050-50)\times6}{100}+1\right]+\left(\frac{15\ 000-600\times3-1\ 050\times6}{200}-1\right)=95(\text{根})$$

故箍筋总长度$=1\ 998\times95=189\ 810(\text{mm})$。Φ10 箍筋重$=0.617\times189.81\times10^{-3}=0.117(\text{t})$。

3. 板钢筋

板钢筋类型如表 3-51 所示，计算时按构件类型、钢筋类型、所处位置、方向、级别、直径等不同分开进行计算。

表 3-51　板钢筋

钢筋名称	构造部位	钢筋类型	备注
受力筋	板上部	面筋	*XY* 方向
	板下部	底筋	*XY* 方向
负筋	板上部	支座负筋	端支座/中间支座
分布筋	板上部		
温度筋	板上部	附加钢筋	*XY* 方向
措施钢筋(马凳筋)		构造钢筋	

1)板钢筋构造要求

有梁楼盖楼(屋)面配筋构造要求如图 3-61 所示。

2)板钢筋的计算

(1)板底筋。

当支座为梁、圈梁、剪力墙时：

单根长度＝板净跨$+\max\{5d$，支座宽/2$\}\times2+2\times$弯钩长度$(6.25d)$

当支座为砌体墙时：

单根长度＝板净跨$+\max\{120, h$，墙厚/2$\}\times2+2\times$弯钩长度$(6.25d)$

式中　h——板厚度。

根数计算：

$$\text{根数}=(\text{板净跨}-\text{起步距离}\times2)/\text{板筋间距}+1$$

(2)板面筋。

当支座为梁、圈梁时：

单根长度＝板净跨＋(支座宽$-c$)$\times2+2\times15d$

当支座为剪力墙时：

单根长度＝板净跨$+\max\{0.4l_{ab}$，(支座宽$-c$)$\}\times2+2\times15d$

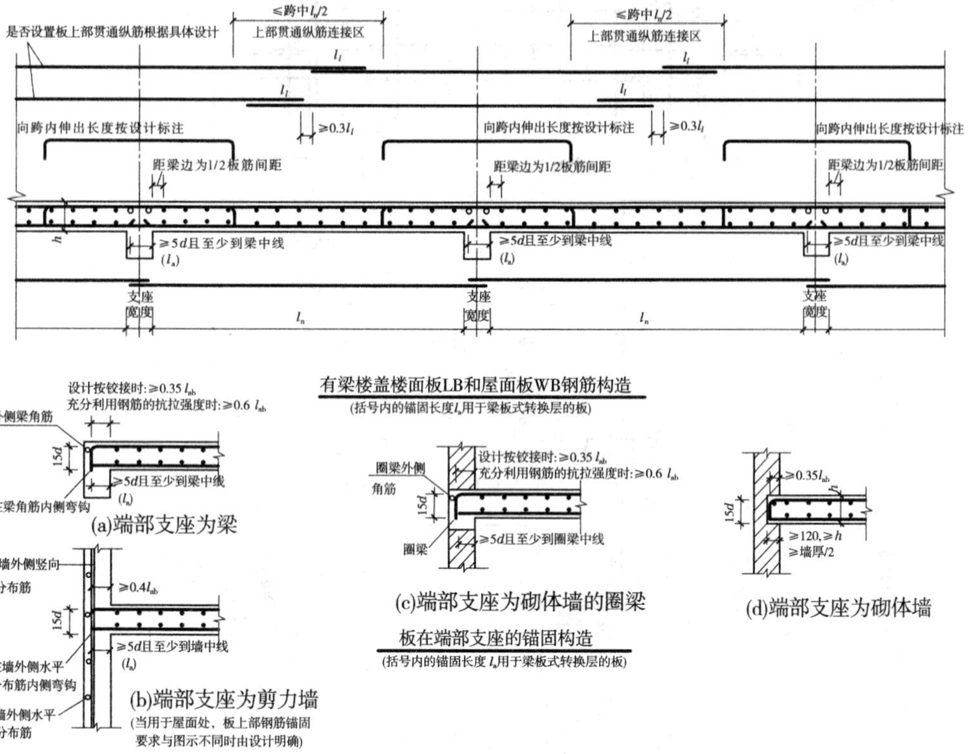

注：l_{ab}为钢筋非抗震基本锚固长度

图 3-61　有梁楼盖楼(屋)面配筋构造

当支座为砌体墙时：

单根长度 = 板净跨 + max{$0.35l_{ab}$,(支座宽 $-c$)} ×2 +2 ×15d

根数计算

根数 =(板净跨 - 起步距离 ×2)/板筋间距 +1

(3)支座负筋。

端支座负筋：

单根长度 = 负筋延伸长度 +(支座宽/2 $-c$) + 端部弯折(15d) + 板内弯折($h-c$)

式中　负筋延伸长度——自支座中心线向跨内延伸的长度。

中间支座负筋：

单根长度 = 左右负筋延伸长度 + 2 × 弯折长度($h-c$)

根数计算：

根数 =(布置范围净长 - 起步距离 ×2)/板筋间距 +1

(4)分布筋计算长度示意如图 3-62 所示。

单根长度 = 轴线长度 - 负筋延伸长度 ×2 +2 × 搭接长度(取 150 mm)

根数 =(负筋伸入板内净长 - 分布筋间距/2)/分布筋间距 +1

说明：搭接是指分布筋与同方向负筋搭接，其长度即图示的参数长度。

(5)温度筋计算长度示意如图 3-63 所示。

单根长度 = 轴线长度 - 负筋延伸长度 ×2 +2 × 搭接长度(取 150 mm)

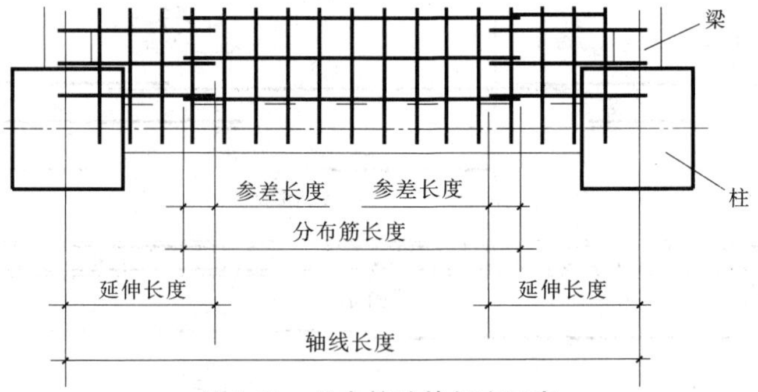

图 3-62　分布筋计算长度示意

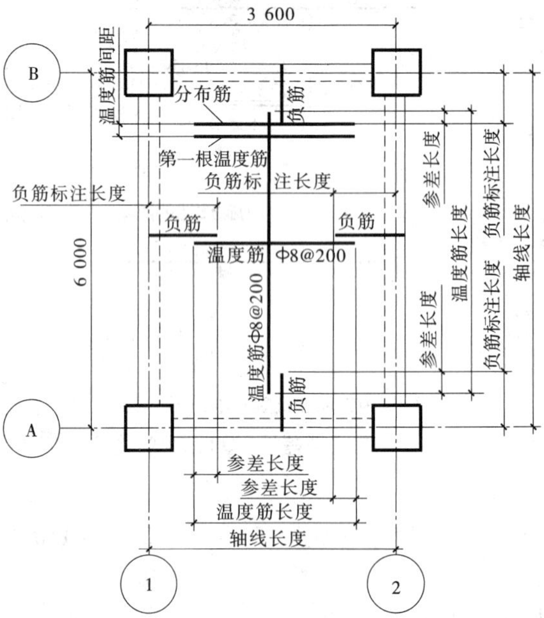

图 3-63　温度筋计算长度示意

根数 =(轴线长度 - 负筋延伸长度 ×2)/温度筋间距 - 1

说明:搭接是同方向负筋与温度筋搭接。

(6)措施钢筋(马凳筋)。

单根长度:根据施工图规定按实际尺寸计算。

根数 = 板面积/(马凳筋横向间距 × 纵向间距)

【例 3-15】　计算模块 4 工程中标高 3.55 m 楼面板 3 ~ 4 轴与 A ~ B 轴之间 LB1 的钢筋工程量。

解　根据模块 4 中图 4-16 结施 -6 可知:LB1 板厚 h = 150 mm,其两端梁宽 300 mm,轴线居中,板保护层厚度为 15 mm,双向配置底筋(d = 10 mm,X 方向@ 120,Y 方向@ 100)。

(1)X 方向板底筋:

单根长度 = 板净跨 + max{5d,支座宽/2} ×2 +2 ×6.25d

= (6 900 - 300) + max{50,150} ×2 +2 ×6.25 ×10 = 7 025(mm)

根数 =(板净跨 - 起步距离 ×2)/板筋间距 +1

$=[(6\ 000-150)-120]/120+1=49$（根）

X 方向板底筋总长 $=7\ 025\times49=344\ 225$（mm）

（2）Y 方向板底筋：

单根长度 $=(6\ 000-150)+150\times2+2\times6.25\times10=6\ 275$（mm）

根数 $=[(6\ 900-300)-100]/100+1=66$（根）

Y 方向板底筋总长 $=6\ 275\times66=414\ 150$（mm）

（3）支座负筋：

④号负筋长度 = 负筋延伸长度 +（支座宽/2 − c）+ 端部弯折 + 板内弯折

$=1\ 500+(150-15)+15\times10+(150-2\times15)$

$=1\ 905$（mm）

④号筋根数 =（布置范围净长 − 起步距离 ×2）/板筋间距 +1

$=\{[(6\ 900-300)-150]/150+1\}+\{[(6\ 000-150)-150]/150+1\}=83$（根）

④号支座负筋总长 $=1\ 905\times83=158\ 115$（mm）

⑥号负筋长度 = 左右负筋延伸长度 + 2 × 弯折长度

$=1\ 500\times2+2\times(150-2\times15)=3\ 240$（mm）

⑥号筋根数 $=[(6\ 000-150)-100]/100+1=59$（根）

⑥号支座负筋总长 $=3\ 240\times59=191\ 160$（mm）

（4）②号筋为跨板受力筋，计算方法类似，此处省略。

（5）汇总：Φ10 钢筋总长 $=344\ 225+414\ 150+158\ 115+191\ 160=1\ 107\ 650$（mm）

Φ10 钢筋总重 $=0.617\times1\ 107.65\times10^{-3}=0.683$（t）

4. 剪力墙钢筋

剪力墙视为由剪力墙柱、剪力墙身、剪力墙梁三类构件组成，其中剪力墙柱、剪力墙梁的钢筋计算方法同框架柱、框架梁，在此不再赘述。

剪力墙身中的钢筋有水平纵筋、竖向纵筋、拉筋等。

（1）剪力墙墙身水平钢筋计算。

墙端为 AZ（非边缘暗柱）及转角墙（直角或斜交），外侧筋连续通过时：

外侧钢筋长度 = 墙长 − c + 搭接长度

内侧钢筋长度 = 墙长 − c + 弯折 $15d$ + 搭接长度

墙端为 DZ（端柱）时：

外（内）侧钢筋长度 = 墙长 − $2c$ + $15d$ + 搭接长度

墙端无暗柱或有暗柱的非转用墙：外（内）侧钢筋长度 = 墙长 − $2c$ + $10d$ + 搭接长度

水平钢筋根数 = 层高/间距 + 1

说明：当不能满足通长要求时，须搭接，搭接长度 $\geq1.2l_{aE}$，l_{aE} 为钢筋的锚固长度，按规范要求计取。在洞口处水平钢筋距洞口边 50 mm 或 $s/2$ 起步。暗梁、边梁处水平钢筋照设。墙身水平钢筋在洞口左右两边截断，分别向下弯折 $15d$；公式中的墙长不扣暗柱、端柱尺寸，底层层高从基础上表面起算。

（2）剪力墙墙身竖向钢筋计算：

首层墙身纵筋长度 = 基础插筋 + 首层层高 + 伸入上层的长度 + 伸入上层的搭接长度（$\geq1.2l_{aE}$）

中间层墙身纵筋长度＝本层层高＋伸入上层的搭接长度（$\geqslant 1.2l_{aE}$）或0（焊接及机械连接时）

顶层墙身纵筋长度＝层高－c－下层伸入当前层的长度＋$12d$

墙身竖向钢筋根数＝墙净长（扣除暗柱、端柱）－2竖向钢筋间距/间距＋1

说明：墙身竖向钢筋从AZ、DZ边以墙筋间距的1/2起布置第一根竖向钢筋；墙身竖向钢筋在洞口上下两边截断，分别向下弯折$15d$；基础插筋长度计算同框架柱；首层层高从基础上表面起算；一、二级抗震时钢筋在首层处应高低错开，高位筋伸入上层的长度≥500 mm＋$1.2l_{aE}$，低位筋伸入上层的长度≥0；若钢筋连接为焊接或机械连接时，每层均应高低错开，伸入上层的长度：高位筋≥500 mm＋$35d$且≥1 000 mm，低位筋≥500 mm。

（3）墙身拉筋：

长度＝墙厚－$2c$＋2×弯钩长度（$1.9d+\max\{75\text{ mm},10d\}$）

根数＝墙净面积/拉筋的布置面积

说明：墙净面积是指要扣除AZ、DZ、AL、LL和门窗洞口面积，拉筋的布置面积是指横向间距×竖向间距。

5. 独立基础钢筋

独立基础钢筋类型如表3-52所示。

表3-52　独立基础钢筋

<table>
<tr><th>钢筋种类</th><th colspan="3">钢筋构造情况</th><th>备注</th></tr>
<tr><td rowspan="3">底板底部钢筋
（纵筋）</td><td>一般情况</td><td colspan="2">矩形独立基础</td><td>单柱、双柱</td></tr>
<tr><td rowspan="2">长度缩减10%</td><td colspan="2">对称独立基础</td><td rowspan="2">板底尺寸
大于2 500 mm</td></tr>
<tr><td colspan="2">非对称独立基础</td></tr>
<tr><td rowspan="4">杯口独立基础顶部
双向焊接钢筋网</td><td colspan="3">单杯口独立基础（普通和高杯口）</td><td rowspan="4"></td></tr>
<tr><td rowspan="3">双杯口独立基础</td><td colspan="2">中间杯壁≥400（普通和高杯口）</td></tr>
<tr><td rowspan="2">中间杯壁<400</td><td>普通双杯口独立基础</td></tr>
<tr><td>双杯口独立基础</td></tr>
<tr><td rowspan="2">高杯口独立基础杯
壁外侧和短柱钢筋
（纵筋、箍筋）</td><td colspan="3">单高杯口独立基础</td><td></td></tr>
<tr><td colspan="3">双高杯口独立基础</td><td></td></tr>
<tr><td rowspan="2">多柱独立基础
顶部钢筋（受力
筋和分布筋）</td><td rowspan="2">双柱独立基础</td><td colspan="2">普通双柱独立基础</td><td></td></tr>
<tr><td colspan="2">设基础梁的双柱独立基础</td><td></td></tr>
</table>

独立基础钢筋的计算。

（1）独立基础底板钢筋（不缩短情况）：

$x(y)$方向单根长度＝$x(y)-2c$

$x(y)$方向根数＝$[y(x)-2\times\min\{75,s/2\}]/s+1$

式中　$x(y)$——独立基础底板$x(y)$方向长度；

c——基础钢筋混凝土保护层厚度；

s——底板钢筋间距；

$\min\{75, s/2\}$——底板钢筋起步距离。

(2)长度缩减10%基础底板钢筋(独立基础底板长度≥2 500 mm,且基础底板边缘距轴线距离≥1 250 mm)。

对称结构:外侧筋不缩短(xy 向各2根),中部筋均缩短10%。

外侧钢筋长度(不缩短)=基础底板边长(x 或 y 方向)$-2c$

中部钢筋长度(缩减10%)$=0.9x(0.9y)$

$x(y)$方向中部筋根数$=[y(x)-2\times\min\{75, s/2\}]/s+1-2$

非对称结构:外侧筋不缩短,中部筋一半缩短一半不缩短。

外侧钢筋长度=基础底板边长$-2c$

中部不缩短钢筋长度=基础底板边长$-2c$

中部缩短钢筋的长度$=0.9x(0.9y)$

不缩减钢筋根数$=\{[y(x)-2\times\min(75, s/2)]/s+1-2\}/2+2$

缩减钢筋根数$=\{[y(x)-2\times\min(75, s/2)]/s+1-2\}/2$

(3)其他钢筋计算同柱、梁钢筋计算方法,结合其具体构造要求进行计算。

6. 条形基础钢筋

条形基础钢筋类型如表3-53所示。

表3-53 条形基础钢筋

条形基础配钢筋	板式条形基础底板底部(B打头)及顶部(T打头)配受力筋和构造筋
	基础梁(JL)箍筋、底部贯通筋、底部非贯通筋和架立筋(端部及柱下区域)、顶部贯通筋、侧部钢筋;十字交叉处附加箍筋和吊筋

1)条形基础底板钢筋构造要求

(1)底板钢筋起步距离 $\min\{75, s/2\}$。

(2)底板受力筋在L形交接处满布,在T形和十字形交接处与另一方向交接 $b/4$,如图3-73所示。

(3)在两向受力钢筋交接处的网状部位,分布筋与同向受力筋搭接150 mm。

(4)当条形基础设有基础梁时,基础底板的分布筋在梁宽范围内不布置。

(5)当基础底宽大于2 500 mm时,底板钢筋长度缩短10%。底板交接处的受力钢筋与无交接底板时端部第一根钢筋不应缩短。

2)条形基础基础梁钢筋构造要求

由于基础梁受力特点(拉压)与框架梁相反,因而基础主梁的上下部筋构造要求与框架梁所对应的下、上部筋相同;基础次梁除上部纵筋伸入主梁内锚固长≥$12d$ 且至少到梁中线外,其余钢筋构造要求也与框架梁所对应的受力特点的钢筋构造要求。

3)条形基础钢筋的计算

底板钢筋的计算方法同独立基础底板钢筋。

基础梁钢筋的计算方法同梁钢筋,只是注意箍筋在柱宽范围内是要满布的。

3.5.2.3 工程量清单计价

1. 编制工程量清单

工程量清单五因素要结合工程实际按照《建装计量规范》附录 E.15、附录 E.16 中规定进行编制。

本分部清单项目编码的前 9 位以 01－05－15～16－001～×××表示。从前至后的各级数字含义为:01 表示建筑与装饰工程，05 表示混凝土及钢筋混凝土专业工程,15～16 表示钢筋工程、螺栓、铁件分部工程，001～×××表示不同类型的钢筋分项工程。

2. 确定清单项目综合单价

(1)列出工程量清单项目所对应的定额计价项目。根据《河南省 08 综合单价》计价定额规定,各清单项目所对应的定额计价项目如表 3-43 所示的定额项目。

(2)计算计价项目工程量。《河南省 08 综合单价》中规定的各计价项目的工程量计算规则如表 3-43 定额项目所对应的计算规则。

(3)套用取费定额分析计算清单项目的人工费、材料费、管理费和利润,计算清单项目的综合单价,填写工程量清单项目综合单价分析表(见表 1-2)。

本分部的定额取费使用说明摘要如下:

①钢筋工程按项目不同及钢筋的钢种、强度等级、直径规格等不同套用定额计价。

②钢筋以手工绑扎、部分焊接及点焊编制,实际施工与定额不符者不得换算。8 度地震区要求箍筋等焊接增加的费用可另计算。

③非预应力钢筋不包括冷加工,如设计规定需冷加工者,加工费及加工损耗另行计算。

④预应力钢筋的张拉设备已综合考虑。但未考虑预应力钢筋人工时效因素,如设计有要求,每吨预应力钢筋增加人工时效费 7 个工日。

⑤预应力钢筋子目中的锚具、承压板、垫板、七孔板设计用量与定额子目含量相差±10%以上时,可换算数量并计入 1%的损耗。锚具的价格差可调材差。

⑥《河南省 08 综合单价》A.4 分部钢筋、铁件子目中已包括钢筋、铁件的制作、安装损耗,不得另行计算损耗量。

⑦《河南省 08 综合单价》A.4 分部所列钢筋为低碳钢,设计要求采用特殊钢材(Ⅳ级以上钢材及进口钢材)时,由于技术性能不同所发生的差异另行调整。

⑧冷挤压套筒连接、墩粗螺纹普通型、变径型机械连接接头均执行锥螺纹接头子目。

⑨后张预应力钢筋、钢丝用于现浇构件时,相应钢筋子目的人工、机械乘以系数 1.1。

【例 3-16】 根据例 3-14 题意,编制工程量清单,分析清单综合单价。

解 由例题 3-14 知:Ⅰ级钢筋总重＝0.117 t,Ⅱ级钢筋总重＝0.696＋0.036＝0.732(t)

(1)编制工程量清单,见表 3-54。

表 3-54 “现浇构件钢筋”清单表

序号	项目编码	项目名称	项目特征	计量单位	工程量
1	010515001001	现浇构件钢筋	Ⅰ级钢筋，直径 10 mm 以内	t	0.117
2	010515001002	现浇构件钢筋	Ⅱ级钢筋	t	0.732
本页小计					
合计					

以箍筋工程量编制工程量清单。

(2)分析“现浇构件钢筋”清单项目综合单价。

计价项目:现浇构件钢筋Ⅰ、现浇构件钢筋Ⅱ。

计价项目工程量:

Ⅰ级钢筋 0.117 t(直径 10 mm 以内);

Ⅱ级钢筋 0.732 t。

分析综合单价:

“现浇构件Ⅰ级钢筋,直径 10 mm 以内”套(4-168)定额子目。

“现浇构件Ⅱ级钢筋”套(4-170)定额子目。

综合单价分析表见表 3-55、表 3-56。

“现浇构件Ⅰ级钢筋”综合单价=4 172.87(元/t)

“现浇构件Ⅱ级钢筋”综合单价=3 949.38(元/t)

(3)形成工程量清单计价表。将综合单价填入表中,再用清单工程量乘以综合单价计算出合价,填入表中,形成计价表,如表 3-57 所示。

表 3-55 “现浇构件Ⅰ级钢筋”清单项目综合单价分析表

项目编码	010515001001	项目名称		现浇构件钢筋		计量单位	t				
清单综合单价组成明细											
定额编号	定额名称	定额单位	数量	单价				合价			
				人工费	材料费	机械费	管理费和利润	人工费	材料费	机械费	管理费和利润
4-168	现浇构件Ⅰ级钢筋,直径 10 mm 以内	t	1	443.76	3 392.33	26.25	310.53	443.76	3 392.33	26.25	310.53
人工单价		小计						443.76	3 392.33	26.25	310.53
43 元/工日		未计价材料费						—			
清单项目综合单价								4 172.87			
材料费明细	主要材料名称、规格、型号		单位		数量			单价(元)	合价(元)	暂估单价(元)	暂估合价(元)
	Ⅰ级钢筋,直径 10 mm 以内		t		1.03			3 250.00	3 347.5		
	镀锌铁丝		kg		7.29			6.00	43.74		
	材料费小计								3 391.24		

表 3-56 “现浇构件Ⅱ级钢筋”清单项目综合单价分析表

项目编码	010515001002		项目名称			现浇构件钢筋		计量单位		t	
清单综合单价组成明细											
定额编号	定额名称	定额单位	数量	单价				合价			
				人工费	材料费	机械费	管理费和利润	人工费	材料费	机械费	管理费和利润
4－170	现浇构件Ⅱ级钢筋	t	1	291.11	3 329.17	50.09	279.01	291.11	3 329.17	50.09	279.01
人工单价		小计						291.11	3 329.17	50.09	279.01
43 元/工日		未计价材料费						—			
清单项目综合单价								3 949.38			
材料费明细	主要材料名称、规格、型号			单位		数量		单价（元）	合价（元）	暂估单价（元）	暂估合价（元）
	Ⅰ级钢筋，直径 10 mm 以内			t		1.03		3 200.00	3 296		
	镀锌铁丝			kg		2.68		6.00	16.08		
	材料费小计								3 312.08		

表 3-57 “现浇构件钢筋”清单计价表

序号	项目编码	项目名称	项目特征	计量单位	工程量	金额（元）		
						综合单价	合价	其中：暂估价
1	010515001001	现浇构件钢筋	Ⅰ级钢筋，直径 10 mm 以内	t	0.117	4 172.87	488.23	
2	010515001002	现浇构件钢筋	Ⅱ级钢筋	t	0.732	3 949.38	2 890.95	
本页小计							3 379.18	
合计							3 379.18	

习　题

1. 如 3.1 节习题 1 图 3-6 所示基础工程，混凝土强度等级为 C20，混凝土现场搅拌。编制基础工程中混凝土工程的工程量清单计价表。

2. 某住宅楼底层现浇 C30 框架结构平面如图 3-64 所示。柱高 4.2 m，柱断面尺寸为

400 mm×400 mm,梁断面尺寸为 300 mm×600 mm,现浇板厚 120 mm,轴线居柱、梁中。编制图示现浇混凝土结构的工程量清单计价表。

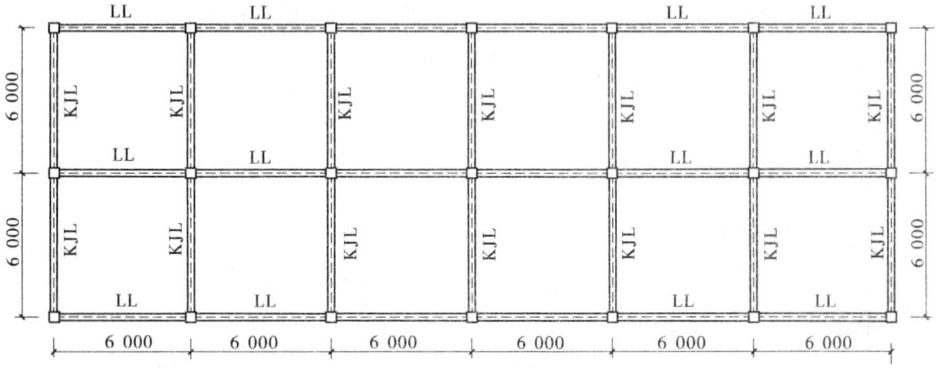

图 3-64 框架结构平面图

3. 计算模块 4 工程中 1 轴与 A 轴相交的框架柱 KZ1 的钢筋工程量。

4. 计算模块 4 工程中标高 3.55 m 结构层 KL1 的钢筋工程量。

5. 计算模块 4 工程中标高 10.75 m,1、2 轴与 A、B 轴相交的 WB2 的钢筋工程量。

3.6 金属结构工程

本分部工程包括钢网架、钢屋架、钢托架、钢桁架、钢柱、钢梁、钢板楼板、钢板墙板、钢构件和金属制品等工程。

3.6.1 清单项目及工程量计算

3.6.1.1 清单项目

《建装计量规范》附录 F.1 ~ 附录 F.7 列出了金属结构各工程的清单项目。

本分部具体列项通常应按《建装计量规范》附录 F 的项目划分方法,结合金属结构工程的构件类型、断面形状、规格尺寸等不同分开列项。

3.6.1.2 工程量计算

工程量应按《建装计量规范》的附录 F 的清单项目中的工程量计算规则进行计算,如表 3-58所示。

钢材的质量 = 钢材的面积或长度 × 单位面积或长度的质量

式中,面积指的是钢板面积,对于四边形按最长边与其垂直的最大宽度乘积计算,对于不规则或多边形钢板以其外接矩形面积计算;长度指的是钢筋或型钢长度,取计算简图中的计算长度。

各类各种钢材每米的质量可查型钢质量表确定,也可利用下列计算公式近似计算:

圆钢盘条 $0.006\,165 \times d^2$(kg/m)式中,d 为直径,mm 。

螺纹钢 $0.006\,17 \times d^2$(kg/m)式中,d 为断面直径,mm。

钢板　7.85×h(kg/m^2)式中,h 为板厚,mm。

方钢　0.007 85×d^2(kg/m)式中,d 为边宽,mm。

扁钢　0.007 85×d×b(kg/m) 式中,d 为边宽,mm;b 为厚,mm。

钢管(包括无缝钢管及焊接钢管)　0.024 66×S(D−S) (kg/m)式中,D 为外径;S 为壁厚,mm。

3.6.2　工程量清单计价

3.6.2.1　编制工程量清单

工程量清单五因素要结合工程实际按照《建装计量规范》附录 F 中规定进行。

本分部清单项目编码的前 9 位数字以 01－06－01～07－001～×××进行编制。01 表示建筑与装饰工程, 06 表示金属结构专业工程,01～07 表示钢网架－钢屋架、钢拖架、钢桁架、钢架桥－钢柱－钢梁－钢板楼板(墙板)－钢构件和金属制品等分部工程顺序, 001～×××表示不同类型的金属结构分项工程。

3.6.2.2　确定清单项目综合单价

(1)列出工程量清单项目所对应的定额计价项目。根据《河南省 08 综合单价》计价定额规定,金属结构的计价项目有构件制作安装、场外运输或场内安装就位运输、刷油、探伤等,见表 3-58。

(2)计算计价项目工程量。工程量应按《河南省 08 综合单价》中所规定工程量计算规则进行计算,其规则如表 3-58 所示。

(3)套用取费定额分析计算清单项目的人工费、材料费、管理费和利润,计算清单项目的综合单价,填写工程量清单项目综合单价分析表(见表 1-2)。

本分部的定额取费使用说明摘要如下:

①制作安装子目适用于现场、企业附属加工厂制作的构件;如外购商品构件,安装可执行同类构件子目中的安装费用,外购构件费用按合同约定计算。

②构件子目内的制作内容包括分段制作、整体预装配和制作平台的人工、材料及机械台班用量,整体预装配用的螺栓及锚固杆件用的螺栓,涂刷一遍防锈漆的工料。

③构件制作内容中的各类钢材、螺栓、铁件的种类、规格、用量和价格均可按设计要求换算,但其他不变。

④构件安装是按机械起吊点中心回转半径 15 m 以内的距离计算的。如构件就位距离超出 15 m,其超过部分可增加构件就位运输费用。但已计取构件运输的构件,均应一次到位,不能再计算就位运输费。

⑤《河南省 08 综合单价》A.6 分部安装机械是综合取定的,除有特殊注明者外,无论机械种类、台班数量、台班价格均不得调整。

⑥钢屋架单榀重量在 1 t 以下者,执行轻钢屋架子目。

表 3-58　金属结构工程工程量计算规则

<table>
<tr><th>项目</th><th colspan="2">规则模式</th><th>计量单位</th><th>计算规则</th><th>工程内容</th></tr>
<tr><td rowspan="5">钢结构</td><td colspan="2">清单规则</td><td rowspan="2">t/榀/m^2/m</td><td rowspan="2">1. 钢架、钢柱、钢梁、钢构件均按设计图示尺寸以质量计算。不扣除孔眼（切边、切肢）的质量，焊条、铆钉、螺栓等不另增加质量。实腹钢柱、空腹钢柱依附在钢柱上的牛腿及悬臂梁等并入钢柱工程量；钢管柱上的节点板、加强环、内衬管、牛腿等并入钢管柱工程量内。制动梁、制动板、制动桁架、车挡并入钢吊车梁工程量内
钢屋架也可按设计图示数量以榀计量
2. 钢板楼板按设计图示尺寸以铺设水平投影面积计算。不扣除单个面积≤0.3 m^2 的柱、垛及孔洞所占面积
3. 钢板墙板按设计图示尺寸以铺挂展开面积计算。不扣除单个面积≤0.3 m^2 的梁、孔洞所占面积，包角、包边、窗台泛水等不另加面积
4. 金属制品按设计图示尺寸以框外围展开面积计算；雨蓬也可按设计图示接触边以米计算</td><td>1. 拼装
2. 安装
3. 探伤
4. 补刷油漆</td></tr>
<tr><td rowspan="4">定额规则</td><td>构件制作安装</td><td>制作、拼装、安装</td></tr>
<tr><td>运输</td><td rowspan="2">t</td><td rowspan="2">按设计图示尺寸以质量计算。不扣除孔眼、切边、切肢的质量，焊条、铆钉、螺栓等不另增加质量</td><td>装车、运输至现场指定位置</td></tr>
<tr><td>油漆</td><td>刷油漆</td></tr>
<tr><td>探伤</td><td>项</td><td>按实际发生计算</td><td>探伤</td></tr>
</table>

注：1. 钢架包括钢网架、钢屋架、钢托架、钢桁架、钢架桥。
2. 钢柱包括实腹钢柱、空腹钢柱、钢管柱。
3. 钢梁包括钢梁、钢吊车梁。
4. 钢构件包括钢支撑（钢拉条）、钢檩条、钢天窗架、钢挡风架、钢墙架、钢平台、钢走道、钢梯、钢护栏、钢漏斗、钢板天沟、钢支架、零星钢构件。其中，钢墙架包括墙架柱、墙架梁和连接杆件。加工铁件等小型构件，按零星钢构件项目编码列项。
5. 金属制品包括成品空调金属百叶护栏、成品栅栏、成品雨篷、金属网栏、砌块墙钢丝网加固和后浇带金属网。
6. 刷油漆也可按《建装计量规范》附录 P 相关项目单独列项计算。

⑦圆弧形构件按相应子目人工、机械乘以系数 1.2，并增加零星材料费 100 元/t。

⑧《河南省 08 综合单价》A.6 分部子目适用于由构件堆放场地或构件加工厂至施工现场的运输，运输费以区别构件运输类型、运距两条件计取。

⑨构件运输类型按构件的类型和外形尺寸划分。金属结构构件运输类别分为三类，见表 3-59。

⑩金属结构构件运输子目运距按 5 km 和每增减 1 km 设置，运输范围取定在 1 ~ 40 km，超过 40 km 时，由当地定额主管部门依据市场价格另行测定。

表 3-59　金属结构构件分类

类别	项目
1	钢柱、屋架、托架梁、防风桁架
2	吊车梁、制动梁、型钢檩条、钢支撑、上下档、钢拉杆、栏杆、盖板、垃圾出灰门、倒灰门、箅子、爬梯零星构件、平台、操作台、走道休息台、扶梯、钢吊车梯台、烟囱紧固箍
3	墙架、挡风架、天窗架、组合檩条、轻型屋架、滚动支架、悬挂支架、管道支架

【例 3-17】　已知柱间钢支撑尺寸、型号如图 3-65 所示，共十架。焊接连接，刷防锈漆二道，调和漆三道，运输 8 km，无须探伤（已知∟80×6 角钢质量为 6.905 kg/m，8 mm 厚钢板质量为 62.80 kg/m^2）。试编制钢支撑的工程量清单计价表。（油漆工程不考虑）

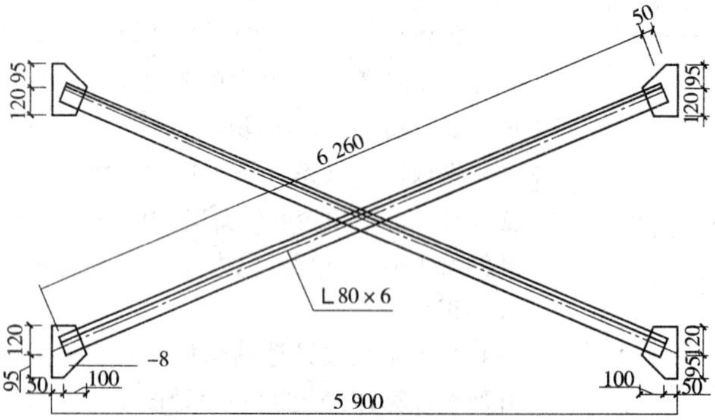

图 3-65　钢支撑详图

解　(1)列清单项目名称并计算清单工程量。

清单项目：钢支撑。

清单工程量：

角钢　6.260×2×6.905×10=864.51(kg)

节点板　0.15×0.215×4×62.80×10=81.01(kg)

合计：0.945 5 t

(2)编制工程量清单，如表 3-60 所示。

表 3-60　"钢支撑"工程量清单表

序号	项目编码	项目名称	项目特征	计量单位	工程量
1	010606001001	钢支撑	1. ∟80×6 角钢，节点板采用 8 mm 厚钢板 2. 柱间钢支撑 3. 无须探伤	t	0.945 5
本页小计					
合计					

(3)分析“钢支撑”清单项目综合单价。

划分计价项目(2 项):钢支撑制作安装、构件运输。

计价项目工程量:

“钢支撑制作安装”工程量　0.945 5 t

“构件运输”工程量　0.945 5 t

分析综合单价:

“钢支撑制作安装”套(6 - 20)“钢支撑”定额子目。

“构件运输”套(6 - 48、6 - 49)“Ⅱ类构件”定额子目,实际运输 8 km,需要进行换算,换算后的定额子目为 6 - 48 换。

$$6-48\text{换}=6-48+3\times(6-49)$$

把清单项目所对应的计价项目的取费定额子目号、计量单位、数量和相应人工费、材料费、管理费和利润单价填入表中,然后用数量乘以相应的单价填入表中的合价栏,再对合价部分进行竖向求和,如表 3-61 所示。

表 3-61　“钢支撑”清单项目综合单价分析表

<table>
<tr><td colspan="2">项目编码</td><td colspan="2">010606001001</td><td colspan="2">项目名称</td><td colspan="2">钢支撑</td><td colspan="2">计量单位</td><td colspan="2">t</td></tr>
<tr><td colspan="12">清单综合单价组成明细</td></tr>
<tr><td rowspan="2">定额编号</td><td rowspan="2">定额名称</td><td rowspan="2">定额单位</td><td rowspan="2">数量</td><td colspan="4">单　价</td><td colspan="4">合　价</td></tr>
<tr><td>人工费</td><td>材料费</td><td>机械费</td><td>管理费和利润</td><td>人工费</td><td>材料费</td><td>机械费</td><td>管理费和利润</td></tr>
<tr><td>6 - 20</td><td>钢支撑制作安装</td><td>t</td><td>1</td><td>1 269.79</td><td>3 891.46</td><td>1 304.54</td><td>1 481.44</td><td>1 269.79</td><td>3 891.46</td><td>1 304.54</td><td>1 481.44</td></tr>
<tr><td>6 - 48 换</td><td>Ⅱ类构件运输运距 8 km</td><td>10 t</td><td>0.1</td><td>67</td><td>65.88</td><td>375.64</td><td>97.4</td><td>6.7</td><td>6.59</td><td>37.56</td><td>9.74</td></tr>
<tr><td colspan="2">人工单价</td><td colspan="6">小计</td><td>1 276.49</td><td>3 898.05</td><td>1 342.1</td><td>1 491.18</td></tr>
<tr><td colspan="2">43 元/工日</td><td colspan="6">未计价材料费</td><td colspan="4">—</td></tr>
<tr><td colspan="8">清单项目综合单价</td><td colspan="4">8 007.82</td></tr>
<tr><td rowspan="6">材料费明细</td><td colspan="3">主要材料名称、规格、型号</td><td colspan="2">单位</td><td colspan="2">数量</td><td>单价(元)</td><td>合价(元)</td><td>暂估单价(元)</td><td>暂估合价(元)</td></tr>
<tr><td colspan="3">钢板</td><td colspan="2">t</td><td colspan="2">0.14</td><td>4 600</td><td>644</td><td></td><td></td></tr>
<tr><td colspan="3">角钢</td><td colspan="2">t</td><td colspan="2">0.92</td><td>3 180</td><td>2 925.6</td><td></td><td></td></tr>
<tr><td colspan="3">电焊条</td><td colspan="2">kg</td><td colspan="2">30</td><td>4</td><td>120.00</td><td></td><td></td></tr>
<tr><td colspan="3">醇酸防锈漆红丹</td><td colspan="2">kg</td><td colspan="2">4.65</td><td>14</td><td>65.10</td><td></td><td></td></tr>
<tr><td colspan="3">材料费小计</td><td colspan="2"></td><td colspan="2"></td><td></td><td>3 754.7</td><td></td><td></td></tr>
</table>

“钢支撑”综合单价 = 1 276.49 + 3 898.05 + 1 342.1 + 1 491.18 = 8 007.82(元/t)

(4)形成工程量清单计价表。

将综合单价填入表中,再用清单工程量乘以综合单价计算出合价,填入表中,形成计价表,如表 3-62 所示。

表 3-62 “钢支撑”工程量清单计价表

序号	项目编码	项目名称	项目特征	计量单位	工程量	金额(元)		
						综合单价	合价	其中:暂估价
1	010606001001	钢支撑	∟80×6 角钢,节点板采用 8 mm 厚钢板 柱间钢支撑 无须探伤	t	0.945 5	8 007.82	7 571.39	
本页小计							7 571.39	
合计							7 571.39	

习 题

1. 某工程钢屋架如图 3-66 所示,焊接连接,刷防锈漆二道,调和漆三道,运输 6 km,无须探伤,∟70×7 角钢质量为 7.4 kg/m,∟50×5 质量为 3.77 kg/m, 8 mm 厚钢板质量为 62.80 kg/m^2。试编制钢屋架的工程量清单计价表。

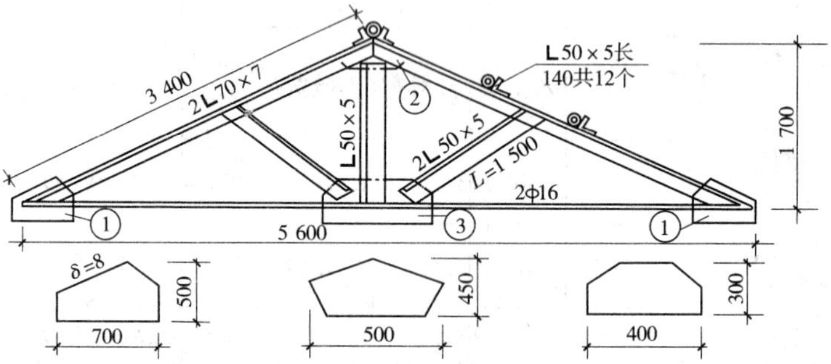

图 3-66 钢屋架

2. 已知柱间钢支撑尺寸、型号如图 3-67 所示,共十架。焊接连接,刷防锈漆二道,调和漆三道,运输 10 km,无须探伤。∟75×50×6 质量为 5.7 kg/m,8 mm 厚钢板质量为 62.80 kg/m^2。试编制钢支撑的工程量清单计价表。

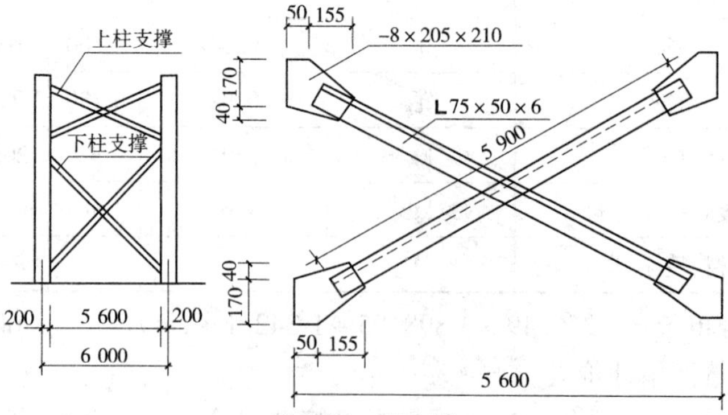

图 3-67 钢支撑

3.7　木结构工程

木结构工程包括木屋架、木构件(木柱、木梁、木檩、木楼梯和其他木构件)、屋面木基层等工程。

木屋架的构件有方木和圆木之分;木柱、木梁、木檩也有方木、圆木之分。

屋面木基层指屋面檩木以上、屋面板及以下的中间部分的构造层次,一般包括椽条、屋面板、挂瓦条等。常见的构造做法有檩木上钉椽条、挂瓦条,檩木上钉椽板,檩木上钉屋面板、油毡、挂瓦条等。

3.7.1　清单项目及工程量计算

3.7.1.1　清单项目

《建装计量规范》附录 G.1 ~ 附录 F.3 列出了木结构各工程的清单项目。

木屋架的清单项目有木屋架、钢木屋架等。

木构件的清单项目有木柱、木梁、木檩、木楼梯和其他木构件。

本分部具体列项通常按《建装计量规范》的附录 G 的项目划分方法,结合工程的具体情况,考虑构件类型、构件断面形状、屋架的跨度、木材类别等不同构造特点分开列项。

3.7.1.2　工程量计算

工程量应按《建装计量规范》的附录 F 的清单项目中的工程量计算规则进行计算,如表 3-63所示。

表 3-63　木结构工程工程量计算规则

<table>
<tr><th>项目</th><th colspan="2">规则模式</th><th>计量单位</th><th>计算规则</th><th>工程内容</th></tr>
<tr><td rowspan="4">木结构(木屋架、木构件、屋面木基层)</td><td colspan="2">清单规则</td><td rowspan="3">榀/m³/m/ m²</td><td rowspan="3">1. 屋架按设计图示数量以榀计量或按设计图示的木材规格、尺寸以体积计算
2. 柱、梁、檩条、其他木构件按设计图示的尺寸以体积计量。檩条、其他木构件也可按设计图示尺寸以长度计算
3. 木楼梯按设计图示尺寸以水平投影面积计算。不扣除宽度≤300 mm 的楼梯井,伸入墙内部分不计算
4. 屋面木基层按设计图示尺寸以斜面积计算,不扣除房上烟囱、风帽底座、风道、小气窗、斜沟等所占面积。小气窗的出檐部分不增加面积</td><td>1. 制作
2. 运输
3. 安装
4. 刷防护材料</td></tr>
<tr><td rowspan="3">定额规则</td><td>制作安装</td><td>制作、安装</td></tr>
<tr><td>刷油漆</td><td>刷防护材料</td></tr>
<tr><td>运输</td><td>项</td><td>按实际发生签证计</td><td>场外运输</td></tr>
</table>

注:1. 屋架跨度应以上、下弦中心线两交点之间的距离计算。屋架的制作安装定额工程量计算时附属于屋架的夹板、垫木的等不另计算;圆木屋架使用部分方木,其方木体积乘以 1.5 系数并入;圆木屋架连接的挑檐木、支撑如为方木时,其方木体积应乘数 1.7 折合为圆木并入屋架体积内;单独挑檐木按方檩条计算;钢木屋架的型钢、钢板实际用量与定额含量不同时,按设计图示尺寸并考虑相应的损耗率计算实际用量而进行调差。

2. 带气楼的屋架和马尾、折角以及正交部分的半屋架,按屋架项目编码列项。

3. 木楼梯的栏杆(栏板)、扶手,应按《建装计量规范》附录 Q.3(扶手、栏杆、栏板装饰)中的相关项目编码列项。

4. 以米计量,项目特征必须描述构件规格、尺寸。

5. 油漆也可按《建装计量规范》附录 P 相关项目单独列项计算。

3.7.2 工程量清单计价

3.7.2.1 编制工程量清单

工程量清单五因素要结合工程实际按照《建装计量规范》附录 G 中规定进行。

本分部清单项目编码的前 9 位数字以 01 - 07 - 01 ~ 03 - 001 ~ ××× 进行编制。01 表示建筑与装饰工程，07 表示木结构专业工程，01 ~ 03 表示木屋架、木构件、屋面木基层等分部工程顺序，001 ~ ××× 表示不同类型的木结构分项工程。

3.7.2.2 确定清单项目综合单价

(1)列出工程量清单项目所对应的定额计价项目。根据《河南省 08 综合单价》计价定额规定，木结构的计价项目有构件制作安装或成品安装、刷油、场外运输等，见表 3-63。

(2)计算计价项目工程量。工程量应按《河南省 08 综合单价》中规定的各计价项目的工程量计算规则进行计算，其规则如表 3-63 所示。

(3)套用取费定额分析计算清单项目的人工费、材料费、管理费和利润，计算清单项目的综合单价，填写工程量清单项目综合单价分析表(见表 1-2)。

本分部的定额取费使用说明摘要如下：

①本分部木材树种均以一、二类木种为准(见表 3-64)，如采用三、四类，人工和机械乘以系数 1.35。

表 3-64 木材树种分类

类别	树种
一类	红松、水桐木、樟子松
二类	白松(方杉、冷杉)、杉木、杨木、柳木、椴木
三类	青松、黄花松、秋子木、马尾松、东北榆木、柏木、苦楝木、梓木、黄菠萝、椿木、楠木、柚木、樟木
四类	栎木(柞木)、檀木、色木、槐木、荔木、麻栗木(麻栎、青冈)、桦木、荷木、水曲柳、华北榆木

②该分部采用的木材，除圆木外均为板方综合规格木材，子目中已考虑了施工损耗、木材的干燥费用及干燥损耗(7%)。凡注明允许换算木材用量时，所增减的木材用量均应计入施工损耗、木材的干燥费用及干燥损耗(7%)。

③该分部中所注明的木材断面均以毛料为准。如设计断面为净料，应增加刨光损耗：板、方材一面刨光者增加 3 mm，两面刨光者增加 5 mm；圆木刨光者每立方米增加体积 0.05 m^3。

④带气楼的屋架，应单独列项。带气楼的屋架按相应屋架子目乘以系数 1.5 计算；马尾、折角以及正交部分的半屋架体积应并入相连接屋架的体积内。

⑤木楼梯、木柱、木梁已按刨光考虑。木楼梯的栏杆(栏板)、扶手按装饰装修工程 B.1 分部规定列项。

【例 3-18】 已知木屋架如图 3-68 所示，采用杨木制作。试编制木屋架的工程量清单计价表。(运输、油漆工程不考虑)

解 (1)列清单项目名称并计算清单工程量。

清单项目：木屋架。

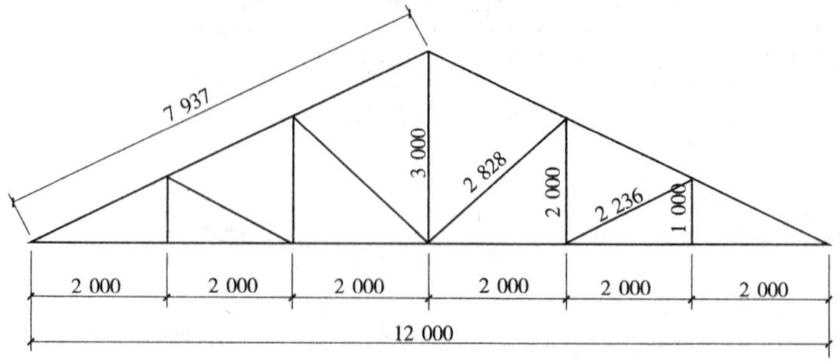

屋架立面示意

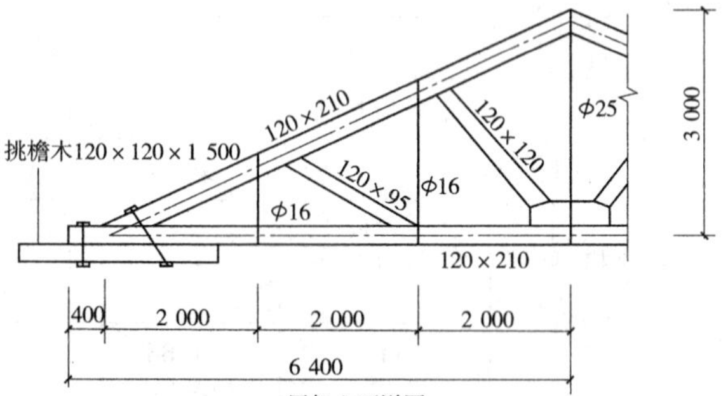

屋架立面详图

图 3-68　某木屋架详图

清单工程量：

上弦工程量 = 7. 937 × 0. 12 × 0. 21 × 2 = 0. 400(m^3)

下弦工程量 = (12 + 0. 4 × 2) × 0. 12 × 0. 21 = 0. 323(m^3)

斜撑工程量 = 2. 828 × 0. 12 × 0. 12 × 2 + 2. 236 × 0. 12 × 0. 095 × 2 = 0. 132(m^3)

挑檐木工程量 = 0. 12 × 0. 12 × 2 × 1. 5 = 0. 043(m^3)

屋架工程量 = 0. 400 + 0. 323 + 0. 132 + 0. 043 = 0. 898(m^3)

(2)编制工程量清单，如表 3-65 所示。

表 3-65　“木屋架”工程量清单表

序号	项目编码	项目名称	项目特征	计量单位	工程量
1	010701001001	木屋架	跨度 12 m；二类方木	m^3	0. 898
本页小计					
合计					

(3)分析“木屋架”清单项目综合单价。

划分计价项目：木屋架制作安装。

计价项目工程量：0. 898 m^3。

分析综合单价：

“木屋架制作安装”套(5 - 40)“跨度 10 m 以上，方木屋架”定额子目；

“木屋架”综合单价 = 221. 45 + 2 165. 22 + 24. 26 + 212. 65 = 2 623. 58(元/m^3)。

综合单价分析表见表 3-66。

表 3-66 “木屋架”清单项目综合单价分析表

项目编码	010701001001			项目名称		木屋架		计量单位		m^3	
清单综合单价组成明细											
定额编号	定额名称	定额单位	数量	单价				合价			
				人工费	材料费	机械费	管理费和利润	人工费	材料费	机械费	管理费和利润
5－40	木屋架	m^3	1	221.45	2 165.22	24.26	212.65	221.45	2 165.22	24.26	212.65
人工单价		小计						221.45	2 165.22	24.26	212.65
43 元/工日		未计价材料费									
清单项目综合单价								2 623.58			
材料费明细	主要材料名称、规格、型号			单位		数量		单价（元）	合价（元）	暂估单价（元）	暂估合价（元）
	板方木材			m^3		1.06		1 550	1 643		
	铁件			kg		99		5.2	514.8		
	材料费小计								2 157.8		

（4）形成工程量清单计价表。将综合单价填入表中，再用清单工程量乘以综合单价计算出合价，填入表中，形成计价表，如表 3-67 所示。

表 3-67 “木屋架”工程量清单计价表

序号	项目编码	项目名称	项目特征	计量单位	工程量	金额（元）		
						综合单价	合价	其中：暂估价
1	010701001001	木屋架	1. 跨度 12 m 2. 二类方木	m^3	0.898	2 623.58	2 355.97	
本页小计							2 355.97	
合计							2 355.97	

3.8 门窗工程

本分部工程包括的内容有木门、金属门、金属卷帘门、厂库房大门、特种门、其他门、木窗、金属窗、门窗套、窗台板、窗帘、窗帘盒、轨等工程。

3.8.1 清单项目及工程量计算

3.8.1.1 清单项目

《建装计量规范》附录 H.1 ~ 附录 H.10 列出了门窗工程各工程的清单项目。

(1)木门清单项目有一般木质门、木质门带套、木质连窗门、木质防火门、木门框、门锁安装等,其中一般木质门又按门扇的构造不同分为镶板木门、企口木板门、实木装饰门、胶合板门、夹板装饰门、木纱门、全玻门(带木质扇框)、木质半玻门(带木质扇框)等不同项目。

木材按树种分为四类,见表 3-64。

(2)金属门清单项目有一般金属(塑钢)门、彩板门、防火门、防盗门等。其中,一般金属门又按开启方式不同分为平开门、推拉门、地弹门;按玻璃的面积含量分为全玻门(带金属扇框)、半玻门(带扇框)等不同项目。

在同一门窗上装玻璃和镶板(钉板),玻璃面积大于或等于镶板(钉板)面积的二分之一者,称为半玻门;在同一门窗上无镶板(钉板)全部装玻璃者称为全玻门。

(3)金属卷帘门清单项目有一般卷帘门、防火卷帘门。

(4)厂库房大门、特种门清单项目有木板大门、钢木大门、全钢板大门、防护铁丝门、金属格栅门、钢质花饰大门、特种门等,其中特种门又按功能分为冷藏门、冷冻间门、保温门、变电室门、隔音门、防射电门、人防门、金库门等不同项目。

(5)其他门清单项目有平开电子感应门、旋转门、电子对讲门、电动伸缩门、全玻自由门、镜面不锈钢饰面门、复合材料门等。

(6)木窗清单项目有普通木质窗、木飘窗、木橱窗、木纱窗等,其中普通木质窗又分为百叶窗、组合窗、天窗、固定窗、装饰空花窗等不同项目。

(7)金属窗清单项目有金属窗(组合窗、防盗窗)、防火窗、百叶窗、纱窗、格栅窗、橱窗、飘窗、彩板窗、复合材料窗等。

(8)门窗套清单项目有木门窗套、筒子板、饰面夹板筒子板、金属门窗套、石材门窗套、门窗木贴脸、成品木门窗套等。门窗套示意如图 3-69 所示。

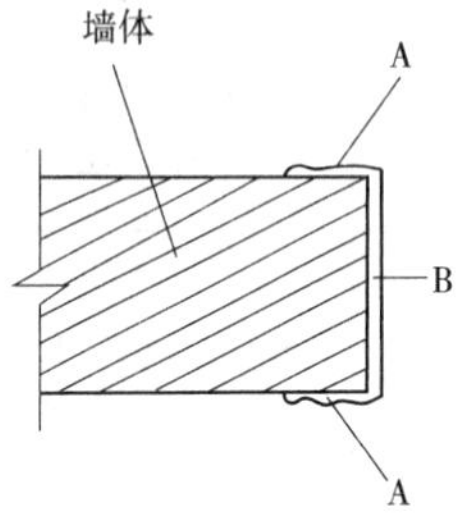

A—门窗贴脸;B—筒子板;A + B—门窗套

图 3-69 门窗套示意

(9)窗帘、窗帘盒、轨清单项目有窗帘、木窗帘盒、装饰面夹板、塑料窗帘盒、铝合金窗帘盒、窗帘轨等。

本分部具体列项通常应以《建装计量规范》的附录 H 的项目划分方法,结合工程的具体情况,考虑门窗类型、材料做法、断面尺寸、开启方式、是否有亮及带纱等不同构造特点分开列项。

3.8.1.2 工程量计算

工程量应按《建装计量规范》的附录 H 的清单项目中工程量计算规则进行计算。常用门窗工程的清单项目工程量计算规则见表 3-68。

表 3-68　木门窗工程计算规则

模式	项目名称	计量单位	计算规则	工程内容
清单项目 1	木门、木窗	樘/m^2	按设计图示数量或设计图示洞口尺寸以面积计算	1. 门窗制作、运输、安装 2. 五金、玻璃安装
定额项目	木门、木窗制作安装	m^2	按设计图示门窗洞口尺寸以面积计算	门窗框、扇、亮制作安装,装配玻璃及小五金(门扇按成品购置)
	纱门、纱窗扇制作安装	m^2	按开启门扇、窗扇的面积计算	纱门、纱窗扇制作安装及小五金等
	纱门、纱窗亮扇制作安装	m^2	按开启门亮扇、窗亮扇面积计算	纱门、纱窗亮子制作安装及小五金等
	特殊五金安装	个	按设计图示数量计算	特殊五金安装
清单项目 2	金属门窗	樘/m^2	按设计图示数量或设计图示洞口尺寸以面积计算	1. 成品门窗安装 2. 五金、玻璃安装
定额项目	金属门窗安装	m^2	按设计图示门窗洞口尺寸以面积计算	成品门窗安装(含五金、配件)
	纱门、纱窗扇安装	m^2	按开启门扇、窗扇的面积计算	成品纱门、纱窗扇安装
	纱门、纱窗亮扇安装	m^2	按开启门亮扇、窗亮扇面积计算	成品纱门、纱窗亮子安装
清单项目 3	金属卷帘门	樘/m^2	按设计图示数量或设计图示洞口尺寸以面积计算	1. 成品门运输、安装 2. 启动装置、活动小门、五金安装
定额项目	成品卷帘门安装	m^2	按设计图示门窗洞口尺寸以面积计算,扣除卷帘门中小门的面积	金属卷帘门安装
	电动装置安装	套	以安装电动装置的数量计算	电动装置安装
	活动小门安装	个	以小门数量计算	小门安装

续表 3-68

模式	项目名称	计量单位	计算规则	工程内容
清单项目 4	厂库房大门、特种门	樘/m^2	按设计图示数量或设计图示洞口尺寸以面积计算	1. 门制作、运输、安装(特种门按成品购置安装) 2. 五金安装
定额项目	门制作安装	t/樘/m^2	全钢板大门制作安装按设计图示洞口尺寸以质量计算 成品人防门安装工程量以数量计算;其他均以设计图示尺寸以框外围面积,无框者按扇外围面积计算	门扇制作、运输、安装 五金安装或成品特种门安装
清单项目 5	门窗套、门窗贴脸、窗帘盒、轨、筒子板、窗台板	樘/m^2/m	按设计图示数量或设计图示洞口尺寸以展开面积或以设计图示中心长度计算	1. 清理基层 2. 立筋制作安装 3. 基层板安装 4. 面层铺设 5. 线条安装 6. 刷防护材料
定额项目	门窗套、门窗贴脸、窗帘盒、轨、窗台板、筒子板制作安装	m/m^2	门窗套、门窗贴脸、窗帘盒、轨按设计图示门窗洞口尺寸以长度计算,窗台板、筒子板按设计图示尺寸以展开面积计算	选料、制作、安装、立木筋、对缝、钉压条、刷防腐油
	油漆	m^2	按设计图示尺寸以面积计算	刷防护材料

3.8.2 工程量清单计价

3.8.2.1 编制工程量清单

工程量清单五内容结合工程实际按照《建装计量规范》附录 H 中规定进行编制。

本分部清单项目编码的前 9 位数字以 01－08－01～08－001～×××表示。01 表示建筑与装饰工程,08 表示门窗专业工程,01～08 表示木门、金属门、木窗、金属窗、门窗套、窗帘、窗帘盒、轨等分部工程顺序,001～×××表示不同材料和构造特点的分项工程。

3.8.2.2 确定清单项目综合单价

(1)列出工程量清单项目所对应的定额计价项目。根据《河南省 08 综合单价》计价定额规定,各清单项目所对应的定额计价项目如表 3-68 所示的定额项目。

(2)计算计价项目工程量。《河南省 08 综合单价》中规定的各计价项目的工程量计算规则如表 3-68 所示的定额项目所对应的计算规则。

具体说明如下：

①窗帘盒、窗帘轨长度设计未注明时，可按窗洞口宽度两边共加 300 mm 计算。窗帘及装饰布若中双层则分别计算展开面积。

②窗台板制作安装设计图示尺寸未注明时，长度可按窗洞口宽度两边共加 100 mm 计算，挑出墙面外的宽度按 50 mm 计算。

③无框玻璃门指无铝合金框，如带固定亮子无框(上亮、侧亮)，工程量按设计图示尺寸以门窗洞口面积计算；硬木门窗扇均以扇的净面积计算。

④硬木门窗扇与框应分别列项计算工程量，硬木门窗框按设计图示尺寸以门窗洞口面积计算；硬木门窗扇均以扇的净面积计算。

⑤玻璃、百叶面积占其门扇面积一半以内者应为半玻门或半百叶门，超过一半时应为全玻门或全百叶门。(注意定额划分与清单的划分不同)

⑥镜面不锈钢、镜面玻璃、镜面镀锌铁皮包门框按设计图示尺寸以展开面积计算(不计算咬口面积)。

⑦镜面不锈钢、镜面镀锌铁皮、人造革包门窗扇、切片皮、塑料装饰面、装饰三合板贴门扇面均按门窗扇的单面面积计算。

⑧镀锌铁皮包木材面按设计图示尺寸以展开面积计算。

(3)套用取费定额分析计算清单项目的人工费、材料费、管理费和利润，计算清单项目的综合单价，填写工程量清单项目综合单价分析表(见表 1-2)。

本分部的定额取费使用说明摘要如下：

①木门窗计价时要考虑扇数、有无上亮等条件不同进行计价。

②木门窗木材种类定额均以一、二类木种为准；若采用三、四类木种，分别乘以下列系数：木门窗制作，人工和机械乘以系数 1.3；木门窗安装，人工和机械乘以系数 1.16。

③定额中所注木材断面或厚度以毛料为准。如设计图纸所注明尺寸为净料，应增加刨光损耗，单面刨光增加 3 mm，双面刨光增加 5 mm。凡设计规定的木材断面或厚度与定额不符时，可按断面比例换算木材用量。

④对成品门窗安装取定价与施工合同约定价格不同时，可以调整。外购的门窗运费可计入成品价格内。其中，安装子目中的门窗含量与设计图示用量不同时，可以调整含量，其他不变。

⑤木门窗子目中的大五金是指特殊拉手、弹簧、合页、L 形、T 形铁及门锁等较为贵重的五金及业主认为应单独列项的特殊五金。铝合金门窗制作安装项目中，包括五金配件。

⑥本分部是按机械和手工操作综合考虑的，不论实际采取何种操作方法，不得换算。

⑦玻璃厚度、颜色、密封油膏、软填料，如设计与定额不同可以调整。

⑧镀锌铁皮、镜面不锈钢、人造革包门窗扇及切片皮、塑料装饰面、装饰三合板贴门扇面均按双面考虑，如设计为单面包贴，相应子目乘以系数 0.67。

【例 3-19】 某门工程采用带亮单扇杉木镶板门(框断面尺寸为 70 mm×90 mm)，共 20 樘，洞口尺寸为 1 000 mm×2 700 mm，安装球形执手锁。若门刷底油一遍，调和漆两遍，试编制门工程的工程量清单计价表。

解 1.列清单项目名称并计算清单工程量

(1)清单项目:木质门(根据清单项目分类知镶板门是木质门的分类)、门锁安装。

(2)清单工程量:

“木质门”为20(樘)或 $20\times1.0\times2.7=54(m^2)$;

“门锁安装”为20个。

2. 编制工程量清单

编制工程量清单,如表3-69所示。

表3-69 “门”工程量清单表

序号	项目编码	项目名称	项目特征	计量单位	工程量
1	010801001001	木质门	镶板门,洞口尺寸为1.0 m×2.7 m 框截面尺寸为70 mm×90 mm 单扇带亮 刷底油一遍,调和漆两遍	m^2	54
2	010801006001	门锁安装	球形执手锁	个	20
本页小计					

3. 编制工程量清单计价表

1)分析“木质门”清单项目综合单价

(1)划分计价项目(2项):门框及上亮制作安装、门扇安装,木门油调和漆两遍。

(2)计价项目工程量。

“门框及上亮制作安装、门扇安装”工程量:$20\times1.0\times2.7=54(m^2)$;

“木门油调和漆两遍”工程量为54 m^2。

(3)分析综合单价。

“门框及上亮制作安装、门扇安装”套B(4-3)“有亮单扇普通木门”定额子目,但设计门框断面(70 mm×90 mm)与定额(58 cm^2)不同,要按照使用说明中的第3条对其中的门框制作项目的材料用量进行调整,换算后的材料费为

$13\ 728.77+[(7+0.3)\times(9+0.5)/58-1]\times2.095\times(1\ 550+59.38)=14\ 388.57$(元/100 m^2)

“木门油调和漆两遍”套B(5-1)。

把清单项目所对应的计价项目的取费定额子目号、计量单位、数量和相应人工费、材料费、管理费和利润单价填入表中,然后用数量乘以相应的单价填入表3-70中的合价栏,再对合价部分进行竖向求和。

“木质门”综合单价 $=(1\ 448+8\ 212.42+79.74+923.32)/20=533.17$(元/樘)

或 $=(1\ 448+8\ 212.42+79.74+923.32)/54=197.47$(元/$m^2$)

表 3-70 “木质门”综合单价分析表

项目编码	010801001001		项目名称			木质门		计量单位		m²	
清单综合单价组成明细											
定额编号	定额名称	定额单位	数量	单价				合价			
				人工费	材料费	机械费	管理费和利润	人工费	材料费	机械费	管理费和利润
B(4－3)换	有亮单扇普通木门	100 m²	0.54	1 806.43	14 388.57	147.66	1 058.65	975.47	7 769.83	79.74	571.67
B(5－1)	木门油调和漆两遍	100 m²	0.54	875.05	819.61	—	651.20	472.53	442.59	0	351.65
人工单价		小计						1 448	8 212.42	79.74	923.32
43 元/工日		未计价材料费									
清单项目综合单价								197.47			
材料费明细	主要材料名称、规格、型号			单位		数量		单价（元）	合价（元）	暂估单价（元）	暂估合价（元）
	板方木材 70 mm×90 mm			m³		0.025		1 609.38	40.23		
	板方木材（27 cm²）			m³		0.004 76		1 609.38	7.66		
	木门扇成品			m²		0.679		125	84.88		
	板方木材综合规格			m³		0.002 95		1 550	4.57		
	平板玻璃 3 mm			m²		0.132 55		12	1.59		
	无光调和漆			kg		0.249 6		15	3.74		
	调和漆			kg		0.220 1		13	2.86		
材料合计									145.53		

2）分析“门锁安装”清单项目综合单价（略）

4. 形成工程量清单计价表

将综合单价填入表中，再用清单工程量乘以综合单价计算出合价，填入表中，形成工程量清单计价表，如表 3-71 所示。

表 3-71 “门”工程量清单计价表

序号	项目编码	项目名称	项目特征	计量单位	工程量	金额		
						综合单价（元）	合价（元）	其中:暂估价
1	010801001001	木质门	1. 镶板门,洞口尺寸 1.0 m×2.7 m 2. 框截面尺寸为 70 mm×90 mm 3. 带亮单扇 4. 刷底油一遍,调和漆两遍	m^2	54	197.47	10 663.38	
本页小计							10 663.38	
合计							10 663.38	

习 题

某工程有单扇木内门 40 樘,洞口尺寸为 800 mm×2 100 mm;带纱门木入户门 20 樘,门框断面面积为 67.5(75 mm×90 mm)cm^2,洞口尺寸为 900 mm×2 400 mm;双扇木内玻璃窗 20 樘,洞口尺寸为 1 200 mm×600 mm;三扇带纱木外窗 40 樘,洞口尺寸为 1 500 mm×1 800 mm,二扇带纱塑钢窗 60 樘,洞口尺寸为 1 800 mm×2 400 mm。木门窗油漆均为:刮腻子、磨光、底油一遍,调和漆两遍。内门窗油漆颜色均为乳黄色,外门窗内面为乳黄色、外面为棕红色。试编制门窗工程量清单计价表。

3.9 屋面及防水工程

本分部工程包括的内容有瓦、型材及其他屋面,屋面防水及其他,墙面防水、防潮,楼(地)面防水、防潮等工程。

3.9.1 清单项目及工程量计算

3.9.1.1 清单项目

《建装计量规范》附录 J.1 ~ 附录 J.4 列出了屋面及防水各工程的清单项目。

(1)瓦、型材及其他屋面的清单项目有瓦屋面、型材屋面、阳光板屋面、玻璃钢屋面、膜结构屋面。

瓦屋面项目适用于小青瓦、平瓦、筒瓦、玻璃钢波形瓦等材料做的屋面，型材屋面项目适用于压型钢板、金属压型夹心板、阳光板、玻璃钢等屋面。

瓦屋面若是在木基层上铺瓦，项目特征不必描述黏结层砂浆的配合比，瓦屋面铺防水层，按屋面防水及其他中相关项目编码列项。

型材屋面、阳光板屋面、玻璃钢屋面的柱、梁、屋架，按照《建装计量规范》的附录 F 金属结构工程、附录 G 木结构工程中相关项目编码列项。

(2)屋面防水及其他的清单项目有屋面卷材防水、屋面涂膜防水、屋面刚性层、屋面排水管、屋面排(透)气管、屋面(廊、阳台)泄(吐)水管、屋面天沟檐沟、屋面变形缝。

屋面防水按防水材料的不同，分为屋面卷材防水、屋面涂膜防水、屋面刚性防水三大类。屋面卷材防水常采用油毡为主要防水材料，石油沥青玛琋脂为胶结材料；涂膜防水是指在基层上涂刷防水涂料，经固化后形成具有防水效果的薄膜；屋面刚性防水适用于细石混凝土、补偿收缩混凝土、块体混凝土、预应力混凝土和钢纤维混凝土等刚性防水屋面。

屋面刚性层无钢筋，其钢筋项目特征不必描述。

屋面排水管分别按不同材质、不同直径进行列项。

屋面找平层按《建装计量规范》的附录 L 楼地面装饰工程“平面砂浆找平层”项目编码列项。

屋面保温找平层按《建装计量规范》的附录 K 保温、隔热、防腐工程“保温隔热屋面”项目编码列项。

(3)墙面防水、防潮的清单项目有墙面卷材防水、墙面涂膜防水、墙面砂浆防水(防潮)、屋面变形缝。

墙面找平层按《建装计量规范》的附录 M 墙柱面装饰工程“立面砂浆找平层”项目编码列项。

(4)楼(地)面防水、防潮的清单项目有楼(地)面卷材防水、楼(地)面涂膜防水、墙楼(地)面砂浆防水(防潮)、楼(地)面变形缝。

楼(地)面找平层按《建装计量规范》的附录 L 楼地面装饰工程“平面砂浆找平层”项目编码列项。

本分部具体列项通常按《建装计量规范》的附录 J 的项目划分方法，结合工程的具体情况，以不同的型材或瓦屋面、防水防潮位置、防水材料、排水方式等构造特点分开列项。

3.9.1.2 工程量计算

工程量应按《建装计量规范》的附录 J 的清单项目中的工程量计算规则进行计算。常用屋面及防水工程的清单项目工程量计算规则见表 3-72 ~ 表 3-74。

表 3-72　瓦、型材屋面工程量计算规则

<table>
<tr><th>模式</th><th>项目名称</th><th>计量单位</th><th>计算规则</th><th>工程内容</th></tr>
<tr><td>清单项目 1</td><td>瓦屋面</td><td rowspan="2">m²</td><td rowspan="2">按设计图示尺寸以斜面积计算
不扣除房上烟囱、风帽底座、风道、小气窗、斜沟等所占面积。小气窗的出檐部分不增加面积</td><td>1. 砂浆制作、运输、摊铺、养护
2. 安瓦、作瓦脊</td></tr>
<tr><td rowspan="3">定额项目</td><td>铺瓦屋面</td><td>调制砂浆、安瓦</td></tr>
<tr><td>脊瓦</td><td rowspan="2">m</td><td rowspan="2">按设计图示尺寸以长度计算</td><td>安玻璃脊瓦</td></tr>
<tr><td>瓦檐</td><td>安玻璃瓦檐口</td></tr>
<tr><td>清单项目 2</td><td>型材屋面</td><td>m²</td><td rowspan="2">按设计图示尺寸以斜面积计算
不扣除房上烟囱、风帽底座、风道、小气窗、斜沟等所占面积。小气窗的出檐部分不增加面积</td><td>1. 檩条制作、运输、安装
2. 屋面型材安装
3. 接缝、嵌缝</td></tr>
<tr><td rowspan="2">定额项目</td><td>型材屋面</td><td>m²</td><td>型材屋面制作、拼装、安装</td></tr>
<tr><td>檩条</td><td>m³/t</td><td>木檩条按设计图示尺寸以竣工木料体积计算
钢檩条按设计图示尺寸以质量计算</td><td>制作、安装檩木</td></tr>
</table>

表 3-73　屋面防水及排水工程量计算规则

<table>
<tr><th>模式</th><th>项目名称</th><th>计量单位</th><th>计算规则</th><th>工程内容</th></tr>
<tr><td>清单项目 1、清单项目 2</td><td rowspan="2">屋面卷材防水
屋面涂膜防水</td><td rowspan="2">m²</td><td rowspan="2">按设计图示尺寸以面积计算
1. 斜屋顶(不包括平屋顶找坡)按斜面积计算,平屋顶按水平投影面积计算
2. 不扣除房上烟囱、风帽底座、风道、屋面小气窗和斜沟所占面积
3. 屋面的女儿墙、伸缩缝和天窗等处的弯起部分,并入屋面工程量内</td><td rowspan="2">1. 基层处理
2. 刷基层处理剂
3. 铺涂防水层</td></tr>
<tr><td>定额项目</td></tr>
</table>

续表 3-73

<table>
<tr><th>模式</th><th>项目名称</th><th>计量单位</th><th>计算规则</th><th>工程内容</th></tr>
<tr><td>清单项目 3</td><td>屋面刚性层</td><td rowspan="2">m^2</td><td rowspan="2">按设计图示尺寸以面积计算
不扣除房上烟囱、风帽底座、风道等所占面积</td><td>1. 基层处理
2. 混凝土制作、运输、铺筑、养护
3. 钢筋制作安装</td></tr>
<tr><td rowspan="3">定额项目</td><td>屋面刚性防水</td><td>基层处理；
混凝土铺筑、养护</td></tr>
<tr><td>混凝土现场加工或商品混凝土购置</td><td>m^3</td><td>按屋面防水所消耗的混凝土体积计算</td><td>混凝土制作、运输</td></tr>
<tr><td>钢筋</td><td>t</td><td>按设计图示尺寸以质量计算</td><td>钢筋制作、安装</td></tr>
<tr><td>清单项目 4</td><td>屋面排水管</td><td rowspan="2">m</td><td rowspan="2">按设计图示尺寸以长度计算
如设计未标注尺寸，以檐口至设计室外散水上表面垂直距离计算</td><td>1. 排水管及配件安装、固定
2. 雨水斗、山墙出水口、雨水箅子安装
3. 接缝、嵌缝
4. 刷漆</td></tr>
<tr><td rowspan="5">定额项目</td><td>屋面排水管</td><td>制作安装排水管及配件</td></tr>
<tr><td>落水口</td><td rowspan="3">个</td><td rowspan="3">按设计图示数量计算</td><td>制作安装出水口</td></tr>
<tr><td>水斗</td><td>制作安装雨水斗</td></tr>
<tr><td>弯头</td><td>制作安装弯头</td></tr>
<tr><td>油漆</td><td>m^2</td><td>按设计图示尺寸以展开面积计算</td><td>刷漆</td></tr>
<tr><td>清单项目 5</td><td>屋面排(透)气管</td><td rowspan="2">m</td><td rowspan="2">按设计图示尺寸以长度计算</td><td>1. 排(透)气管及配件安装、固定
2. 铁件制作、安装
3. 接缝、嵌缝
4. 刷漆</td></tr>
<tr><td rowspan="3">定额项目</td><td>屋面排(透)气管</td><td>排(透)气管及配件安装、固定</td></tr>
<tr><td>铁件</td><td>t</td><td>按设计图示尺寸以质量计算</td><td>铁件制作、安装</td></tr>
<tr><td>油漆</td><td>m^2</td><td>按设计图示尺寸以展开面积计算</td><td>刷漆</td></tr>
</table>

续表 3-73

模式	项目名称	计量单位	计算规则	工程内容
清单项目 6	屋面(廊、阳台)泄(吐)水管	根(个)	按设计图示数量计算	1. 水管及配件安装、固定 2. 接缝、嵌缝 3. 刷漆
定额项目	屋面(廊、阳台)泄(吐)水管	根(个)	按设计图示数量计算	水管及配件安装、固定
	油漆	m^2	按设计图示尺寸以展开面积计算	刷漆
清单项目 7	屋面天沟、檐沟	m^2	按设计图示尺寸以展开面积计算	1. 天沟材料铺设 2. 天沟配件安装 3. 接缝、嵌缝 4. 刷防护材料
定额项目	屋面天沟、檐沟	m^2	按设计图示尺寸以面积计算 铁皮按展开面积计算	天沟材料铺设 天沟配件安装 接缝、嵌缝
	油漆		按设计图示尺寸以展开面积计算	刷防护材料

表 3-74 墙面、楼面(地)面防水、防潮工程量计算规则

模式	项目名称	计量单位	计算规则	工程内容
清单项目 1 清单项目 2 清单项目 3	卷材防水 涂膜防水 砂浆防水(防潮)	m^2	墙面防水:按设计图示尺寸以面积计算 楼(地)面防水:按主墙间净空面积计算,扣除凸出地面的构筑物、设备基础等所占面积,不扣除间壁墙及单个面积 $\leq 0.3\ m^2$ 的柱、垛、烟囱和孔洞所占面积 楼(地)面防水反边高度 ≤ 300 mm 算作地面防水,反边高度 >300 mm 按墙面防水计算	1. 基层处理 2. 刷粘贴剂、基层处理剂 3. 铺防水层 4. 接缝、嵌缝
定额项目				

续表 3-74

模式	项目名称	计量单位	计算规则	工程内容
清单项目 4	变形缝	m	按设计图示尺寸以长度计算	1. 清缝 2. 填防水材料 3. 止水带安装 4. 盖缝制作安装 5. 刷防护材料
定额项目	嵌缝	m	按设计图示以长度计算	清缝; 填防水材料
	止水带			止水带制作安装
	盖缝			盖缝制作安装
	刷油	m^2	按设计图示尺寸以展开面积计算	刷防护材料

注:1. 变形缝规则也适合屋面变形缝。墙面变形缝(伸缩缝)按设计图示尺寸以长度计算。若做双面,工程量按双面计算,即工程量乘以 2。

2. 墙面防水搭接及附加层用量不另行计算,在综合单价中考虑。

3. 墙面找平层按《建装计量规范》的附录 M 墙柱面装饰工程"立面砂浆找平层"项目编码列项。

计算公式说明如下:

(1)坡屋面:斜面积的计算方法为水平投影面积乘以表 3-75 中的延尺系数。其中,$C=\frac{1}{\cos\alpha}=\sqrt{1+\tan^2\alpha}$。

表 3-75 屋面坡度系数

坡高 B ($A=1$)	坡度 $B/2A$	坡度角度 (α)	延尺系数 C ($A=1$)	隅延尺系数 D ($A=1$)
1	1/2	45°	1.414 2	1.732 1
0.75		36°52′	1.250 0	1.600 8
0.70		35°	1.220 7	1.578 0
0.666	1/3	33°40′	1.201 5	1.563 2
0.65		33°01′	1.192 7	1.556 4
0.60		30°58′	1.166 2	1.536 2
0.577		30°	1.154 7	1.527 5
0.55		28°49′	1.141 3	1.517 4
0.50	1/4	26°34′	1.118 0	1.500 0
0.45		24°14′	1.096 6	1.484 1
0.40	1/5	21°48′	1.077 0	1.469 7

续表 3-75

坡高 B ($A=1$)	坡度 $B/2A$	坡度角度 (α)	延尺系数 C ($A=1$)	隅延尺系数 D ($A=1$)
0.35		19°17′	1.059 4	1.456 9
0.30		16°42′	1.044 0	1.445 7
0.25	1/8	14°02′	1.030 8	1.436 1
0.20	1/10	11°19′	1.019 8	1.428 3
0.15		8°32′	1.011 2	1.422 1
0.125	1/16	7°8′	1.007 8	1.419 7
0.100	1/20	5°42′	1.005 0	1.417 7
0.083	1/24	4°45′	1.003 4	1.416 6
0.066	1/30	3°49′	1.002 2	1.415 8

坡度系数各字母含义示意如图 3-70 所示。

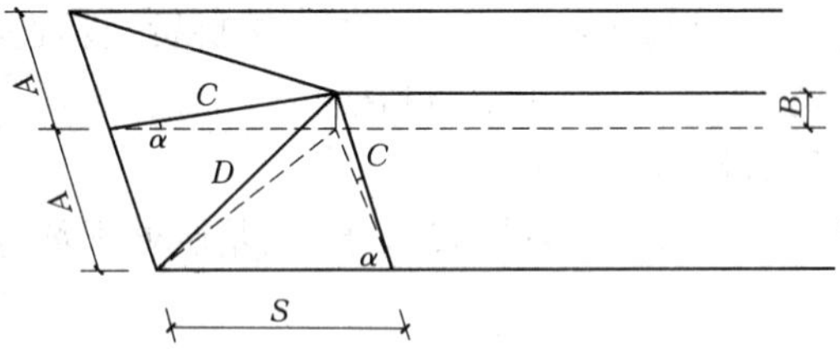

图 3-70 坡度系数各字母含义示意

两坡排水屋面斜脊长度 $=A \cdot D$（当 $S=A$ 时），其中隅延尺系数 $D=\sqrt{2+\tan^2\alpha}$ 或 $D=\sqrt{1+C^2}$。沿山墙泛水长度 $=A \cdot C$。

（2）屋面防水层在女儿墙、伸缩缝和天窗等处的弯起部分，按图示尺寸计算，如图纸无规定，伸缩缝、女儿墙的弯起部分可按 250 mm 计算；天窗弯起部分可按 500 mm 计算，如图 3-71、图 3-72 所示。

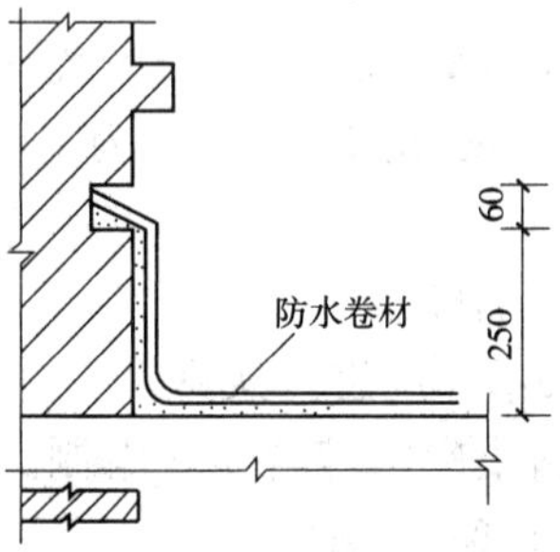

图 3-71 女儿墙弯起部分示意

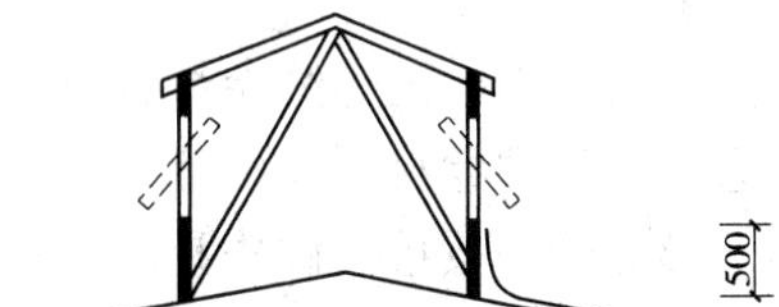

图 3-72 天窗弯起部分示意

3.9.2 工程量清单计价

3.9.2.1 编制工程量清单

工程量清单五内容结合工程实际按照《建装计量规范》附录 J 中规定进行编制。

本分部清单项目编码的前 9 位数字以 01－09－01～04－001～×××表示。01 表示建筑与装饰工程,09 表示屋面及防水专业工程,01～04 表示瓦、型材及其他屋面,屋面防水及其他,墙面防水、防潮,楼(地)面防水、防潮等分部工程顺序,001～×××表示不同材料和构造特点的分项工程。

3.9.2.2 确定清单项目综合单价

(1)列出工程量清单项目所对应的定额计价项目。按清单项目所对应的工作内容与计价性定额中的工作内容相比,列出应用取费定额进行计价的项目。根据《河南省 08 综合单价》计价定额规定,各清单项目所对应的定额计价项目如表 3-72～表 3-74 所示的定额项目。

(2)计算计价项目工程量。按取费定额所规定的计算规则进行计算,应考虑施工中的各种损耗和需要增加的工程量或将施工中的各种损耗和需要增加的费用考虑在计价的相应单价内。《河南省 08 综合单价》中规定的各计价项目的工程量计算规则如表 3-72～表 3-74 所示的定额项目所对应的计算规则。

(3)套用取费定额分析计算清单项目的人工费、材料费、管理费和利润,计算清单项目的综合单价,填写工程量清单项目综合单价分析表。

本分部的定额取费使用说明摘要如下:

①各类防水卷材的附加层、接缝、收头、冷底子油、基层处理剂等工料均已计入相应子目内,不另计算。

②各种瓦屋面中瓦的规格与本分部不同时,瓦材、挂瓦条数量可以换算,其他不得调整。琉璃瓦屋脊处的走兽、合角吻,根据实际情况另行处理。

③卷材屋面中除干铺聚氯乙烯防水卷材、防水柔毡、SBC120 复合卷材外,均包括刷冷底子油一道。如设计规定不刷冷底子油,按本分部地面涂膜防水子目,减去刷冷底子油的工料数量。油毡收头的材料,已包括在其他材料费内,不另计算。

④屋面防水如设计要求单独刷冷底子油或增加道数,可执行本分部地面涂膜防水中的相应子目。

⑤屋面上做块料防护面层时,执行装饰装修工程 B. 1 分部中的相应子目。

⑥小波玻璃钢瓦的厚度与定额子目不同时,综合单价不变,瓦材价差在材差中调整。

⑦氯丁冷胶“二布三涂”项目,其“三涂”是指涂料构成防水层数并非指涂刷遍数;每一层“涂层”刷二遍至数遍不等。

⑧防水层表面刷丙烯酸涂料,执行 B. 5 分部中的相应子目。

⑨卷材子目中卷材厚度设计要求不符时,可按设计要求厚度进行换算。

⑩变形缝分别按单项做法和河南省标准图集 05YJ 图集中的综合做法编制。变形缝子目中的断面如与设计断面不符,材料可按比例调整,其他不变。

【例 3-20】 试计算如图 3-73 所示屋面防水工程的综合单价费。已知女儿墙厚度为 240 mm、高度为 600 mm,排水系统采用铸铁落水管 10 个,详图如图 3-74 所示。

屋面做法如下:

(1)3 mm 厚高聚物改性沥青卷材防水层(满铺)。

(2)30 mm 厚 1∶3水泥砂浆找平层。

(3)1∶8水泥炉渣找坡,最薄处 30 mm 厚。

(4)钢筋混凝土结构层。

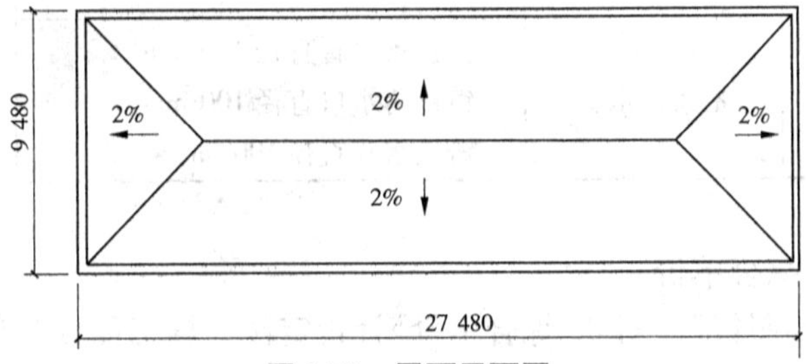

图 3-73 屋面平面图

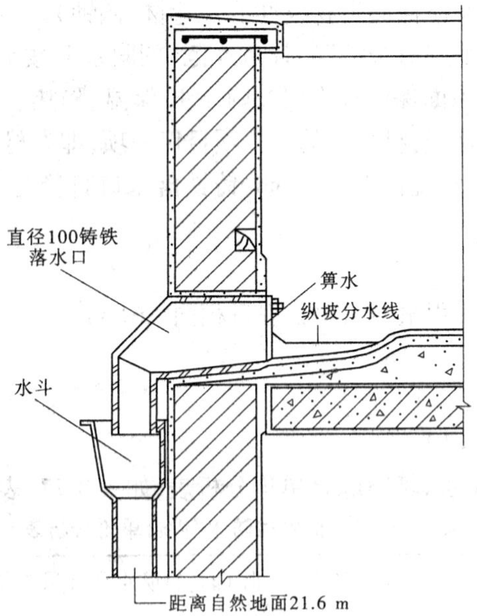

图 3-74 屋面排水示意

解 1. 列清单项目名称并计算清单工程量

(1)列清单项目名称:屋面卷材防水、屋面排水管。

(2)计算清单工程量。

屋面卷材防水:

女儿墙处起弯高度按设计尺寸计算,设计未给出时,按弯起 250 mm 计算。

清单工程量 $=(9.48-0.24\times2)\times(27.48-0.24\times2)+(9+27)\times2\times0.25=261(m^2)$

屋面排水管:

清单工程量 $=21.6\times10=216(m)$

(3)编制分部分项工程量清单,如表 3-76 所示。

表 3-76　分部分项工程量清单表

序号	项目编码	项目名称	项目特征	计量单位	工程量
1	010902001001	屋面卷材防水	3 mm 厚高聚物改性沥青卷材防水层(满铺)	m^2	261
2	010902004001	屋面排水管	铸铁落水管直径 100 mm 铸铁落水口直径 100 mm 铸铁水斗直径 100 mm	m	216

2. 分析清单项目综合单价

根据实际情况,参照《河南省 08 综合单价》计价定额计算工程量并套价分析。

(1)划分计价项目。

屋面卷材防水:3 mm 厚屋面高聚物改性沥青卷材(满铺);

由于屋面做法中的找平层需按《建装计量规范》的附录 L 楼地面装饰工程“平面砂浆找平层”项目单独编码列项,屋面保温找平层按附录 K 保温、隔热、防腐工程“保温隔热屋面”项目单独编码列项,所以屋面卷材防水的计价项目仅一项,即卷材防水层。

屋面排水管:铸铁落水管直径为 100 mm、铸铁落水口直径为 100 mm、铸铁水斗直径为 100 mm。

(2)计价项目工程量。

屋面卷材防水的计价工程量与清单工程量相同:261 m^2

铸铁落水管计价工程量 = 216 m

铸铁落水口计价工程量 = 10 个

铸铁水斗计价工程量 = 10 个

(3)套定额计算综合单价,填写综合单价分析表,如表 3-77、表 3-78 所示。

表 3-77　“屋面卷材防水”综合单价分析表

项目编码	010902001001		项目名称		屋面卷材防水		计量单位				m^2
清单综合单价组成明细											
定额编号	定额名称	定额单位	数量	单价				合价			
				人工费	材料费	机械费	管理费和利润	人工费	材料费	机械费	管理费和利润
7-36	3 mm 厚屋面高聚物改性沥青卷材(满铺)	100 m^2	0.01	234.78	4 061.58	—	150.70	2.35	40.62	—	1.51
人工单价		小计						2.35	40.62	—	1.51
43 元/工日		未计价材料费									
清单项目综合单价								44.48 元			

注:数量 0.01 = 定额计价工程量/定额单位/清单工程量 = 261/100/216。

屋面卷材防水的综合单价 = 2.35 + 40.62 + 1.51 = 44.48(元/m^2)

表 3-78 “屋面排水管”综合单价分析表

项目编码	010902004001	项目名称		屋面排水管		计量单位		m			
清单综合单价组成明细											
定额编号	定额名称	定额单位	数量	单价				合价			
				人工费	材料费	机械费	管理费和利润	人工费	材料费	机械费	管理费和利润
7-96	铸铁落水管直径 100 mm	10 m	0.1	150.93	413.04	—	96.88	15.09	41.30	—	9.69
7-100	铸铁落水口直径 100 mm	10 个	0.005	172.86	431.38	—	110.95	0.86	2.16	—	0.55
7-102	铸铁水斗直径 100 mm	10 个	0.005	144.91	288.62	—	93.01	0.72	1.44	—	0.47
人工单价		小计						16.67	44.9	—	10.71
43 元/工日		未计价材料费									
清单项目综合单价								72.28 元/m			

注:表中的数量 0.1 = 216/10/216,0.005 = 10/10/216。

屋面排水管的综合单价 = 16.67 + 44.9 + 10.71 = 72.28(元/m)

3. 编制工程量清单计价表

在工程量清单基础上填入综合单价,由工程量乘以综合单价计算出合价,如表 3-79 所示。

表 3-79 分部分项工程量清单计价表

序号	项目编码	项目名称	项目特征	计量单位	工程量	综合单价(元)	合价(元)
1	010902001001	屋面卷材防水	3 mm 厚高聚物改性沥青卷材防水层(满铺)	m^2	261	44.48	11 609.28
2	010902004001	屋面排水管	铸铁落水管直径 100 mm 铸铁落水口直径 100 mm 铸铁水斗直径 100 mm	m	216	72.28	15 612.48
合计							27 221.76

习 题

1. 某四坡屋面平面图如图 3-75 所示,设计屋面坡度为 0.5($\theta = 26°34'$,坡度为 1/4)。应用屋面坡度系数计算以下数值:(1)屋面斜面积;(2)四坡屋面斜脊长度;(3)全部屋脊长度。

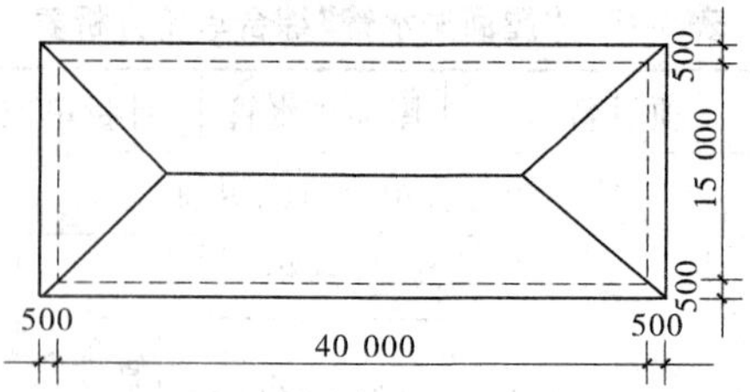

图 3-75 四坡屋面平面图

2. 试计算如图 3-76 所示屋面工程的综合单价费。图中阴影部分表示架空隔热板实铺部位。排水系统做法为 ϕ100UPVC。屋面构造做法:架空隔热板 500 mm × 500 mm × 30 mm;三毡四油防水层,冷底子油一道;20 mm 厚 1∶3水泥砂浆找平层;1∶8水泥珍珠岩,最薄处 60 mm;冷底子油一道,石油沥青玛瑺脂一道;15 厚 1∶3水泥砂浆找平层;钢筋混凝土板。

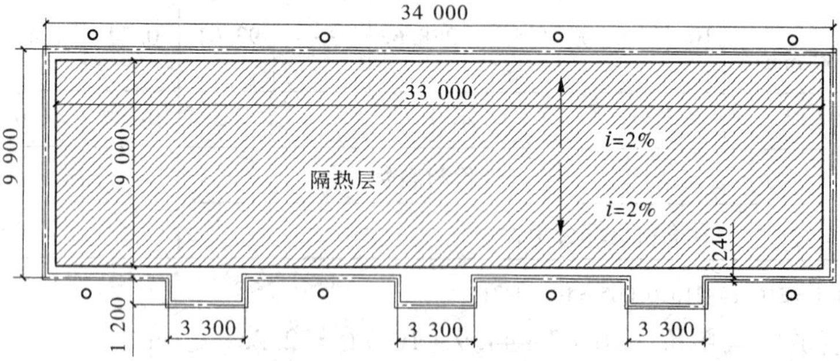

图 3-76 屋面平面图

3. 计算如图 3-77 所示外挑檐自由排水屋面的卷材防水工程综合单价费,虚线为外墙轮廓线,墙体厚度为 240 mm。

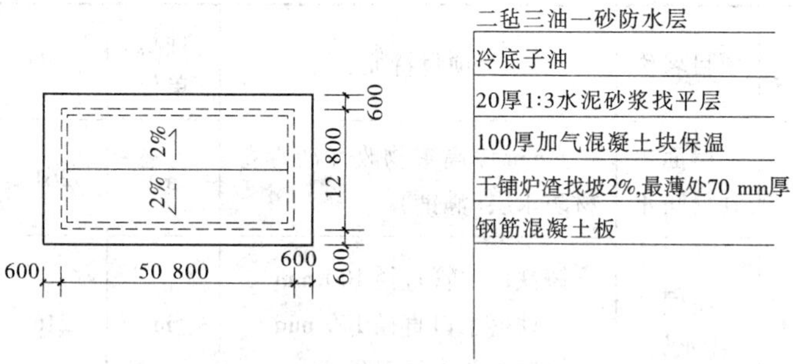

图 3-77 屋面平面图及构造做法

3.10 防腐、隔热、保温工程

本分部工程包括的内容有保温、隔热,防腐面层,其他防腐等工程。

3.10.1 清单项目及工程量计算

3.10.1.1 清单项目

《建装计量规范》附录 K.1 ~ 附录 K.3 列出了保温、隔热，防腐面层，其他防腐工程的清单项目。

保温、隔热的清单项目有保温隔热屋面、保温隔热天棚、保温隔热墙面、保温柱梁、保温隔热楼地面、其他保温隔热。

防腐面层的清单项目有防腐混凝土面层、防腐砂浆面层、防腐胶泥面层、玻璃钢防腐面层、聚氯乙烯板面层、块料防腐面层、池槽块料防腐面层。

其他防腐的清单项目有隔离层、砌筑沥青浸渍砖、防腐涂料。

防腐面层要按防腐材料和平面、立面的不同分开进行列项。隔热、保温要区分不同的保温部位和保温材料的不同分开进行列项。

本分部工程具体列项通常应按《建装计量规范》的附录 K 的项目划分，结合工程的具体情况，以保温、隔热，防腐部位、材料做法等不同分开列项。

3.10.1.2 工程量计算

工程量应按《建装计量规范》的附录 K 的清单项目中的工程量计算规则进行计算。常用防腐、隔热、保温工程的清单项目工程量计算规则如表 3-80、表 3-81 所示。

表 3-80 保温、隔热工程量计算规则

<table>
<tr><th>模式</th><th>项目名称</th><th>计量单位</th><th>计算规则</th><th>工程内容</th></tr>
<tr><td>清单项目 1</td><td rowspan="2">保温隔热屋面</td><td>m^2</td><td>按设计图示尺寸以面积计算，扣除面积 >0.3 m^2 的孔洞及占位面积</td><td rowspan="4">1. 基层清理
2. 刷黏结材料
3. 铺、刷（喷）防护材料</td></tr>
<tr><td>定额项目</td><td>m^2/m^3</td><td>按设计图示尺寸以体积或面积计算，扣除面积 >0.3 m^2 的孔洞及占位面积</td></tr>
<tr><td>清单项目 2</td><td rowspan="2">保温隔热天棚</td><td rowspan="2">m^2</td><td rowspan="2">按设计图示尺寸以面积计算。扣除面积 >0.3 m^2 的柱、垛、孔洞所占面积，与天棚相连的梁按展开面积计算，并入天棚工程量内</td></tr>
<tr><td>定额项目</td></tr>
</table>

续表 3-80

<table>
<tr><th>模式</th><th>项目名称</th><th>计量单位</th><th>计算规则</th><th>工程内容</th></tr>
<tr><td>清单项目 3
清单项目 4</td><td rowspan="2">保温隔热墙面
保温柱、梁</td><td rowspan="2">m^2</td><td rowspan="2">墙面按设计图示尺寸以面积计算
扣除门窗洞口以及面积 > 0.3 m^2 的梁、孔洞所占面积，门窗洞口侧壁以及与墙相连的柱，并入保温墙面工程量内
柱按设计图示柱断面保温层中心线展开长度乘以保温层高度以面积计算，扣除面积 > 0.3 m^2 的梁所占面积
梁按设计图示梁断面保温层中心线展开长度乘以保温层长度以面积计算</td><td rowspan="2">1. 基层清理
2. 刷界面剂
3. 安装龙骨
4. 填贴保温材料
5. 保温板安装
6. 粘贴面层
7. 铺设增强格网，抹抗裂、防水砂浆面层
8. 嵌缝
9. 铺、刷（喷）防护材料</td></tr>
<tr><td>定额项目</td></tr>
<tr><td>清单项目 5</td><td rowspan="2">保温隔热
楼地面</td><td rowspan="2">m^2</td><td>按设计图示尺寸以面积计算
扣除面积 > 0.3 m^2 的柱、垛、孔洞所占面积，门洞、空圈、暖气包槽、壁龛的开口部分不增加面积</td><td rowspan="2">1. 基层清理
2. 刷黏结材料
3. 铺贴保温层
4. 铺、刷（喷）防护材料</td></tr>
<tr><td>定额项目</td><td>按围护结构墙体间净面积计算，不扣除柱、垛所占面积</td></tr>
</table>

注：1. 保温隔热装饰面层，按《建装计量规范》的附录 L、M、N、P、Q 中相关项目编码列项；仅做找平层按附录 L 楼地面装饰工程“平面砂浆找平层”或附录 M 墙柱面装饰与隔墙、幕墙工程“立面砂浆找平层”项目编码列项。

2. 柱帽保温隔热应并入保温隔热天棚工程量内。

3. 池槽保温隔热应按其他保温隔热项目编码列项。

4. 保温柱、梁适用于不与墙、天棚相连的独立柱、梁。

表 3-81 防腐面层工程量计算规则

模式	项目名称	计量单位	计算规则	工程内容
清单项目 1	防腐面层 （混凝土、砂浆、胶泥、玻璃钢、聚氯乙烯板、块料、隔离层、涂料）	m^2	按设计图示尺寸以面积计算 平面防腐：扣除凸出地面的构筑物、设备基础等面积 > 0.3 m^2 的柱、垛、孔洞所占面积，门洞、空圈、暖气包槽、壁龛的开口部分不增加面积 立面防腐：扣除门窗洞口以及面积 > 0.3 m^2 的梁、孔洞所占面积，门窗洞口侧壁、砖垛突出部分按展开面积并入墙面积内	1. 基层清理 2. 配料涂胶、基层刷稀胶泥 3. 防腐面层制作、运输、铺设

续表 3-81

<table>
<tr><th>模式</th><th>项目名称</th><th>计量单位</th><th>计算规则</th><th>工程内容</th></tr>
<tr><td rowspan="2">定额项目</td><td>防腐面层</td><td>m^2</td><td>区分防腐材料种类及其厚度,分别按设计图示尺寸以面积计算</td><td>基层清理
配料涂胶、基层刷稀胶泥
防腐面层制作、运输、铺设</td></tr>
<tr><td>现场混凝土加工或商品混凝土购置</td><td>m^3</td><td>按防腐面层所消耗的混凝土体积计算</td><td>混凝土制作、运输</td></tr>
<tr><td>清单项目 2</td><td>池、槽块料
防腐面层</td><td rowspan="3">m^2</td><td>按设计图示尺寸以展开面积计算</td><td rowspan="3">1. 基层清理
2. 铺贴块料
3. 胶泥调制、勾缝</td></tr>
<tr><td rowspan="2">定额项目</td><td>墙面保温隔热
(池壁)</td><td rowspan="2">按设计图示尺寸以面积计算</td></tr>
<tr><td>地面保温隔热
(池底)</td></tr>
</table>

注:防腐踢脚线应按《建装计量规范》的附录 L 楼地面装饰工程"踢脚线"项目编码列项。

3.10.2 工程量清单计价

3.10.2.1 编制工程量清单

工程量清单五内容结合工程实际按照《建装计量规范》附录 K 中规定进行编制。

本分部清单项目编码的前 9 位数字以 01 – 10 – 01 ~ 03 – 001 ~ × × × 表示。01 表示建筑与装饰工程,10 表示防腐、隔热、保温专业工程,01 ~ 03 表示保温、隔热—防腐面层—其他防腐等分部工程顺序,001 ~ × × × 表示不同部位、材料和构造特点的分项工程。

3.10.2.2 确定清单项目综合单价

(1)列出工程量清单项目所对应的定额计价项目。按清单项目所对应的工作内容与计价性定额中的工作内容相比,列出应用取费定额进行计价的项目。根据《河南省 08 综合单价》计价定额规定,各清单项目所对应的定额计价项目如表 3-80、表 3-81 所示的定额项目。

(2)计算计价项目工程量。按取费定额所规定的计算规则进行计算,应考虑施工中的各种损耗和需要增加的工程量或将施工中的各种损耗和需要增加的费用考虑在计价的相应单价内。《河南省 08 综合单价》中规定的各计价项目的工程量计算规则如表 3-80、表 3-81 所示的定额项目所对应的计算规则。

具体计算说明如下:

①当保温隔热层兼作找坡层时,定额规则中的保温隔热屋面体积计算公式为

$$V = 实铺面积 \times 实铺净厚度$$

式中,净厚度取平均厚度 d,见图 3-78。

$$单坡找坡层:d = L \times \tan\alpha \times 1/2 + d_1$$

$$双坡找坡层:d = L \times \tan\alpha \times 1/4 + d_1$$

式中 L——坡宽；

$\tan\alpha$ ——坡度系数；

d_1——最薄处厚度。

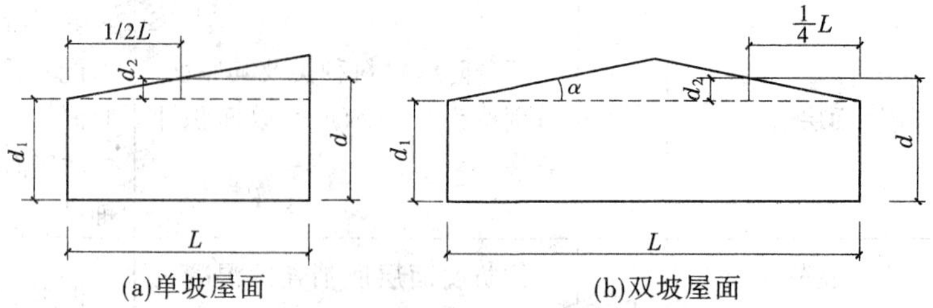

图 3-78　屋面找坡层平均厚度示意

②平面砌筑双层耐酸块料时的工程量，按单层面积乘以系数 2 计算。

③烟囱、烟道内表面隔绝层，按筒身内壁扣除各种孔洞后的面积计算。

(3)套用取费定额分析计算清单项目的人工费、材料费、管理费和利润，计算清单项目的综合单价，填写工程量清单项目综合单价分析表(见表 1-2)。

本分部的定额取费使用说明摘要如下：

①整体面层、隔离层适用于平面、立面的防腐耐酸工程。

②块料面层以平面砌为准，砌立面者按平面砌相应项目，人工乘以系数 1.38，踢脚板人工乘以系数 1.56，其他不变。

③各种砂浆、胶泥、混凝土材料的种类、配合比及各种整体面层的厚度，如设计要求与本分部不同，可以换算。但各种块料面层的结合层砂浆或胶泥厚度不变。

④耐酸胶泥、砂浆、混凝土材料的粉料，除水玻璃按石英粉: 铸石粉 = 1∶0.9 ~ 1 外，其他均按石英粉计算。实际采用粉料不同时，可以换算。

⑤花岗岩板以六面剁斧的板材为准。如底面为毛面者，水玻璃砂浆增加 0.38 m^3，耐酸沥青砂浆增加 0.44 m^3。

⑥本分部的各种面层，除聚氯乙烯塑料地面外，均不包括踢脚板。整体面层踢脚板按整体面层相应项目执行。

⑦防腐涂料面层的水泥砂浆基层执行 A.7 分部中找平层子目。

⑧本分部包括屋面、天棚、地面、墙柱面的隔热保温，适用于中温、低温及恒温的工业厂(库)房隔热工程及一级一般保温工程。

⑨附墙铺贴板材时，基层上应先涂沥青一道，其工料消耗已包括在定额子目内，不得另计。

⑩保温隔热墙的装饰面层，应按装饰分册 B.2 分部内容列项。

⑪柱帽保温隔热应并入保温隔热天棚工程量内。

⑫池槽保温隔热，池壁、池底应分别列项，池壁执行墙面保温隔热子目，池底执行地面保温隔热子目。

【例 3-21】　某工程整体防腐面层如图 3-79 所示，地面为 20 mm 厚水玻璃耐酸砂浆。试计算防腐砂浆面层的综合单价费。

解　1. 列清单项目名称并计算清单工程量

(1)列清单项目名称：防腐砂浆面层。

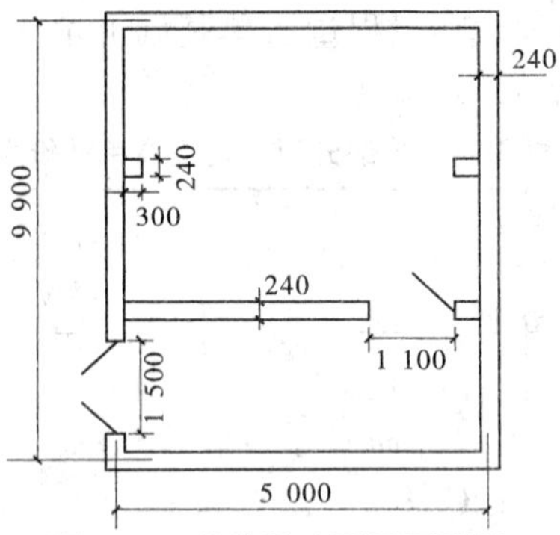

图 3-79　整体防腐面层平面图

(2)计算清单工程量：

$(9.9-0.24-0.24)\times(5-0.24)=44.84\ (m^2)$

(3)编制分部分项工程量清单，如表 3-82 所示。

表 3-82　分部分项工程量清单表

序号	项目编码	项目名称	项目特征	计量单位	工程量
1	011002002001	防腐砂浆面层	地面防腐 20 厚水玻璃耐酸砂浆	m^2	44.84

2. 编制防腐砂浆面层工程量清单计价表

(1)分析防腐砂浆面层清单项目综合单价。

划分计价项目：

防腐砂浆面层：20 mm 厚水玻璃耐酸砂浆。

计价项目工程量：同清单工程量，$S=44.84\ m^2$。

套定额计算综合单价，填写综合单价分析表，如表 3-83 所示。

表 3-83　“防腐砂浆面层”综合单价分析表

项目编码	011002002001			项目名称		防腐砂浆面层		计量单位		m^2	
清单综合单价组成明细											
定额编号	定额名称	定额单位	数量	单价				合价			
				人工费	材料费	机械费	管理费和利润	人工费	材料费	机械费	管理费和利润
8-9	20 mm 厚水玻璃耐酸砂浆	100 m^2	0.01	1 239.26	3 975.44	—	717.62	12.39	39.75	—	7.18
人工单价		小计						12.39	39.75	—	7.18
43 元/工日		未计价材料费									
清单项目综合单价								59.32 元/m^2			

注：数量 0.01 = 44.84/100/44.84。

防腐砂浆面层的综合单价 = 12.39 + 39.75 + 7.18 = 59.32(元/m^2)

(2)编制工程量清单计价表。在工程量清单基础上填入综合单价,由工程量乘以综合单价计算出合价,如表 3-84 所示。

表 3-84　分部分项工程量清单计价表

序号	项目编码	项目名称	项目特征	计量单位	工程量	综合单价(元)	合价(元)
1	011002002001	防腐砂浆面层	防腐地面 20 mm 厚水玻璃耐酸砂浆	m^2	44.84	59.32	2 659.91
合计							2 659.91

【例 3-22】　某冷库的保温隔热工程如图 3-80 所示,设计采用 100 mm 厚软木板保温层;顶棚保温隔热层带木龙骨;墙面附墙贴软木板;地面直接铺保温层。门为保温门,不需考虑门及框保温。计算此保温隔热工程的综合单价。

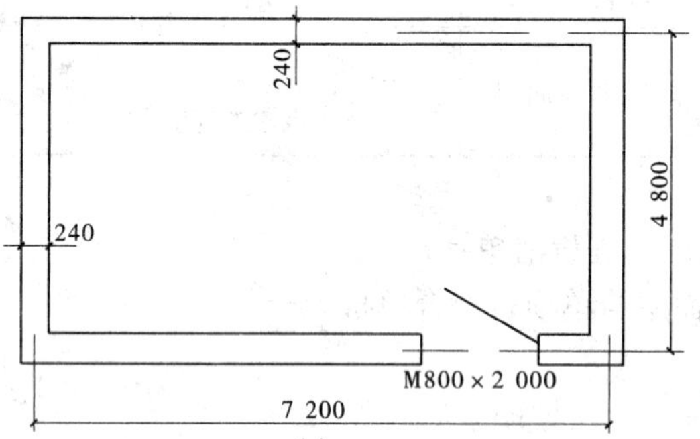

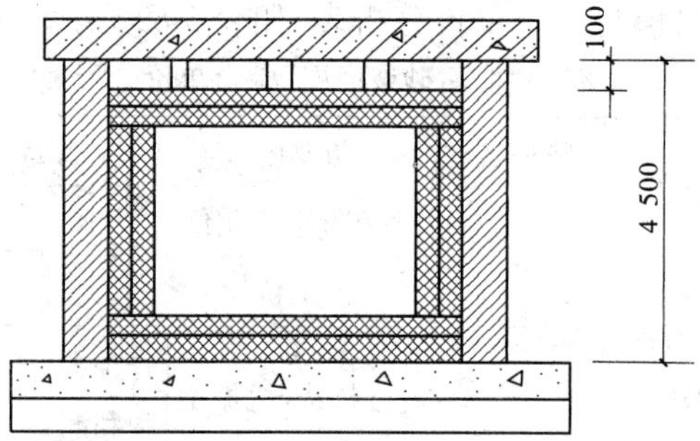

图 3-80　冷库保温隔热工程示意

解　1. 列清单项目名称并计算清单工程量

(1)列清单项目名称:保温隔热天棚、保温隔热墙面、保温隔热楼地面。

(2)计算清单工程量。

保温隔热天棚:

$$V=(7.2-0.24)\times(4.8-0.24)=31.74(m^2)$$

保温隔热墙面:

$V=(7.2-0.24-0.1+4.8-0.24-0.1)\times 2\times(4.5-0.1-0.1-0.1)-0.8\times 2=93.49(m^2)$

保温隔热楼地面：

$$V=(7.2-0.24)\times(4.8-0.24)=31.74(m^2)$$

(3)编制分部分项工程量清单，如表3-85所示。

表3-85 分部分项工程量清单

序号	项目编码	项目名称	项目特征	计量单位	工程量
1	011001002001	保温隔热天棚	混凝土板下铺设带木龙骨贴软木	m^2	31.74
2	011001003001	保温隔热墙面	附墙贴软木板	m^2	93.49
3	011001005001	保温隔热楼地面	地面直接铺保温层软木板	m^2	31.74

2.编制保温隔热工程工程量清单计价表

分析保温隔热天棚、保温隔热墙面、保温隔热楼地面清单项目综合单价。

(1)划分计价项目：

保温隔热天棚：混凝土板下铺隔热层(带木龙骨)软木板。

保温隔热墙面：附墙贴软木板。

保温隔热楼地面：楼地面隔热软木板。

(2)计价项目工程量。本题中保温隔热天棚、保温隔热墙面、保温隔热楼地面的清单工程量与计价工程量均相同。

(3)套定额计算综合单价，填写综合单价分析表，如表3-86～表3-88所示。由于定额中的软木板厚50，而实际采用100，因而对材料费进行换算。

表3-86 "保温隔热天棚"综合单价分析表

项目编码	011001002001			项目名称		保温隔热天棚		计量单位	m²		
清单综合单价组成明细											
定额编号	定额名称	定额单位	数量	单价				合价			
				人工费	材料费	机械费	管理费和利润	人工费	材料费	机械费	管理费和利润
8-192换	混凝土板下铺隔热层(带木龙骨)软木板100厚	100 m²	0.01	1 237.44	15 162.31	—	716.57	12.37	151.62	—	7.17
人工单价		小计						12.37	151.62	—	7.17
43元/工日		未计价材料费									
清单项目综合单价								171.16元/m²			

注：①数量0.01=31.74/100/31.74。

保温隔热天棚的综合单价$=12.37+151.62+7.17=171.16$(元/$m^2$)

表 3-87 “保温隔热墙面”综合单价分析表

项目编码	011001003001			项目名称		保温隔热墙面		计量单位		m^2	
清单综合单价组成明细											
定额编号	定额名称	定额单位	数量	单价				合价			
				人工费	材料费	机械费	管理费和利润	人工费	材料费	机械费	管理费和利润
8－195换	墙面贴软木板(100厚)	100 m^2	0.01	817.43	14343.96	—	473.35	8.17	143.44	—	4.73
人工单价		小计						8.17	143.44	—	4.73
43 元/工日		未计价材料费									
清单项目综合单价								156.34 元/m^2			

注:数量 0.01 =93.49/100/93.49。

保温隔热墙面的综合单价 = 8.17 + 143.44 + 4.73 = 156.34(元/m^2)

表 3-88 “保温隔热楼地面”综合单价分析表

项目编码	011001005001			项目名称		保温隔热楼地面		计量单位		m^2	
清单综合单价组成明细											
定额编号	定额名称	定额单位	数量	单价				合价			
				人工费	材料费	机械费	管理费和利润	人工费	材料费	机械费	管理费和利润
8－214换	楼地面隔热软木板(100厚)	100 m^2	0.01	786.47	14 752.28	—	455.42	7.86	147.52	—	4.55
人工单价		小计						7.86	147.52	—	4.55
43 元/工日		未计价材料费									
清单项目综合单价								159.93 元/m^2			

注:数量 0.01 =31.74/100/31.74。

保温隔热楼地面的综合单价 = 7.86 + 147.52 + 4.55 = 159.93(元/m^2)

编制工程量清单计价表:在工程量清单基础上填入综合单价,由工程量乘以综合单价计算出合价,如表 3-89 所示。

表 3-89　分部分项工程量清单计价表

序号	项目编码	项目名称	项目特征	计量单位	工程量	综合单价(元)	合价(元)
1	011002002001	保温隔热楼地面	地面直接铺保温软木板厚 100	m^2	31.74	159.93	5 076.18
1	011001002001	保温隔热天棚	混凝土板下铺设带木龙骨贴软木板厚 100	m^2	31.74	171.16	5 432.62
2	011001003001	保温隔热墙面	附墙贴软木板厚 100	m^2	93.49	156.34	14 616.23
合计							25 125.03

习　题

1. 如图 3-81 所示的保温平屋面，做法如下：空心板上 1∶3 水泥砂浆找平 20 mm 厚，8 mm 厚水泥蛭石块保温层，1∶10 现浇水泥蛭石找坡，1∶3 水泥砂浆找平 20 mm 厚，SBS 改性沥青卷材满铺一层，点式支撑预制混凝土板架空隔热层。计算保温隔热屋面及防水屋面的综合单价费。

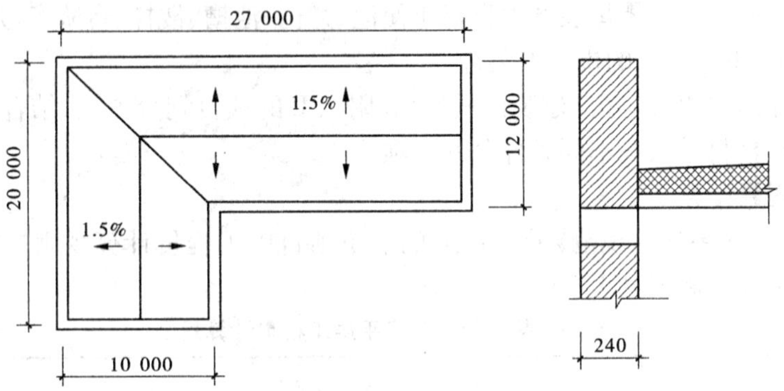

图 3-81　保温平屋面示意

2. 计算如图 3-82 所示软聚氯乙烯塑料板地面的综合单价费。

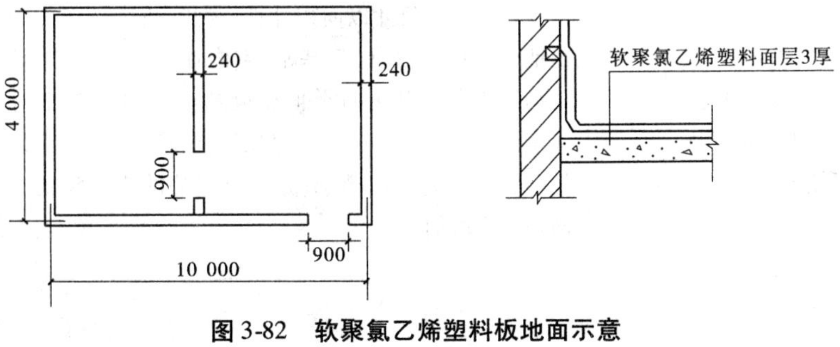

图 3-82　软聚氯乙烯塑料板地面示意

3. 计算图 3-76 和图 3-77 中的保温隔热工程的综合单价费。

3.11 楼地面工程

楼地面是楼面与地面的总称。地面主要由基层(素土夯实)、垫层、找平层、功能层或填充层(防水、防潮、保温、隔音)、结合层(水泥砂浆、冷底子油)、面层等构造层次组成。楼面主要由结构层、找平层、功能层或填充层、结合层、面层等构造层次组成。

本分部讲述的内容有整体面层及找平层、块料面层、橡塑面层、其他材料面层、踢脚线、楼梯面层、台阶面层、零星装饰项目等工程。

3.11.1 清单项目及工程量计算

3.11.1.1 清单项目

《建装计量规范》附录 L. 1 ~ 附录 K. 8 列出了楼地面工程各工程的清单项目。

整体面层及找平层的清单项目有水泥砂浆、水磨石、细石混凝土、菱苦土等楼地面、平面砂浆找平层。

块料面层的清单项目有石材、碎石材、地砖块料楼地面等。

橡塑面层的清单项目有橡胶板、橡胶板卷材、塑料板、塑料板卷材楼地面等。

其他材料面层的清单项目有地毯、竹木地板、金属复合地板等。

踢脚线的清单项目有水泥砂浆、石材、块料、塑料、木质、金属踢脚线等。

楼梯面层、台阶面层、零星项目装饰的清单项目按面层材料不同有石材、块料、拼碎块料、现浇水磨石等。其中,零星装饰项目指小便池、蹲位、池槽、楼梯、台阶牵边和侧面装饰及面积小于 0.5 m^2 少量分散的楼地面装饰。

本分部具体列项通常应按《建装计量规范》附录 L 的项目划分方法,结合工程的具体情况,以装饰部位、材料做法等不同条件分开列项。

3.11.1.2 工程量计算

工程量应按《建装计量规范》的附录 L 的清单项目中工程量计算规则进行计算。常用清单项目工程量计算规则见表 3-90 ~ 表 3-95。

表 3-90 整体面层及找平层工程量计算规则

模式	项目名称	计量单位	计算规则	工程内容
清单项目 1	整体面层(水泥砂浆、水磨石、细石混凝土等楼地面)	m^2	按设计图示尺寸以面积计算。扣除凸出地面的构筑物、设备基础、室内铁道、地沟等所占面积,不扣除间壁墙及≤0.3 m^2 的柱、垛、附墙烟囱及孔洞所占面积。门洞、空圈、暖气包槽、壁龛开口部分的面积亦不增加	1. 基层清理 2. 抹找平层 3. 抹面层 4. 嵌缝条安装 5. 磨光、酸洗打蜡 6. 材料运输

续表 3-90

<table>
<tr><th>模式</th><th>项目名称</th><th>计量单位</th><th>计算规则</th><th>工程内容</th></tr>
<tr><td rowspan="4">定额项目</td><td>找平层</td><td rowspan="3">m^2</td><td rowspan="3">按设计图示尺寸以面积计算。扣除凸出地面的构筑物、设备基础、室内铁道、地沟等所占面积，不扣除间壁墙及≤0.3 m^2 的柱、垛、附墙烟囱及孔洞所占面积。但门洞、空圈、暖气包槽、壁龛开口部分的面积亦不增加</td><td>1. 基层清理
2. 抹找平层</td></tr>
<tr><td>面层</td><td>抹面层</td></tr>
<tr><td>面层
酸洗、打蜡</td><td>酸洗、打蜡</td></tr>
<tr><td>水磨石地面
嵌金属条</td><td>m</td><td>按设计图示尺寸以长度计算</td><td>金属嵌条嵌装</td></tr>
<tr><td>清单项目 2</td><td>平面砂浆找平层</td><td rowspan="2">m^2</td><td rowspan="2">按设计图示尺寸以面积计算</td><td rowspan="2">1. 基层清理
2. 抹找平层
3. 材料运输</td></tr>
<tr><td>定额项目</td><td>找平层</td></tr>
</table>

注：1. 间壁墙指墙厚小于 120 mm 的墙。
2. 楼地面混凝土垫层按《建装计量规范》附录 E. 1 垫层项目编码列项，其他材料垫层按 D. 4 垫层项目编码列项。
3. 整体面层楼地面包含水泥砂浆、水磨石、细石混凝土、菱苦土楼地面等清单项目。

表 3-91　块料面层工程量计算规则

<table>
<tr><th>模式</th><th>项目名称</th><th>计量单位</th><th>计算规则</th><th>工程内容</th></tr>
<tr><td>清单项目</td><td>块料面层</td><td>m^2</td><td>按设计图示尺寸以面积计算。门洞、空圈、暖气包槽、壁龛开口部分的面积并入相应的工程量内</td><td>1. 基层清理
2. 抹找平层
3. 面层铺设、磨边
4. 嵌缝
5. 酸洗打蜡
6. 材料运输</td></tr>
<tr><td rowspan="3">定额项目</td><td>块料楼地面</td><td rowspan="2">m^2</td><td rowspan="2">按设计图示尺寸以面积计算。扣除凸出地面的构筑物、设备基础、室内铁道、地沟等所占面积，不扣除间壁墙及≤0.3 m^2 的柱、垛、附墙烟囱及孔洞所占面积。但门洞、空圈、暖气包槽、壁龛开口部分的面积亦不增加</td><td>清理基层、刷找平层、铺黏结层、贴块料面层、擦缝、净面</td></tr>
<tr><td>块料面层
酸洗、打蜡</td><td>面层酸洗、打蜡</td></tr>
<tr><td>块料边加工</td><td>m</td><td>设计图示尺寸以长度计算</td><td>石材、块料磨边</td></tr>
</table>

注：楼地面镶贴块料面层包含石材、碎石材、地砖块料楼地面等清单项目。

表 3-92　橡塑面层工程量计算规则

<table>
<tr><th>模式</th><th>项目名称</th><th>计量单位</th><th>计算规则</th><th>工程内容</th></tr>
<tr><td>清单项目</td><td>橡塑面层</td><td>m^2</td><td rowspan="2">按设计图示尺寸以面积计算。门洞、空圈、暖气包槽、壁龛开口部分的面积并入相应的工程量内</td><td>1. 基层清理
2. 面层铺设
3. 压缝条装钉
4. 材料运输</td></tr>
<tr><td rowspan="2">定额项目</td><td>橡塑面层</td><td>m^2</td><td>基层清理、涂刷黏结剂、贴面层、净面</td></tr>
<tr><td>压条装饰条</td><td>m</td><td>按设计图示尺寸以长度计算</td><td>压条下料、刷胶安装固定</td></tr>
</table>

注：1. 本项目如涉及找平层，则按《建装计量规范》附录表 L.1 编码列项。
2. 橡塑面层包含橡胶板、橡胶板卷材、塑料板、塑料板卷材楼地面等清单项目。

表 3-93　其他材料面层工程量计算规则

<table>
<tr><th>模式</th><th>项目名称</th><th>计量单位</th><th>计算规则</th><th>工程内容</th></tr>
<tr><td>清单项目</td><td>其他材料面层</td><td>m^2</td><td>按设计图示尺寸以面积计算。门洞、空圈、暖气包槽、壁龛开口部分的面积并入相应的工程量内</td><td>1. 基层清理
2. 龙骨及基层铺设
3. 面层铺设
4. 刷防护材料
5. 压缝条装钉
6. 材料运输</td></tr>
<tr><td rowspan="4">定额项目</td><td>面层</td><td rowspan="2">m^2</td><td rowspan="2">按设计图示尺寸以面积计算。门洞、空圈、暖气包槽、壁龛开口部分的面积并入相应的工程量内</td><td>基层清理、龙骨及基层铺设、涂刷黏结剂、贴面层、净面</td></tr>
<tr><td>面层油漆</td><td>面层刷防护材料</td></tr>
<tr><td>压条装饰条</td><td rowspan="2">m</td><td rowspan="2">按设计图示尺寸以长度计算</td><td>压条下料、刷胶安装固定</td></tr>
<tr><td>线条油漆</td><td>装饰条刷防护材料</td></tr>
</table>

注：其他材料面层包含地毯、竹木地板、金属复合地板楼地面等清单项目。

表 3-94　踢脚线工程量计算规则

模式	项目名称	计量单位	计算规则	工程内容
清单项目	踢脚线	m^2 m	按设计图示长度乘以高度以面积计算 按设计图示尺寸的长度以处延长米计算	1. 基层清理 2. 底层抹灰、面层抹灰 3. 基层与面层铺贴、磨边 4. 擦缝 5. 磨光、酸洗、打蜡 6. 刷防护材料 7. 材料运输
定额项目	面层	m^2	按设计图示长度乘以高度以面积计算	基层清理、底层抹灰、面层抹灰、基层与面层铺贴、擦缝、磨光
	块料面层酸洗、打蜡			面层酸洗、打蜡
	块料边加工	m	按设计图示长度计算	石材、块料磨边
	面层刷油	m^2	按设计图示尺寸以面积计算。门洞、空圈、暖气包槽、壁龛开口部分的面积并入相应的工程量内	刷防护材料

注:1. 本项目如涉及找平层,则按《建装计量规范》附录表 L.1 编码列项。
2. 橡塑面层包含橡胶板、橡胶板卷材、塑料板卷材楼地面等清单项目。

表 3-95　楼梯面层及台阶面层工程量计算规则

模式	项目	计量单位	计算规则	工程内容
清单项目	楼梯、台阶面层	m^2	楼梯面层按设计图示尺寸以楼梯(包括踏步、休息平台及宽度小于 500 mm 的楼梯井)水平投影面积计算。楼梯与楼地面相连时,算至梯口梁内测边沿;无梯口梁者,算至最上一层踏步边沿加 300 mm 台阶面层按设计图示尺寸以台阶(包括最上层踏步边沿加 300 mm)水平投影面积计算	1. 基层清理 2. 抹找平层 3. 抹面层 4. 面层铺贴、磨边、擦缝 5. 酸洗、打蜡 6. 嵌抹防滑条 7. 刷防护材料 8. 材料运输
定额项目	面层	m^2		基层清理、底层抹灰、面层抹灰、基层与面层铺贴、擦缝、磨光
	块料面层酸洗、打蜡			面层酸洗、打蜡
	面层刷油			刷防护材料
	防滑条	m	按设计图示长度计算。防滑条无设计要求时,按踏步两端距离减去 300 mm 计算	嵌抹防滑条
	块料边加工			石材、块料磨边

注:楼梯面层及台阶面层包含水泥砂浆、石材、块料、水磨石等清单项目。

3.11.2 工程量清单计价

3.11.2.1 编制工程量清单

工程量清单五因素要结合工程实际按照《建装计量规范》附录 L 中规定进行。

清单项目编码的一至九位数字应按《建装计量规范》附录 L 的规定设置。本分部清单项目编码的前 9 位以 01－11－01～08－001～×××表示。从前至后的各级数字含义为：01 表示建筑与装饰工程，11 表示楼地面专业工程，01～08 表示整体面层、块料面层、橡塑面层、其他材料面层、踢脚线、楼梯面层、台阶面层、零星装饰项目等分项工程顺序，001～×××表示不同的材料做法或类型的分项工程。

3.11.2.2 确定清单项目综合单价

(1)列出工程量清单项目所对应的定额计价项目。根据《河南省 08 综合单价》计价定额规定，各清单项目所对应的定额计价项目如表 3-90～表 3-95 所示的定额项目。

(2)计算计价项目工程量。《河南省 08 综合单价》中规定的各计价项目的工程量计算规则如表 3-90～表 3-95 所示的定额项目所对应的计算规则。

(3)套用取费定额分析计算清单项目的人工费、材料费、管理费和利润，计算清单项目的综合单价，填写工程量清单项目综合单价分析表(见表 1-2)。

本分部的定额取费使用说明摘要如下：

①本分部除整体找平、防水、防潮、伸缩缝、保温等项目应执行建筑工程中的屋面及防水工程和防腐隔热、保温工程，磨边、装饰压条执行装饰工程的其他工程相应子目外，其余按材料的规格和做法不同执行装饰装修工程分部相应子目。

②使用本定额时，本分部中的混凝土强度等级、水泥砂浆、水泥石子浆等配合比，如与设计规定不同，可按附录进行换算。各层次有厚度要求的，以及饰面材料的规格不同时，可按设计要求进行调整。

③除楼梯整体面层外，楼地面中的整体面层和块料面层子目中均未包括踢脚线费用，踢脚线应单独列项，执行相应子目。菱苦土、现浇水磨石地面及水磨石踢脚线面层已包含酸洗、打蜡。其他整体面层踢脚线打蜡执行块料面层酸洗、打蜡，人工乘以系数 2。

④块料面层含水泥砂浆结合层与面层。防水层及非结合层的找平层另列项目计算。

⑤水磨石整体面层含嵌玻璃条，如采用金属嵌条，水磨石整体面层相应子目中应扣除玻璃数量并减少人工 4.25 工日。嵌金属条可另列项目计算，设计嵌铜条时，执行专用子目，设计嵌其他金属条时，执行铜条单价，价格按材差处理。单价内已含 6% 的铜条损耗。水磨石楼地面子目中已包括一道 18 mm 的找平层和面层的酸洗、打蜡工料。

⑥水磨石楼梯面层已综合考虑了防滑条的工料，如设计为铜防滑条，铜防滑条另执行相应子目，水磨石楼梯子目应扣除人工 28.3 工日、金刚砂 123 kg。现浇水磨石楼梯设计为预制水磨石踢脚线时，该踢脚线可另列项目计算，但相应楼梯子目应扣除人工 41.91 工日、1∶3 水泥砂浆 0.22 m^3、水泥白石子浆 0.15 m^3、灰浆搅拌机 0.05 台班。

⑦楼梯装饰子目中已包括楼梯底面和侧面的抹灰，但不含刷浆。螺旋形楼梯的装饰，均按相应饰面的楼梯子目，人工、机械乘以 1.2，材料用量乘以 1.10，整体面层的材料用量乘以

1.05。

⑧楼地面块料面层如设计要求为弧形铺设，相应子目人工乘以1.10，块料可按实际签证数量调整。

⑨木地板含木地楞（毛料）、毛地板等基层。木楞需刨光者，人工乘以1.32。木地板子目中的木龙骨的规格为50×60@400，横撑龙骨的规格为40×50@1 000，松木毛地板厚22 mm，如设计不同，相应子目中木材用量可以换算。架空式木地板的方木楞执行建筑工程中的方檩条项目。木地板龙骨和面层子目均未包括涂刷防火涂料。架空式木地板的地垄墙或支撑地垄的砖墩执行建筑工程中的零星砌砖项目。

⑩席纹地板粘贴在毛地板上，执行硬木拼花地板粘在毛地板上子目，人工乘以1.4。

【例3-23】 某工程平面图如图3-83所示。2轴柱为构造柱，断面在外墙处为370 mm×240 mm，在内墙处为240 mm×240 mm；其他部位的柱为框架柱，断面为600 mm×600 mm。控制室地面的做法为大理石地面：铺20 mm厚大理石板，水泥擦缝；30 mm厚1∶3干硬性水泥砂浆黏结层；100 mm厚C10混凝土；素土夯实。试编制控制室地面工程的工程量清单计价表。

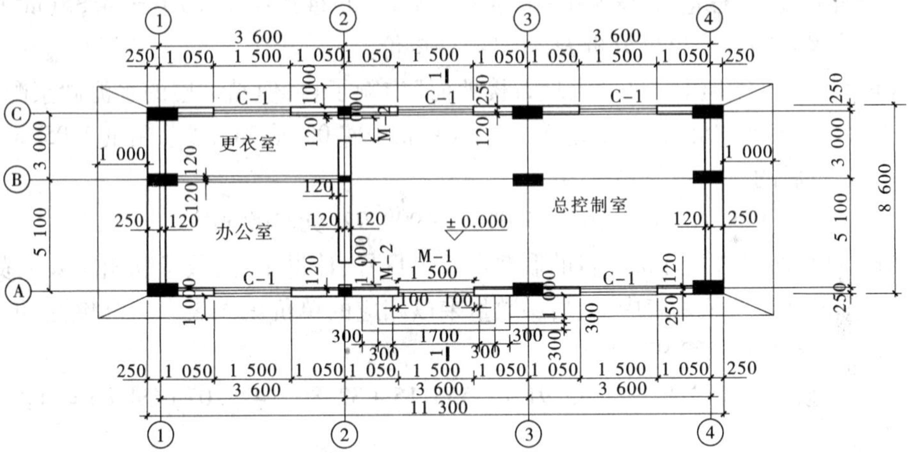

图3-83 某控制室平面图

解 1.列清单项目名称并计算清单工程量

（1）列清单项目名称：石材楼地面、混凝土垫层。

（2）计算清单工程量。

“石材楼地面”工程量：

$S=(2\times3.6-0.24)\times(5.1+3.0-0.24)-0.6\times0.6-0.6\times(0.6-0.37)\times3-(0.6-0.37)\times(0.6-0.37)\times2+1.5\times0.37+1.0\times0.24\times2=54.86(m^2)$

“混凝土垫层”工程量（按表3-34规定）：

$V=[(2\times3.6-0.24)\times(5.1+3.0-0.24)-0.6\times0.6]\times0.1=5.435(m^3)$

2.编制分部分项工程量清单

编制分部分项工程量清单，见表3-96。

表 3-96　分部分项工程量清单表

序号	项目编码	项目名称	项目特征	计量单位	工程量
1	011102001001	石材楼地面	30 厚 1:3干硬性水泥砂浆黏结层 铺 20 厚大理石板,水泥擦缝	m^2	54.86
2	010501001001	混凝土垫层	现场拌制混凝土 C10,碎石,粒径≤40 mm	m^3	5.435
本页小计					
合计					

3.分析"石材楼地面"清单项目综合单价

(1)划分计价项目(1 项):大理石面层(含黏结层)。

(2)计价项目工程量。

"大理石面层"工程量:$(2\times3.6-0.24)\times(8.1-0.24)-0.6\times0.6=54.35(m^2)$

(3)套定额填写综合单价分析表,计算综合单价。

"大理石铺贴"套 B(1-24)"大理石楼地面"定额子目,但黏结层的水泥砂浆配合比设计为 1:3(单价 195.94 元/m^3),而定额是 1:4(单价 194.06 元/m^3,砂浆用量 3.05 m^3),需要进行换算,换算后的材料费为

$13\,895.19+(195.94-194.06)\times3.05=13\,900.92$(元/100 m^2)

把清单项目所对应的计价项目的取费定额子目号、计量单位、数量和相应人工费、材料费、管理费和利润单价填入表中,然后用数量乘以相应的单价填入表中的合价栏,再对合价部分进行竖向求和,见表 3-97。

"石材楼地面"综合单价 $=(739.91+7\,555.15+32.80+479.07)/54.86=160.53$(元/$m^2$)

4.分析"混凝土垫层"清单项目综合单价

(1)划分计价项目(2 项):混凝土地面垫层、现场搅拌混凝土加工费。

(2)计价项目工程量。

"混凝土地面垫层"工程量:$54.35\times0.1=5.435(m^3)$

"现场搅拌混凝土加工费"工程量:$5.435\times1.01=5.489(m^3)$

(3)分析综合单价。

"混凝土地面垫层"套 B(1-152)定额子目,"现场搅拌混凝土加工费"套 A(4-197)定额子目。

把清单项目所对应的计价项目的取费定额子目号、计量单位、数量和相应人工费、材料费、管理费和利润单价填入表中,然后用数量乘以相应的单价填入表中的合价栏,再对合价部分进行竖向求和,见表 3-98。

"混凝土垫层"综合单价 $=(294.01+871.30+105.02+216.07)/5.435=273.49$(元/$m^3$)

表 3-97 “石材楼地面”清单项目综合单价分析表

项目编码	011102001001		项目名称		石材楼地面		计量单位			m^2	
清单综合单价组成明细											
定额编号	定额名称	定额单位	数量	单价				合价			
				人工费	材料费	机械费	管理费和利润	人工费	材料费	机械费	管理费和利润
B(1-24)换	大理石地面	100 m^2	0.543 5	1 361.38	13 900.92	60.35	881.46	739.91	7 555.15	32.80	479.07
人工单价		小计						739.91	7 555.15	32.80	479.07
43 元/工日		未计价材料费									
清单项目综合单价								160.53			
材料费明细	主要材料名称、规格、型号			单位		数量		单价（元）	合价（元）	暂估单价（元）	暂估合价（元）
	大理石板 500×500			m^2		1.006		130	130.78		
	水泥砂浆 1∶3			m^3		0.030 2		195.94	5.92		
材料费小计								136.7			

表 3-98 “混凝土垫层”清单项目综合单价分析表

项目编码	010501001001		项目名称		垫层		计量单位			m^3	
清单综合单价组成明细											
定额编号	定额名称	定额单位	数量	单价				合价			
				人工费	材料费	机械费	管理费和利润	人工费	材料费	机械费	管理费和利润
B(1-152)	C10 混凝土地面垫层	10 m^3	0.543 5	408.50	1 603.12	8.38	260.30	222.02	871.30	4.55	141.47
A(4-197)	现场搅拌混凝土加工费	10 m^3	0.548 9	131.15	0	183.03	135.90	71.99	0.00	100.47	74.60
人工单价		小计						294.01	871.30	105.02	216.07
43 元/工日		未计价材料费									
清单项目综合单价								273.49 元			
材料费明细	主要材料名称、规格、型号			单位		数量		单价（元）	合价（元）	暂估单价（元）	暂估合价（元）
	C10 混凝土			m^3		1.01		156.72	158.29		
材料费小计								158.29			

5. 形成工程量清单计价表

将综合单价填入表中，再用清单工程量乘以综合单价计算出合价，填入表中，形成计价表，如表3-99所示。

表3-99　工程量清单计价表

序号	项目编码	项目名称	项目特征	计量单位	工程量	金额（元）		
						综合单价	合价	其中：暂估价
1	011102001001	石材楼地面	30厚1∶3干硬性水泥砂浆黏结层 铺20厚大理石板，水泥擦缝	m^2	54.86	160.53	8 806.68	
2	010501001001	混凝土垫层	现场拌制混凝土 C10，碎石，粒径≤40 mm	m^3	5.435	273.49	1 486.42	
本页小计							10 293.10	
合计							10 293.10	

习　题

如图3-83所示的办公室的地面为水磨石地面。具体做法为20 mm厚1∶2水泥石子磨光；素水泥浆结合层一道；18 mm厚1∶3水泥砂浆找平层；素水泥浆结合层一道；100 mm厚C10混凝土；素土夯实。

更衣室地面为单层木地板地面。具体做法为木地板表面刷一油粉二色清漆；22 mm厚(50－100宽)硬木企口地板；50 mm×60 mm木格栅中距400 mm，40 mm×50 mm横撑中距1 000 mm，搁栅间填40 mm厚干炉渣；刷1∶2厚聚氨酯防水涂料；刷基层处理剂一遍；100 mm厚C10混凝土；素土夯实。

试编制办公室及更衣室地面工程量清单计价表。

3.12 墙柱面工程

本分部包括的内容有墙、柱、梁面抹灰，墙、柱、梁面块料，零星抹灰及块料，墙、柱饰面，幕墙工程、隔断工程等。

3.12.1 清单项目及工程量计算

3.12.1.1 清单项目

《建装计量规范》附录 M.1～附录 M.10 列出了楼地面装饰工程各工程的清单项目。

墙、柱、梁面抹灰的清单项目有墙、柱、梁面一般抹灰，装饰抹灰，砂浆找平，勾缝等。其中，一般抹灰是指石灰砂浆、混合砂浆、水泥砂浆、聚合物水泥砂浆、麻刀石灰浆、石膏灰浆等做法。装饰抹灰指水刷石、水磨石、斩假石（剁斧石、剁假石）、假面砖、干粘石、拉毛灰、喷毛灰等做法。

墙、柱、梁面块料的清单项目有石材、块料、拼碎块料、干挂石材钢骨架等。

零星抹灰的清单项目有零星项目一般抹灰、装饰抹灰、砂浆找平等。零星项目指挑檐、天沟、腰线、窗台线、门窗套、压顶、栏板、扶手、遮阳板、雨篷周边、0.5 m^2 以内的少量分散的抹灰或镶贴饰面。

零星块料的清单项目有石材、块料、拼碎块零星项目等。

墙、柱饰面的清单项目有墙、柱面装饰板，墙面装饰浮雕，成品装饰柱等。饰面板的材料有玻璃、石膏板、铝塑板、胶合板、硬木板、彩色或轻质钢板、防火板、吸声板、织绵缎、人造革等。

幕墙工程的清单项目有带骨架幕墙和全玻（无框）幕墙等。

隔断工程的清单项目有木隔断、金属隔断、玻璃隔断、塑料隔断等。

本分部具体列项通常应按国家《建装计量规范》的附录 M 的项目划分方法，结合工程的具体情况，以装饰部位、材料做法等不同条件分开列项。

3.12.1.2 工程量计算

工程量应按《建装计量规范》的附录 M 的清单项目中工程量计算规则进行计算。常用清单项目工程量计算规则见表 3-100～表 3-104。

表 3-100　抹灰面层工程量计算规则

<table>
<tr><th>模式</th><th>项目名称</th><th>计量单位</th><th>计算规则</th><th>工程内容</th></tr>
<tr><td>清单项目 1</td><td>墙面抹灰</td><td rowspan="2">m^2</td><td rowspan="2">按设计图示尺寸以面积计算。扣除墙裙、门窗洞口及单个面积在 0.3 m^2 以上孔洞所占面积，不扣除踢脚板、挂镜线和墙与构件交接处的面积，洞口侧壁及顶面亦不增加。附墙柱、梁、垛、烟囱侧壁面积并入相应的墙面面积内
1. 外墙抹灰面积按外墙垂直投影面积计算
2. 外墙裙抹灰面积按其长度乘以高度计算
3. 内墙抹灰面积按主墙间的净长乘以高度计算
(1)无墙裙的，高度按室内地面或楼面至天棚底面计算
(2)有墙裙的，高度按墙裙顶至天棚底面计算
4. 内墙裙抹灰面积按内墙净长乘以高度计算</td><td rowspan="4">1. 基层清理
2. 砂浆制作、运输
3. 底面抹灰
4. 抹面层
5. 抹装饰面
6. 勾分格缝</td></tr>
<tr><td>定额项目</td><td>墙面抹灰</td></tr>
<tr><td>清单项目 2</td><td>柱(梁)面抹灰
零星抹灰</td><td rowspan="2">m^2</td><td rowspan="2">柱面抹灰：按设计图示柱断面周长乘以柱的高度以面积计算
梁面抹灰：按设计图示梁断面周长乘以长度以面积计算
零星抹灰按设计图示尺寸以面积计算</td></tr>
<tr><td rowspan="2">定额项目</td><td>柱(梁)面抹灰
零星抹灰</td></tr>
<tr><td>零星线条</td><td>m</td><td>按设计图示尺寸以长度计算</td><td></td></tr>
</table>

注：1. 抹灰包含一般抹灰、装饰抹灰、砂浆找平、勾缝等清单项目。

2. 定额项目中规定：零星项目的饰面展开宽度超过 300 mm 的线条抹灰按“零星项目”执行；在 300 mm 以内，按“装饰线条”。

表 3-101　块料面层工程量计算规则

<table>
<tr><th>模式</th><th>项目名称</th><th>计量单位</th><th>计算规则</th><th>工程内容</th></tr>
<tr><td>清单项目 1</td><td>墙、柱、梁
块料面层</td><td rowspan="2">m^2</td><td rowspan="2">按镶贴表面积计算</td><td rowspan="2">1. 基层清理
2. 砂浆制作、运输
3. 黏结层铺贴
4. 面层安装
5. 嵌缝
6. 刷防护材料
7. 磨光、酸洗、打蜡</td></tr>
<tr><td>定额项目</td><td>墙、柱、梁块料面层</td></tr>
<tr><td>清单项目 2</td><td>干挂石材
钢骨架</td><td rowspan="3">t</td><td rowspan="3">按设计图示尺寸
以质量计算</td><td>1. 骨架制作、运输、安装
2. 刷油</td></tr>
<tr><td rowspan="2">定额项目</td><td>干挂石材
钢骨架</td><td>骨架制作、运输、安装、刷防腐油漆</td></tr>
<tr><td>钢材油漆</td><td>骨架刷油</td></tr>
</table>

注：块料包含石材、块料、拼碎块等清单项目。

表 3-102　饰面工程量计算规则

<table>
<tr><th>模式</th><th>项目名称</th><th>计量单位</th><th>计算规则</th><th>工程内容</th></tr>
<tr><td>清单项目</td><td>墙、柱、梁面装饰板</td><td rowspan="2">m^2</td><td rowspan="2">墙饰面按设计图示墙净长乘以净高的面积计算。扣除门窗洞口及单个面积在 0.3 m^2 以上的孔洞所占面积
柱饰面按设计图示饰面外围尺寸的面积计算。柱墩、柱帽并入相应柱饰面工程量内</td><td rowspan="2">1. 基层清理
2. 龙骨制作、运输、安装
3. 钉隔离层
4. 基层铺钉
5. 面层铺贴</td></tr>
<tr><td>定额项目</td><td>墙、柱、梁面装饰板</td></tr>
</table>

表 3-103　幕墙工程量计算规则

<table>
<tr><th>模式</th><th>项目名称</th><th>计量单位</th><th>计算规则</th><th>工程内容</th></tr>
<tr><td>清单项目 1</td><td>带骨架幕墙</td><td>m^2</td><td rowspan="2">按设计图示框外围尺寸以面积计算。与幕墙同种材质的窗所占面积不扣除</td><td>1. 骨架制作、运输、安装
2. 面层安装
3. 隔离带、框边封闭
4. 嵌缝、塞口
5. 清洗</td></tr>
<tr><td rowspan="3">定额项目</td><td>带骨架幕墙</td><td>m^2</td><td>骨架制作、运输、安装
面层安装
嵌缝、塞口
清理</td></tr>
<tr><td>幕墙与建筑物的封边</td><td>m^2</td><td>按图示不锈钢(或镀锌铁皮)材料的展开面积计算</td><td>顶端、侧边及底与墙面之间的封边</td></tr>
<tr><td>幕墙与建筑物的封边</td><td>m</td><td>按各层设计图示长度的总和计算</td><td>与自然层连接</td></tr>
<tr><td>清单项目 2</td><td>全玻璃(无框玻璃)幕墙</td><td rowspan="2">m^2</td><td rowspan="2">按设计图示尺寸以面积计算。带肋全玻璃幕墙按展开面积计算</td><td rowspan="2">1. 幕墙安装
2. 嵌缝、塞口
3. 清洗</td></tr>
<tr><td>定额项目</td><td>全玻璃(无框玻璃)幕墙</td></tr>
</table>

注:幕墙钢骨架按《建装计量规范》附录 M. 4 干挂石材钢骨架编码列项(见表 3-101)。

表 3-104　隔断工程量计算规则

模式	项目名称	计量单位	计算规则	工程内容
清单项目	隔断	m^2	按设计图示框外围尺寸以面积计算。不扣除单个面积≤0.3 m^2 的孔洞所占面积;浴厕门的材质与隔断相同时,门的面积并入隔断面积内	1. 龙骨及边框制作、运输、安装 2. 隔断的制作、运输、安装 3. 嵌缝、塞口
定额项目	隔断			

注:1. 隔断包含木隔断、金属隔断、玻璃隔断、塑料隔断、成品隔断等清单项目。

2. 成品隔断清单规则也可用设计间的数量以"间"计算。

3.12.2　工程量清单计价

3.12.2.1　编制工程量清单

工程量清单五因素要结合工程实际按照《建装计量规范》附录 M 中规定进行。

清单项目编码的一至九位数字应按《建装计量规范》附录 M 的规定设置。本分部清单项目编码的前 9 位以 01－12－01～10－001～×××表示。从前至后的各级数字含义为:01 建筑与装饰工程,12 表示墙柱面专业工程,01～10 表示墙面抹灰、柱(梁)面抹灰、零星抹灰、墙面块料面层、柱(梁)面镶贴块料、镶贴零星块料、墙饰面、柱(梁)饰面、幕墙工程、隔断工程等分部工程顺序,001～×××表示不同的材料或施工方法划分的分项工程。

3.12.2.2　确定清单项目综合单价

(1)列出工程量清单项目所对应的定额计价项目。根据《河南省 08 综合单价》计价定额规定,各清单项目所对应的定额计价项目如表 3-100～表 3-104 所示的定额项目。

(2)计算计价项目工程量。《河南省 08 综合单价》中规定的各计价项目的工程量计算规则如表 3-100～表 3-104 所示的定额项目所对应的计算规则。

(3)套用取费定额分析计算清单项目的人工费、材料费、管理费和利润,计算清单项目的综合单价,填写工程量清单项目综合单价分析表(见表 1-2)。

本分部的定额取费使用说明摘要如下:

①使用本定额时,本分部中的砂浆种类、配合比、饰面材料型号规格,如设计规定与定额不同,可以换算,但人工数量不变。

②抹灰定额中按基层与面层的抹灰厚度及不同的砂浆分别列在定额项目中,同类砂浆列总厚度,不同种砂浆分别列出其厚度。如定额中的"石灰砂浆砖墙厚 18 mm＋2 mm",则表示基层 1∶3的石灰砂浆总厚度为 18 mm,面层麻刀石灰浆厚度为 2 mm。若设计抹灰厚度与定额取定不同,按相应厚度增减辅助计价子目进行厚度换算,否则厚度不予换算。

③圆形柱面抹灰,执行相应柱面子目,人工乘以系数 1.2,其他不变。柱帽、柱脚抹线脚者,另套用装饰线条或零星抹灰子目。圆弧形、锯齿形、不规则墙面的抹灰及镶贴块料面层,按相应子目人工乘以 1.15。块料面层要求在现场磨光 45°、60°斜角时,另计"块料边加工"项目费,按 B.6 分部相应子目计算。

④化粪池、检查井、水池、贮仓壁抹灰,执行墙面抹灰子目,人工乘以 1.1。

⑤圆柱水磨石饰面执行方柱子目,人工乘以 1.09。圆柱斩假石饰面执行方柱子目,人工乘以 1.05。

⑥斩假石墙柱面子目未考虑分格费用，若设计要求，应按规定调整人工费和木材用量。

⑦块料镶贴和装饰抹灰的“零星项目”适用于挑檐、天沟、腰线、窗台线、门窗套、压顶、栏板、扶手、遮阳板、雨篷周边、0.5 m^2 以内的少量分散的饰面等。一般抹灰的“零星项目”适用于各种壁柜、过人洞、暖气壁龛、池槽、花台以及 1 m^2 以内的抹灰。抹灰的“装饰线条”适用于门窗套、挑檐、腰线、压顶、遮阳板、楼梯边梁、宣传栏边框等凸出墙面或灰面展开宽度小于 300 mm 以内的竖、横线条抹灰。超过 300 mm 的线条抹灰按“零星项目”执行。

⑧外墙贴块料釉面砖子目分密贴和勾缝列项，其人工、材料已综合考虑。如灰缝超过 20 mm 以上者，其块料及灰缝材料用量允许调整，其他不变。

⑨干挂大理石、花岗岩勾缝子目的勾缝缝宽是按 10 mm 以内考虑的，如设计要求不同，石材与密封胶用量允许调整。

⑩本分部除注明者外，木材均以一、二类木种为主，如采用三、四类木种，其人工及木工机械乘以 1.3。

⑪面层、隔墙（间壁）、隔断定额内，除注明外均未包括压条、收边、装饰线（板），如设计要求，另计并执行 B.6 相应分部子目。

⑫木龙骨、木基层及面层均未包括刷防火涂料，如设计要求，另计并执行 B.5 相应分部子目。幕墙、隔墙（间壁）、隔断所用的轻钢、铝合金龙骨和幕墙用胶，如计价项目内容与设计要求不同时允许按设计调整，但人工不变。

⑬单面木龙骨隔断子目未考虑龙骨刨光费用，如设计要求刨光者，人工增加 0.09 工日，增加单面压刨床 0.12 台班。

⑭木龙骨基层是按双面计算的，如设计为单向，板方木材、金属膨胀螺栓用量乘以 0.55。木龙骨规格与设计图纸不同时，可按取费定额附表换算用量。附表没有者按设计木龙骨规格及中距计算含量。木材干燥损耗率为 7%，所调整的木材用量应包括其损耗在内并计算相应的干燥费用。木龙骨固定方法不同，不予调整。

现场采用木龙骨和装饰板制作的装饰柱、梁可执行柱、梁无夹板基层装饰板饰面计价子目，其中的木材用量可按设计要求调整。

⑮玻璃隔墙如设计有平开、推拉窗者，玻璃隔墙应扣除窗的面积，窗另列项目计算。玻璃幕墙设有开启窗时，应按铝合金窗五金配件表增加开启窗的五金配件费。

⑯钢板网间壁墙计价项目中已包括木骨架及双面钉灰板条、钢板网等的全部内容，但抹灰面层未包括，另列项目计算。其计价项目中的方木筋是按规格 50 mm × 100 mm 编制的，设计不同，可以调整，木材干燥损耗率为 7%，所调整的木材用量应包括其损耗在内并计算相应的干燥费用。

【例 3-24】 例 3-23 所示控制室的内墙面高度为 4.5 m，无吊顶天棚。外门高 3.1 m，内门高 2.5 m，窗高 2.1 m（窗台距地面 1.0 m），其墙面做法：素水泥浆一道甩毛，15 mm 厚 1∶3 水泥砂浆打底扫毛；5 mm 厚 1∶2.5 水泥砂浆找平，刮腻子一道，白色乳胶漆面层。试编制墙面抹灰工程的工程量清单计价表。

解 1. 列清单项目名称并计算清单工程量

（1）列清单项目名称：墙面一般抹灰。

（2）计算清单工程量。

墙面一般抹灰：$(2\times3.6-0.24+8.1-0.24)\times2\times4.5-1.5\times3.1-1.0\times2.5\times2-$

$1.5\times2.1\times3+4.5\times(0.6-0.37)\times2\times3=120.49(m^2)$

2. 分部分项工程量清单编制

分部分项工程量清单编制，见表 3-105。

表 3-105 分部分项工程量清单表

序号	项目编码	项目名称	项目特征	计量单位	工程量
1	011201001001	墙面一般抹灰	砖墙 15 厚 1:3水泥砂浆打底扫毛 5 厚 1:2.5 水泥砂浆找平	m^2	120.49

3. 分析“墙面一般抹灰”清单项目综合单价

划分计价项目(1 项)：砖墙抹水泥砂浆(厚 15 + 5 mm)。

计价项目工程量：同清单项目工程量 = 120.49 m^2。

分析综合单价。“砖墙抹水泥砂浆”套 B(2 - 16)定额子目，但面层水泥砂浆的强度等级定额为 1:2(单价 229.62 元/m^3，用量 0.536 m^3)，设计用 1:2.5(单价 218.62 元/m^3)，需对材料用量进行调整，换算后的材料费为

$$461.22+(218.62-229.62)\times0.536=455.32(元/100\ m^2)$$

把清单项目所对应的计价项目的取费定额子目号、计量单位、数量和相应人工费、材料费、管理费和利润单价填入表中，然后用数量乘以相应的单价填入表中的合价栏，再对合价部分进行竖向求和，如表 3-106 所示。

“墙面一般抹灰”综合单价 = 6.63 + 4.55 + 0.17 + 3.30 = 14.65(元/m^2)

表 3-106 “墙面一般抹灰”清单项目综合单价分析表

项目编码	011201001001		项目名称		墙面一般抹灰		计量单位		m^2		
清单综合单价组成明细											
定额编号	定额名称	定额单位	数量	单价				合价			
				人工费	材料费	机械费	管理费和利润	人工费	材料费	机械费	管理费和利润
B(2 - 16)换	抹砖墙水泥砂浆	100 m^2	0.01	663.49	455.32	16.57	329.65	6.63	4.55	0.17	3.30
人工单价		小计						6.63	4.55	0.17	3.30
43 元/工日		未计价材料费									
清单项目综合单价								14.65			

注：0.01 = 120.49/100/120.49。

4. 形成工程量清单计价表

将综合单价填入表中，再用清单工程量乘以综合单价计算出合价，填入表中，形成计价表，见表 3-107。

表 3-107　墙面装饰工程量清单计价表

序号	项目编码	项目名称	项目特征	计量单位	工程量	金额(元)		
						综合单价	合价	其中:暂估价
1	011201001001	墙面一般抹灰	砖墙 15 厚 1∶3 水泥砂浆打底扫毛 5 厚 1∶2.5 水泥砂浆找平	m^2	120.49	14.65	1 765.18	
本页小计							1 765.18	
合计							1 765.18	

习　题

已知某工程如图 3-84 所示。本工程建筑层高 4.2 m,室内外高差为 0.3 m。墙体为 240 砖墙,轴线居中,门窗表见表 3-108。其构造做法如下:

表 3-108　门窗表

类型	设计编号	洞口尺寸(mm×mm)	数量	备注
窗	C－1821	1 800×2 100	6	80 系列铝合金窗
门	M－1	1 500×3 000	2	100 系列铝合金平开门
	M22－0924	900×2 400	1	胶合板门
	M22－1524	1 500×2 400	1	胶合板门

(1)地面(及室外台阶)做法:

8～10 mm 厚 600 mm×600 mm 地砖铺实拍平;25 mm 厚 1∶4 干硬性水泥砂浆,面上撒素水泥;素水泥浆结合层一遍;80 mm 厚 C10 混凝土;素土夯实。

(2)内墙做法:15 mm 厚 1∶1∶6 水泥石灰砂浆,5 mm 厚 1∶0.5∶3 水泥石灰砂浆。

(3)门窗:外门为 5 mm 厚玻璃 100 系列铝合金平开门,室内门为夹板门;窗为 5 mm 厚玻璃 80 系列铝合金窗。

试编制门窗工程、地面工程、墙面工程的工程量清单计价表。

3.13　天棚工程

本分部包括的内容有天棚抹灰、天棚吊顶、采光天棚、天棚其他装饰等。

3.13.1　清单项目及工程量计算

3.13.1.1　清单项目

《建装计量规范》附录 N.1～附录 N.4 列出了天棚工程各工程的清单项目。

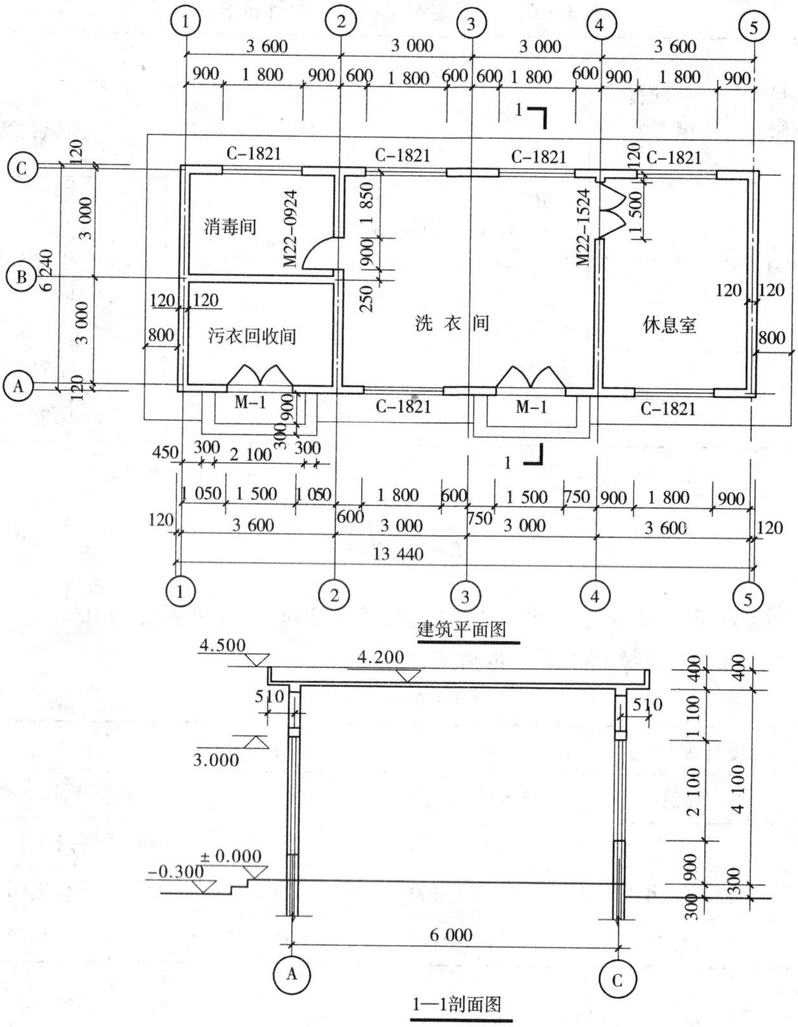

图 3-84　某工程平面、剖面图

天棚抹灰的清单项目有天棚抹灰。

天棚吊顶的清单项目有吊顶天棚、格栅吊顶、吊筒吊顶、藤条造型悬挂吊顶、织物软雕吊顶、网架装饰吊顶等。

天棚其他装饰的清单项目有装饰灯带(槽)、送风口、回风口等。

天棚构造分为基层和面层。基层由抹灰基层、龙骨基层、防潮层、保温层等中的一种或多种组成,面层按装饰材料类型分为抹灰类、油漆及涂刷类、裱糊类、饰面板类。

常见的龙骨有木龙骨、轻钢龙骨、铝合金龙骨。木龙骨有主次之分,主龙骨与吊杆(筋)采用绑扎或螺栓固定或钉固的方法连接,次龙骨与主龙骨通过方木条钉接的方法连接。轻钢龙骨有主龙骨、中龙骨、小龙骨之分及 U 形、T 形之分。常用的铝合金龙骨有 T 形、U 形、LT 形及采用嵌条式构造的特制龙骨。

饰面板有的带木基层，有的不带木基层。木基层或饰面板与龙骨的连接方式有钉接、黏结、搁置、卡紧、挂柱等。饰面板的类型较多，如胶合板、水泥木丝板、塑料板、金属板、镜面玻璃、不锈钢板等。

天棚按其面层的几何形状有平面、锯齿形、阶梯形、吊挂式、藻井式及圆弧形、曲线形、拱形等。其类型如图 3-85 所示。

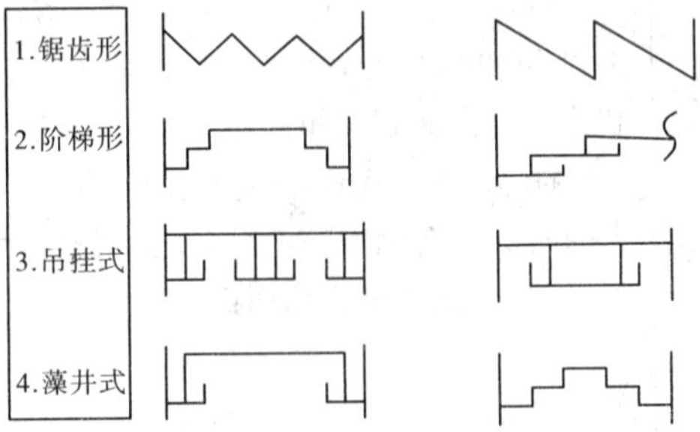

图 3-85　艺术造型天棚类型

本分部具体列项通常应按国家《建装计量规范》的附录 N 的项目划分方法，结合工程的具体情况，考虑其构造层次、形状特征不同分开列项。

3.13.1.2　工程量计算

工程量应按《建装计量规范》的附录 N 的清单项目中工程量计算规则进行计算。常用清单项目工程量计算规则见表 3-109 ~ 表 3-112。

表 3-109　天棚抹灰工程量计算规则

<table>
<tr><th>模式</th><th>项目名称</th><th>计量单位</th><th>计算规则</th><th>工程内容</th></tr>
<tr><td>清单项目</td><td>天棚抹灰</td><td rowspan="2">m^2</td><td rowspan="2">按设计图示尺寸以水平投影面积，以“m^2”计算，不扣除间壁墙、垛、柱、附墙烟囱、检查口和管道所占的面积。带梁天棚，梁两侧抹灰面积，并入天棚抹灰工程量内计算。板式楼梯底面抹灰按斜面积计算，锯齿形楼梯底板抹灰按展开面积计算</td><td rowspan="4">1. 基层清理
2. 底层抹灰
3. 抹面层</td></tr>
<tr><td rowspan="4">定额项目</td><td>天棚抹灰</td></tr>
<tr><td>零星抹灰</td><td>m</td><td>按设计图示尺寸的面积计算</td></tr>
<tr><td>装饰线条</td><td>m</td><td>按设计图示尺寸的长度计算</td></tr>
<tr><td>艺术角花和灯盘</td><td>个</td><td>按设计图示的数量计算</td><td>贴石膏艺术角花和灯盘</td></tr>
</table>

注：定额计算规则补充说明如下：

1. 檐口天棚的抹灰面积，并入相同的天棚抹灰工程量内计算。
2. 阳台底面抹灰按设计图示尺寸以水平投影面积计算，并入相同的天棚抹灰工程量内计算。阳台若带悬臂梁者，其工程量乘以 1.30。
3. 雨篷、挑檐、飘窗、空调板、遮阳板的单面抹灰按设计图示尺寸以水平投影面积计算。雨篷顶面带反沿或反梁者，其工程量乘以 1.20。反沿或反梁不另列项目计算。
4. 雨篷板顶面、底面和沿口均为同一种一般抹灰时，其工程量可按水平投影面积乘以 2.2 计算。板顶面、底面和沿口抹灰设计为不同的抹灰时，工程量分别列项计算。板顶面、底面抹灰执行“天棚抹灰”计价子目；侧面抹灰，执行“零星项目”或“装饰线条”计价子目。
5. 雨篷沿口线如为镶贴块料，可另行计算，执行楼地面工程中的“零星块料”。

表 3-110 天棚吊顶工程量计算规则

<table>
<tr><th>模式</th><th>项目名称</th><th>计量单位</th><th>计算规则</th><th>工程内容</th></tr>
<tr><td>清单项目</td><td>天棚吊顶</td><td rowspan="4">m²</td><td rowspan="2">按设计图示尺寸的水平投影面积计算。不扣除间壁墙、检查口、附墙烟囱、柱、垛和管道所占面积。扣除单个面积 >0.3 m² 的孔洞、独立柱与天棚相连的窗帘盒所占的面积。天棚面中的灯槽及叠级、锯齿形、吊挂式、藻井式天棚面积不展开计算</td><td>1. 基层清理、吊杆安装
2. 龙骨安装
3. 基层板铺贴
4. 面层板铺贴
5. 嵌缝
6. 刷防护材料</td></tr>
<tr><td rowspan="5">定额项目</td><td>天棚龙骨</td><td>基层清理、吊杆安装、龙骨安装、基层板铺贴</td></tr>
<tr><td>天棚吊顶面板</td><td>按设计图示尺寸的面积计算，不扣除间壁墙、检查口、附墙烟囱、附墙垛和管道所占面积，应扣除独立柱及与天棚相连的窗帘盒所占的面积和 0.3 m² 以上的孔洞及灯饰面积。天棚中的叠落侧面、曲面造型、高低灯槽、假梁装饰及其他艺术形式的天棚面层，按展开面积计算，并入相同的天棚面层工程量内</td><td>面层板铺贴</td></tr>
<tr><td>基层及面板油漆</td><td>按天棚主墙间水平投影面积计算</td><td>龙骨、基层板及面板刮腻子、刷油</td></tr>
<tr><td>天棚装饰线条</td><td rowspan="2">m</td><td rowspan="2">按设计图示尺寸的长度计算</td><td>装饰线条制作、安装</td></tr>
<tr><td>装饰线条油漆</td><td>线条刮腻子、刷油</td></tr>
</table>

注：天棚吊顶清单项目包括吊顶天棚、格栅吊顶、吊筒吊顶、藤条造型悬挂吊顶、织物软雕吊顶、网架装饰吊顶等清单项目。

表 3-111 采光天棚工程量计算规则

<table>
<tr><th>模式</th><th>项目名称</th><th>计量单位</th><th>计算规则</th><th>工程内容</th></tr>
<tr><td>清单项目</td><td>采光天棚</td><td rowspan="2">m²</td><td rowspan="2">按框外围展开面积计算</td><td rowspan="2">1. 基层清理
2. 面层制作、安装
3. 嵌缝、塞口
4. 清洗</td></tr>
<tr><td>定额项目</td><td></td></tr>
</table>

注：采光天棚骨架不包括在本节中，应单独按《建装计量规范》附录 F 相关项目编码列项。

表 3-112 天棚其他装饰工程量计算规则

模式	项目名称	计量单位	计算规则	工程内容
清单项目 1	灯带(槽)	m^2	按设计图示尺寸以框外围面积计算	安装、固定
定额项目	灯带(槽)	个	按设计图示数量计算	
清单项目 2	送风口(回风口)	个	按设计图示数量计算	1. 安装、固定 2. 刷防护材料
定额项目	送风口(回风口)			

3.13.2 工程量清单计价

3.13.2.1 编制工程量清单

工程量清单五因素要结合工程实际按照《建装计量规范》附录 P 中规定进行。

清单项目编码的一至九位数字应按《建装计量规范》附录 P 的规定设置。本分部清单项目编码的前 9 位以 01－13－01～04－001～×××表示。从前至后的各级数字含义为：01 表示建筑与装饰工程，13 表示天棚专业工程，01～04 表示天棚抹灰、天棚吊顶、采光天棚、天棚其他装饰等分部工程顺序，001～×××表示不同的构造特点的分项工程。

3.13.2.2 确定清单项目综合单价

(1)列出工程量清单项目所对应的定额计价项目。根据《河南省 08 综合单价》计价定额规定，各清单项目所对应的定额计价项目如表 3-109～表 3-112 所示的定额项目。

(2)计算计价项目工程量。《河南省 08 综合单价》中规定的各计价项目的工程量计算规则如表 3-109～表 3-112 所示的定额项目所对应的计算规则。

(3)套用取费定额分析计算清单项目的人工费、材料费、管理费和利润，计算清单项目的综合单价，填写工程量清单项目综合单价分析表(见表 1-2)。

本分部的定额取费使用说明摘要如下：

①本定额子目中凡注明的砂浆种类、配合比、饰面材料型号规格的，如与设计不同，可按设计规定调整，但人工数量不变。天棚抹灰厚度与设计要求不符时，可按墙柱面工程各种砂浆抹灰层厚度每增减 1 mm 子目进行调整，人工乘以系数 1.1，其他不变。

②天棚龙骨是按常用材料及规格编制的，如与设计规定的品种规格、用量和价格不同时，可以按设计要求调整龙骨用量与价格，其他不变。

③木材除注明外，均以一、二类为主，若采用三、四类木种，其人工及木工机械乘以系数 1.3。

④本分部的木材均为板方综合规格木材，子目中已考虑了施工损耗、木材的干燥费用及干燥损耗(7%)。凡注明允许换算木材用量时，所增减的木材用量均可计入施工损耗、木材的干燥费用及干燥损耗(7%)。

⑤天棚计价时按形状特征分为平面天棚、叠级天棚及曲面形天棚。天棚面层在同一标高者为平面天棚；天棚面层不在同一标高者，且高差在 200 mm 以上者为叠级天棚(面层标高总高差在 200 mm 以内者为按平面)；曲面形是指面层为圆弧形或曲线形、拱形。曲面形

天棚龙骨套用叠级式天棚定额子目，人工费乘以系数1.50。

⑥天棚骨架、天棚面层分别列项，按相应项目配套使用。面层子目中除胶合板面层外，其他面层均按平面天棚取定。如为叠级式造型的天棚，其人工乘以系数1.3，饰面板乘以系数1.03，其他不变。若为曲面造型的天棚，则面层人工乘以系数1.5，饰面板乘以系数1.05，其他不变。

⑦天棚装饰项目已包括3.6 m以下简易脚手架搭设及拆除，不另计算。对于3.6 m以上脚手架搭拆用工和材料摊销费，应按脚手架分部的有关规定执行。

⑧天棚木龙骨用于板条、钢板网、木丝板天棚面层时，扣除方木龙骨天棚定额中的一等中小方中板0.904 m^3，增加圆钉8.63 kg计算。

⑨定额中的轻钢龙骨、铝合金龙骨均以双层结构为准，即中小龙骨紧贴大龙骨底面吊挂。单层结构的天棚如大、中龙骨底面在同一水平上者，应扣除定额中的小龙骨及相应的配件，且平面天棚人工乘以系数0.83计算，叠级式天棚人工乘以系数0.85计算。

⑩胶合板如现场制作钻吸音孔，按每100 m^2 增加综合人工6.67工日计算。

⑪天棚面层子目，除注明者外均未包括压条、收边、装饰线，如设计要求，另执行本册B.6分部相应子目计算。

⑫天棚检查孔子目用于已经施工完成的天棚需增开的检查孔。孔灯用于设计要求需在天棚施工时设置的灯孔。

⑬龙骨架、基层、面层的防火处理，应执行装饰工程B.5分部相应子目计算。

⑭天棚木龙骨分为平面与叠级式。U形轻钢龙骨应区分上人与不上人两大类，再按面层规格600 mm×600 mm以内和以外及平面和叠级进行分类。天棚铝合金龙骨有嵌入式、浮搁式、吊挂式铝合金轻型方板龙骨架以及铝合金格片式龙骨架、铝合金条板龙骨架不同类型，再按面层规格500 mm×500 mm以内、600 mm×600 mm以内和600 mm×600 mm以上不同进行分类。

⑮格栅吊顶面层有铝栅、不锈钢格栅、木格栅、铝合金格栅等不同形式。

⑯灯带有格式灯孔和筒灯孔之分。

⑰送风口、回风口有木质、金属、塑料等不同材料之分。

⑱采光天棚和天棚设保温隔热吸音层时，按建筑工程A.8分部相关项目计算。

⑲天棚面层子目中的灰板条以百根或 m^3 计算，其板条规格为7.5 mm×38 mm×1 000 mm，其损耗率（包括清水的刨光损耗）已包括在内。

⑳木龙骨、木基层及面层，均未包括刷防火涂料。如设计要求，另按B.5分部相应项目列项计算。

【例3-25】 例3-23所示工程图，天棚顶有框架梁（框柱之间均设，梁截面尺寸为400 mm×600 mm），2轴下为圈梁，断面尺寸为240 mm×300 mm，顶标高与板平齐，板厚120 mm。天棚做法如下：

（1）办公室和更衣室：抹灰天棚。素水泥浆一道甩毛，5 mm厚1:3水泥砂浆打底扫毛，3 mm厚1:2.5水泥砂浆找平，刮腻子一道，白色乳胶漆面层。

（2）控制室：铝合金条板吊顶，吊顶高为3 600 mm。Φ6钢筋吊杆，中距横向≤1 500 mm，纵向≤1 200 mm；U形轻钢主龙骨h38，中距≤1 500；U形轻钢次龙骨h19，中距≤1 500；1.0 mm厚铝合金条板，闭缝。

试编制天棚工程的工程量清单计价表。

解 1. 列清单项目名称并计算清单工程量

(1)清单项目:天棚抹灰、吊顶天棚。

(2)计算清单工程量 。

“天棚抹灰”工程量:$(3.6-0.24)\times(8.1-0.24-0.24)=25.60(m^2)$

“吊顶天棚”工程量:$(2\times3.6-0.24)\times(8.1-0.24)-0.6\times0.6=54.35(m^2)$

2. 编制工程量清单

编制工程量清单,见表 3-113。

表 3-113 “天棚工程”工程量清单

序号	项目编码	项目名称	项目特征	计量单位	工程量
1	011301001001	天棚抹灰	混凝土基层 素水泥浆一道甩毛 5 厚 1:3水泥砂浆打底扫毛 3 厚 1:2.5 水泥砂浆找平	m^2	25.60
2	011302001001	吊顶天棚	ϕ6 钢筋吊杆,中距横向≤1 500,纵向≤1 200,高度 0.9 m U 形轻钢主龙骨 h38 中距≤1 500 U 形轻钢次龙骨 h19,中距≤1 500 1.0 厚铝合金条板	m^2	54.35
本页小计					

3. 分析“天棚抹灰”清单项目综合单价

(1)划分计价项目(1 项): 天棚混凝土面抹水泥砂浆。

(2)计价项目工程量:同清单工程量为 25.60 m^2。

(3)分析综合单价:

“天棚混凝土面抹水泥砂浆”套 B(3 -11)定额子目,但底层厚度定额为 7 mm 而设计为 5 mm;面层厚度定额为 5 mm 而设计为 3 mm 且砂浆的配合比定额为 1:2(单价 229.62 元/m^3),而设计为 1:2.5(单价 218.62 元/m^3)需要进行换算,厚度按墙面 B(2 -28)(每增减 1 mm)定额子目但人工乘以 1.1。换算后人工费、材料费、机械费、管理费和利润如下:

人工费 $=747.34-1.1\times16.34\times4$(厚度共减 4 mm) $=675.44$(元/100 m^2)

材料费 $=268.53-19.83\times4+(218.62-229.62)\times(0.510-0.101\times2)$

$=185.82$(元/100 m^2)

机械费 $=12.98-1.24\times4=8.02$(元/100 m^2)

管理费 + 利润 $=422.16-8.4\times4=388.56$(元/100 m^2)

把清单项目所对应的计价项目的取费定额子目号、计量单位、数量和相应人工费、材料费、机械费、管理费和利润单价填入表 3-114 中,然后用数量乘以相应的单价填入表中的合价栏,再对合价部分进行竖向求和。

“天棚抹灰”综合单价 $=6.75+1.86+0.08+3.89=12.58$(元/$m^2$)

表 3-114 “天棚抹灰”清单项目综合单价分析表

项目编码	011301001001		项目名称		天棚抹灰		计量单位		m^2		
清单综合单价组成明细											
定额编号	定额名称	定额单位	数量	单价				合价			
				人工费	材料费	机械费	管理费和利润	人工费	材料费	机械费	管理费和利润
B(3－11)换	天棚混凝土面抹水泥砂浆厚(5＋3)mm	100 m^2	0.01	675.44	185.82	8.02	388.56	6.75	1.86	0.08	3.89
人工单价		小计						6.75	1.86	0.08	3.89
43 元/工日		未计价材料费									
清单项目综合单价								12.58			

4. 分析“吊顶天棚”清单项目综合单价

(1)划分计价项目(2 项):天棚 U 形轻钢龙骨(不上人)、铝合金条板天棚面层。

(2)计价项目工程量:由于是平面天棚,两项目的工程量同清单工程量,为 54.35 m^2。

(3)分析综合单价:

“天棚 U 形轻钢龙骨(不上人)”套 B(3－21)定额子目。

“铝合金条板天棚面层”套 B(3－97)定额子目。

把清单项目所对应的计价项目的取费定额子目号、计量单位、数量和相应人工费、材料费、机械费、管理费和利润单价填入表 3-115 中,然后用数量乘以相应的单价填入表中的合价栏,再对合价部分进行竖向求和。

表 3-115 “吊顶天棚”清单项目综合单价分析表

项目编码	011302001001		项目名称		吊顶天棚		计量单位		m^2		
清单综合单价组成明细											
定额编号	定额名称	定额单位	数量	单价				合价			
				人工费	材料费	机械费	管理费和利润	人工费	材料费	机械费	管理费和利润
B(3－21)	天棚 U 形轻钢龙骨(不上人)	100 m^2	0.01	761.96	2 058.15	0	705.26	7.62	20.58	0	7.05
B(3－97)	铝合金条板天棚面层	100 m^2	0.01	1 373.85	9 264.56	0	1 271.61	13.74	92.65	0	12.72
人工单价		小计						21.36	113.23	0	19.77
43 元/工日		未计价材料费									
清单项目综合单价								154.36			

“吊顶天棚”综合单价＝21.36＋113.23＋0＋19.77＝154.36(元/m^2)

5. 形成工程量清单计价表

将综合单价填入表中,再用清单工程量乘以综合单价计算出合价,填入表中,形成计价表，见表3-116。

表3-116　天棚工程工程量清单计价表

序号	项目编码	项目名称	项目特征	计量单位	工程量	综合单价（元）	合价（元）
1	011301001001	天棚抹灰	混凝土基层 素水泥浆一道甩毛 5厚1:3水泥砂浆打底扫毛 3厚1:2.5水泥砂浆找平	m^2	25.60	12.58	322.05
2	011302001001	吊顶天棚	φ6钢筋吊杆，中距横向≤1 500，纵向≤1 200，高度0.9 m U形轻钢主龙骨h38中距≤1 500U形轻钢次龙骨h19，中距≤1 500 1.0厚铝合金条板	m^2	54.35	154.36	8 389.47
小计							8 711.52

习　题

1. 某天棚装饰构造如图3-86所示，轻钢龙骨纸面石膏板隔墙厚度为100 mm，天棚做法：不上人型45系列双层T形铝合金龙骨平顶，矿棉板搁在龙骨上。面层规格为500 mm×500 mm，编制天棚工程量清单计价表。

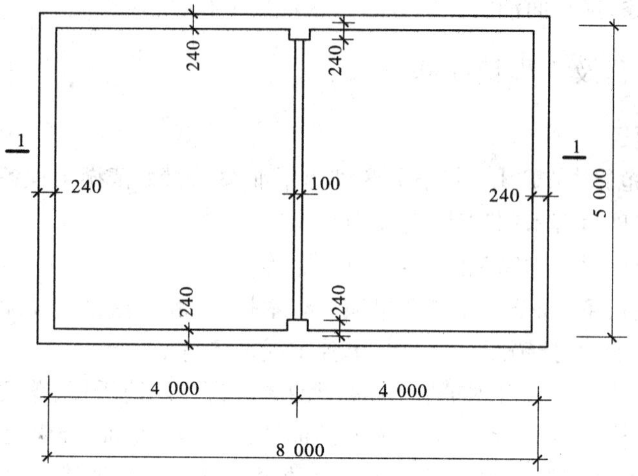

(a)

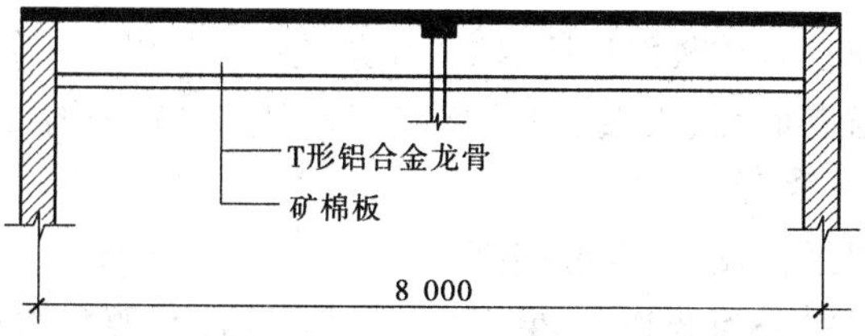

(b)

图3-86　某天棚装饰构造示意

2. 编制如图 3-87 所示吊顶天棚工程量清单计价表。已知面层规格为 500 mm × 500 mm。

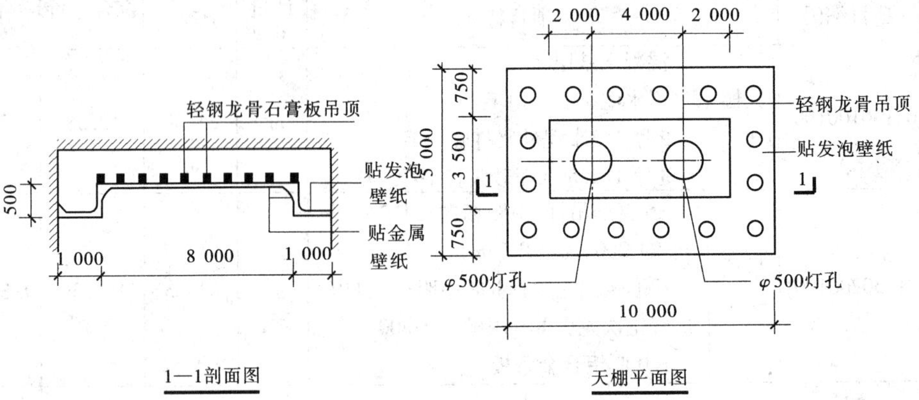

图 3-87　吊顶天棚装饰图

3.14　油漆、涂料、裱糊工程

油漆、涂料、裱糊工程分部主要包括门油漆，窗油漆，木扶手及其他板条、线条油漆，木材面油漆，金属面油漆，抹灰面油漆，喷刷涂料，裱糊等工程。

3.14.1　清单项目及工程量计算

3.14.1.1　**清单项目**

《建装计量规范》附录 P.1 ~ 附录 P.8 列出了油漆、涂料、裱糊工程各工程的清单项目。

门油漆的清单项目有木门油漆、金属门油漆等。

窗油漆的清单项目有木窗油漆、金属窗油漆等。

木扶手及其他板条、线条油漆的清单项目有木扶手油漆，窗帘盒油漆，封檐板、顺水板油漆，挂衣板、黑板框油漆，挂镜线、窗帘棍、单独木线油漆等。

木材面油漆的清单项目有木护墙、木墙裙油漆，窗台板、筒子板、盖板、门窗套、踢脚线油漆，清水板条天棚、檐口油漆，木方格吊顶天棚油漆，吸音板墙面、天棚面油漆，暖气罩油漆，木间壁、木隔断油漆，木栅栏、木栏杆(带扶手)油漆，衣柜、壁柜油漆，梁柱饰面油漆，木地板油漆等。

抹灰面油漆的清单项目有抹灰面油漆、抹灰线条油漆、满刮腻子等。

喷刷涂料的清单项目有墙面、天棚、空花格、栏杆、线条、金属构件、木材构件等喷刷涂料。

裱糊的清单项目有墙纸裱糊、织绵缎裱糊等。

木材面油漆按油漆材料分为调和漆、聚氨酯漆、酚醛清漆、醇酸清漆、硝基清漆、醇酸清漆、过氯乙烯漆、防火漆、广生漆等。

金属面油漆按油漆部位分为钢门窗油漆，钢屋架、钢柱、钢支撑等金属结构油漆，铁皮排水管沟、泛水及零件等。金属面油漆按油漆材料分为调和漆、红丹防锈漆、醇酸磁漆、沥青漆、银粉漆、过氯乙烯漆、防火漆(涂料)、沥青漆、磷化底漆及锌黄底漆等。

抹灰面油漆按材料分为调和漆、乳胶漆、氟碳漆、过氯乙烯漆、水性水泥漆、真石漆等。

涂料按材料分为多彩涂料、彩砂喷涂、浮雕喷涂料、防霉涂料、888 仿瓷涂料、钢化涂料、106 涂料、大白浆、石灰大白浆、可赛银浆、白水泥浆等。

油漆、涂料施工一般经过基层处理、打底子、刮腻子、磨光、涂刷等工序。

裱糊有对花和不对花两种类型。

该分部具体列项通常应按《建装计量规范》附录 P 的项目划分方法,结合工程的具体情况,考虑其基层类型、装饰部位、装饰材料及涂刷遍数等条件的不同而分开列项。

3.14.1.2 工程量计算

工程量应按《建装计量规范》的附录 P 的清单项目中工程量计算规则进行计算。常用清单项目工程量计算规则见表 3-117 ~ 表 3-121、表 3-124。

表 3-117 木门窗、木扶手及其他板条、线条油漆工程量计算规则

<table>
<tr><th>模式</th><th>项目名称</th><th>计量单位</th><th>计算规则</th><th>工程内容</th></tr>
<tr><td>清单项目 1</td><td rowspan="2">门油漆
窗油漆</td><td>樘
m^2</td><td>按设计图示数量以樘计算
按设计图示洞口尺寸以面积计算</td><td rowspan="4">1. 基层清理
2. 刮腻子
3. 刷防护材料、油漆</td></tr>
<tr><td>定额项目</td><td>m^2</td><td>按设计图示尺寸以单面洞口面积计算</td></tr>
<tr><td>清单项目 2</td><td rowspan="2">木扶手及其他板条、线条油漆</td><td rowspan="2">m</td><td rowspan="2">按设计图示尺寸以长度计算</td></tr>
<tr><td>定额项目</td></tr>
</table>

注:1. 木门油漆应分木大门、单层木门、双层(一板一纱)、双层(单裁口)木门、全玻自由门、半玻自由门、装饰门及有框门或无框门等项目,分别编码列项。

2. 金属门应区分平开门、推拉门、钢制防火门列项。

3. 木窗油漆应分单层木窗、双层(一玻一纱)木窗、双层框扇(单裁口)木窗、单层组合窗、双层组合窗、木百叶窗、木推拉窗等项目,分别编码列项。

4. 金属窗应区分平开窗、推拉窗、固定窗、组合窗、金属隔栅窗分别列项。

5. 木扶手应区分带托板与不带托板,分别编码列项。若是木栏杆带扶手,木扶手则不应单独列项,应包含在木栏杆油漆中。

6. 其他板条、线条油漆是指窗帘盒、封檐板、顺水条、挂衣板、黑板框、挂镜线、窗帘棍及单独木线油漆。

表 3-118　木材面油漆工程量计算规则

模式	项目名称	计量单位	计算规则	工程内容
清单项目 1 定额模式	檐口、天棚、墙裙、窗台板、筒子板、门窗套、踢脚线、暖气罩油漆	m^2	按设计图示尺寸以面积计算	1. 基层清理 2. 刮腻子 3. 刷防护材料、油漆 4. 烫蜡(仅木地板烫硬蜡面有)
清单项目 2 定额模式	间壁、隔断、栅栏、栏杆油漆	m^2	按设计图示尺寸的单面外围面积计算	
清单项目 3 定额模式	衣柜、壁柜、梁柱饰面、零星木装修油漆	m^2	设计图示尺寸以油漆部分的展开面积	
清单项目 4 定额模式	木地板油漆及木地板烫硬蜡面	m^2	按设计图示尺寸的实铺面积计算。门洞、空圈、暖气包槽、壁龛开口部分的面积并入相应工程量内	

表 3-119　金属面油漆工程量计算规则

模式	项目名称	计量单位	计算规则	工程内容
清单项目	金属面油漆	t m^2	1. 按设计图示尺寸以质量计算 2. 按设计展开面积计算	1. 基层清理 2. 刮腻子 3. 刷防护材料、油漆
定额项目	钢门窗、金属间壁、平板屋面油漆	m^2	按设计图示的单面洞口面积计算	
	钢屋架、天窗架、挡风架、屋架梁、支撑、檩条和其他金属构件油漆	t	按设计图示尺寸的质量计算	
	金属面涂刷沥青漆、磷化及锌黄底漆	m^2	按设计图示尺寸的面积计算	

表 3-120　抹灰面油漆工程量计算规则

模式	项目名称	计量单位	计算规则	工程内容
清单项目 1	抹灰面油漆	m^2	按设计图示尺寸以面积计算	1. 基层清理 2. 刮腻子 3. 刷防护材料、油漆
定额项目	墙、柱、天棚抹灰面油漆			
	槽形、折线、肋形梁板抹灰面油漆			
	平板式楼梯底油漆		按设计图示尺寸的水平投影面积计算	
清单项目 2	抹灰线条油漆	m	按设计图示尺寸以长度计算	
定额项目		m^2	按设计图示尺寸以单面外围面积计算	
清单项目 3	满刮腻子	m^2	按设计图示尺寸以面积计算	1. 基层清理 2. 刮腻子
定额项目				

表 3-121　喷刷涂料工程量计算规则

模式	项目名称	计量单位	计算规则	工程内容
清单项目 1	墙、天棚抹灰面涂料	m^2	按设计图示尺寸以面积计算	1. 基层清理 2. 刮腻子 3. 刷、喷涂料
定额项目				
清单项目 2	空花格、栏杆涂料	m^2	按设计图示尺寸以单面外围面积计算	
定额项目				
清单项目 3	抹灰线条涂料	m	按设计图示尺寸以长度计算	
定额项目		m^2	按设计图示尺寸以单面外围面积计算	
清单项目 4	金属结构刷防火涂料	m^2 t	按设计展开面积计算 按设计图示尺寸的质量计算	
定额项目		m^2	按设计展开面积计算	
清单项目 5	木材构件刷防火涂料	m^2	按设计图示尺寸以面积计算（木龙骨以由龙骨组成的木格栅外围尺寸的面积）	
定额项目				

注：镀锌铁皮排水管沟、零件及金属构件等的展开面积见表 3-122、表 3-123 计算。

表 3-122　镀锌铁皮排水管沟、零件单位面积折算表

名称	管沟与泛水								
单位	水落管 φ100	檐沟	天沟	天窗窗台泛水	天窗侧面泛水	通气管泛水	烟囱泛水	滴水檐头泛水	滴水
m^2/m	0.32	0.30	1.30	0.50	0.70	0.22	0.80	0.24	0.11
名称	排水零件								
单位	水斗			漏斗			下水口		
m^2/个	0.4			0.16			0.45		

表 3-123　金属构件单位面积折算表

名称	钢屋架支撑、檩条	钢梁柱	钢墙架	平台操作台	钢栅栏栏杆	钢梯	球节点网架	零星构件
m^2/t	38	38	19	27	65	45	28	50

表 3-124　裱糊工程量计算规则

模式	计量单位	计算规则	工程内容
清单模式	m^2	按设计图示尺寸以面积计算	1. 基层清理 2. 刮腻子 3. 面层铺设 4. 刷防护材料
定额模式			

3.14.2　工程量清单计价

3.14.2.1　编制工程量清单

工程量清单五因素要结合工程实际按照《建装计量规范》附录 P 中规定进行。

清单项目编码的一至九位数字应按《建装计量规范》附录 P 的规定设置。本分部清单项目编码的前 9 位以 01－14－01～08－001～×××表示。从前至后的各级数字含义为：01 表示建筑与装饰工程，14 表示油漆、涂料、裱糊专业工程，01～08 表示门油漆，窗油漆，木扶手及其他板条、线条油漆，木材面油漆，金属面油漆，抹灰面油漆，喷刷涂料，裱糊等分部工程顺序，001～×××表示不同的构件或构造特点的分项工程。

3.14.2.2　确定清单项目综合单价

(1)列出工程量清单项目所对应的定额计价项目。根据《河南省 08 综合单价》计价定额规定，本分部的计价项目较为单一，与清单项目一一对应，各清单项目所对应的定额计价项目如表 3-117～表 3-121、表 3-124 所示的定额项目。

(2)计算计价项目工程量。工程量按《河南省 08 综合单价》中规定的各计价项目的工程量计算规则进行计算，其规则如表 3-117～表 3-121、表 3-124 所示的定额项目所对应的计

算规则。

(3)套用取费定额分析计算清单项目的人工费、材料费、管理费和利润,计算清单项目的综合单价,填写工程量清单项目综合单价分析表(见表1-2)。

本分部的定额取费使用说明摘要如下:

①双层及其他木门、窗油漆执行相应“单层木门”“单层木窗”油漆子目,并分别乘以表3-125、表3-126所规定的系数。

表3-125　木门油漆综合单价计算系数

项目名称	系数	工程量计算方法
单层木门	1.00	按设计图示尺寸的单面洞口面积计算
双层(一板一纱)木门	1.36	
双层(单裁口)木门	2.00	
全玻自由门	0.83	
半玻自由门	0.93	
半百叶门	1.30	
厂库大门	1.10	
无框装饰门、成品门扇	1.10	按设计图示尺寸的门扇面积计算

表3-126　木窗油漆综合单价计算系数

项目名称	系数	工程量计算方法
单层木窗	1.00	按设计图示尺寸的单面洞口面积计算
双层(一玻一纱)窗	1.36	
双层(单裁口)窗	2.00	
三层(二玻一纱)窗	2.60	
单层组合窗	0.83	
双层组合窗	1.13	
木百叶窗	1.50	

②带托板的木扶手及其他板条、线条的油漆执行“木扶手(不带托板)油漆”子目,并分别乘以表3-127所规定的系数。

③木材面油漆计价时均执行“其他木材面油漆”子目,并分别乘以表3-128所规定的系数。

④木楼梯油漆(不含底面)执行“木地板油漆”子目,并乘以系数2.3;木地板、木踢脚、木楼梯的打蜡均执行“木地板打蜡”子目,木楼梯乘以系数2.3。

⑤各种钢门窗和金属间壁、平板屋面等油漆均执行“单层钢门窗油漆”子目,并分别乘以表3-129所规定的系数。

⑥金属构件油漆计价时均执行“其他金属面油漆”子目,并分别乘以表3-130所规定的系数。

⑦其他金属面涂刷沥青漆、磷化及锌黄底漆执行“平板面刷沥青漆、磷化及锌黄底漆”子目,并分别乘以表3-131中的系数。

⑧抹灰面刷涂料执行“墙、柱、天棚抹灰面油漆、涂料”子目,并分别乘以表3-132所规定的系数。

表 3-127　木扶手及其他板条、线条油漆综合单价计算系数

项目名称	系数	工程量计算方法
木扶手(不带托板)	1.00	按设计图示尺寸的长度计算
木扶手(带托板)	2.60	
窗帘盒	2.04	
封檐板、顺水板	1.74	
挂衣板	0.52	
装饰线条(宽度 60 mm 内)	0.50	
装饰线条(宽度 60 ~ 100 mm 内)	0.65	

表 3-128　其他木材面油漆综合单价计算系数

项目名称	系数	工程量计算方法
木板、纤维板、胶合板檐口、天棚	1.00	按设计图示尺寸的面积计算
板条天棚、檐口	1.20	
木方格吊顶天棚	1.30	
带木线的板饰面(墙裙、柱面)	1.07	
窗台板、筒子板、门窗套	1.10	
屋面板(带檩条)	1.11	按设计图示尺寸的斜面积计算
暖气罩	1.28	按设计图示尺寸的单面外围面积计算
木间壁、木隔断	1.90	
玻璃间壁、露明墙筋	1.65	
木栅栏、木栏杆(带扶手)	1.82	
木屋架	1.79	按设计图示尺寸的跨度(长) × 中高 ×1/2 计算
衣柜、壁柜	1.05	按设计图示尺寸的展开面积计算
零星木装修	1.15	

表 3-129　钢门窗、金属间壁及平板屋面油漆综合单价计算系数

项目名称	系数	工程量计算方法
单层钢门窗	1.00	按设计图示尺寸的单面洞口面积计算
双层(一玻一纱)钢门窗	1.48	
钢百叶钢门(窗)	2.74	
半截百叶钢门	2.22	
满钢门或包铁皮门	1.63	
钢折叠门	2.30	
射线防护门	2.96	按设计图示尺寸的框(扇)外围面积计算
厂库房平开、推拉门	1.70	
铁丝网大门	0.81	
平板屋面	0.74	按设计图示尺寸的面积计算
间壁	1.85	
排水、伸缩缝盖板	0.78	按设计图示尺寸的展开面积计算
吸气罩	1.63	按设计图示尺寸的水平投影面积计算

表 3-130 金属构件油漆综合单价计算系数

项目名称	系数	工程量计算方法
钢屋架、天窗架、档风架、屋架梁、支撑、檩条	1.00	按设计图示尺寸以质量(t)计算
墙架(空腹式)	0.50	
墙架(格板式)	0.82	
钢柱、吊车梁、花式梁柱、空花构件	0.63	
操作台、走台、制动梁、钢梁车档	0.71	
钢栅栏门、栏杆、窗栅	1.71	
铸铁花饰栏杆、铸铁花片	1.90	
钢爬梯	1.18	
轻型屋架	1.42	
踏步式钢扶梯	1.05	
零星铁件	1.32	

表 3-131 金属面涂刷沥青漆磷化、锌黄底漆综合单价计算系数

项目名称	系数	工程量计算方法
平板屋面	1.00	按斜长×宽计算
瓦垄板屋面	1.20	按斜长×宽计算
排水、伸缩缝盖板	1.05	按展开面积计算
吸气罩	2.20	按水平投影面积计算
包镀锌铁皮门	2.20	按单面洞口面积计算

表 3-132 抹灰面涂料综合单价计算系数

项目名称	系数	工程量计算方法
墙、柱、天棚平面	1.00	按设计图示尺寸以面积计算
槽形板底、混凝土折板	1.30	
有梁板底	1.10	
密肋、井字梁底板	1.50	
混凝土平板式楼梯底	1.30	按水平投影面积计算

【例 3-26】 图 3-83 中所示的控制室墙面在抹灰面上又刮石膏腻子，刷白色乳胶漆二遍。试编制油漆工程工程量清单计价表。

解 1. 列清单项目名称并计算清单工程量

(1)列清单项目名称：抹灰面油漆。

(2)计算清单工程量：同抹灰工程量 = 120.49 m^2(从例 3-24 知)。

2. 编制工程清单

编制工程量清单，见表 3-133。

表 3-133 “油漆工程”工程量清单

序号	项目编码	项目名称	项目特征	计量单位	工程量
1	011406001001	抹灰面油漆	抹灰面基层 刮石膏腻子 刷白色乳胶漆二遍	m^2	120.49
本页小计					

3. 分析“抹灰面油漆”清单项目综合单价

(1)划分计价项目(1 项)：抹灰面刷乳胶漆(刮石膏腻子，漆二遍)。

(2)计价项目工程量：同清单工程量，为 120.49 m^2。

(3)分析综合单价。

“抹灰面刷乳胶漆(刮石膏腻子，漆二遍)”套 B(5－163)定额子目。

把清单项目所对应的计价项目的取费定额子目号、计量单位、数量和相应人工费、材料费、管理费和利润单价填入表中，然后用数量乘以相应的单价填入表中的合价栏，再对合价部分进行求和，见表 3-134。

表 3-134 “抹灰面油漆”清单项目综合单价分析表

<table>
<tr><td colspan="2">项目编码</td><td colspan="2">011406001001</td><td colspan="2">项目名称</td><td colspan="2">抹灰面油漆</td><td colspan="2">计量单位</td><td colspan="2">m²</td></tr>
<tr><td colspan="12">清单综合单价组成明细</td></tr>
<tr><td rowspan="2">定额编号</td><td rowspan="2">定额名称</td><td rowspan="2">定额单位</td><td rowspan="2">数量</td><td colspan="4">单价</td><td colspan="4">合价</td></tr>
<tr><td>人工费</td><td>材料费</td><td>机械费</td><td>管理费和利润</td><td>人工费</td><td>材料费</td><td>机械费</td><td>管理费和利润</td></tr>
<tr><td>B(5－163)换</td><td>抹灰面刷乳胶膝</td><td>100 m²</td><td>0.01</td><td>374.96</td><td>786.93</td><td>0</td><td>279.04</td><td>3.75</td><td>7.87</td><td>0</td><td>2.79</td></tr>
<tr><td colspan="2">人工单价</td><td colspan="6">小计</td><td>3.75</td><td>7.87</td><td>0</td><td>2.79</td></tr>
<tr><td colspan="2">43 元/工日</td><td colspan="6">未计价材料费</td><td colspan="4"></td></tr>
<tr><td colspan="8">清单项目综合单价</td><td colspan="4">14.41</td></tr>
</table>

“抹灰面油漆”综合单价＝3.75＋7.87＋0＋2.79＝14.41(元/ m^2)

4. 形成工程量清单计价表

将综合单价填入表中，再用清单工程量乘以综合单价计算出合价，填入表中，形成计价表，见表 3-135。

表 3-135 “油漆工程”工程量清单计价表

序号	项目编码	项目名称	项目特征	计量单位	工程量	金额		
						综合单价（元）	合价	其中：暂估价
1	011406001001	抹灰面油漆	抹灰面基层 刮石膏腻子 刷白色乳胶漆二遍	m^2	120.49	14.41	1 736.26	
本页小计							1 736.26	
合计							1 736.26	

习　题

已知如图 3-84 所示工程构造做法如下：天棚及内墙面均抹混合砂浆，刮仿瓷涂料二遍，面刷一底二油调和漆。试编制油漆涂料工程的工程量清单计价表。

3.15　其他装饰工程

本分部主要包括柜类、货架，压条装饰线，扶手、栏杆、栏板装饰，暖气罩，浴厕配件，雨篷、旗杆，招牌、灯箱，美术字等工程。

柜类、货架按使用性质不同有柜台、酒柜、衣柜、存包柜、鞋柜、书柜、厨房低柜及吊柜、矮柜、吧台背柜、吧台、收银台、试衣间、货架、书架、服务台等类型。

压条装饰线有金属、木质、石材、石膏、镜面玻璃、铝塑、塑料、GRC 等不同材质。木装饰条按形状分为半圆线（平板线）、三道以内、三道以外、小压角线、大压角线。半圆木线（平板木线）按规格分为宽 15 mm 以内、宽 15 mm 以外。三道以内木装饰条按规格分为宽 16 ~ 25 mm、宽 25 mm 以外。三道以外木装饰条按规格分为宽 16 ~ 25 mm、宽 25 mm 以外。小压角木装饰线按规格分为宽 30 以内、宽 30 以外。大压角木装饰线按规格分为宽 60 mm 以内、宽 60 mm 以外。石材装饰线按形状分为圆边线、角线、异形线、镜框线等。天棚装饰线条如图 3-88 所示。

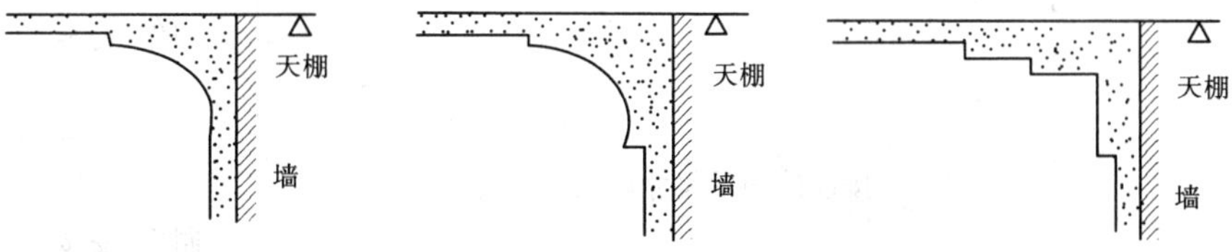

(a)一道线　(b)两道线　(c)三道线

图 3-88　装饰线条

扶手、栏杆、栏板装饰有金属、硬木、塑料、GRC 等不同材质。扶手有靠墙与不靠墙之分。

暖气罩按材料分为柚木板、塑料板、铝合金、金属暖气罩。暖气罩按安装的位置分为挂板式、平墙式、明式。

浴厕配件指洗漱台、晒衣架、帘子杆、浴缸拉手、卫生间扶手、毛巾架(杆)、卫生纸盒、肥皂盒、镜面玻璃、镜箱等配件。

招牌基层按形状分为平面招牌、箱式招牌、竖式标箱。牌面板按材料分为金属牌面板、大理石牌面板、木质牌面板。牌面板按规格分为 0.5 m^2 以内、0.5 m^2 以外。

美术字按材料分为泡沫塑料字、有机玻璃字、木质字、金属字。美术字安装按基层材料分为混凝土面、砖墙面、玻璃面、其他面。

3.15.1 清单项目及工程量计算

3.15.1.1 清单项目

《建装计量规范》附录 Q.1 ~ 附录 Q.8 列出了其他装饰工程各工程的清单项目。

本分部具体列项通常应按《建装计量规范》附录 Q 的项目划分方法，结合工程的具体情况，考虑不同类型、不同材质与规格等条件分开列项量。

3.15.1.2 工程量计算

工程量应按《建装计量规范》的附录 Q 的清单项目中工程量计算规则进行计算。常用清单项目工程量计算规则见表 3-136 ~ 表 3-143。

表 3-136 柜类、货架工程量计算规则

柜类、货架	计量单位	计算规则	工程内容
清单模式	个 m m^3	1. 按设计图示数量计算 2. 按设计图示尺寸以长度计算 3. 按设计图示尺寸以体积计算	1. 台柜制作、运输、安装(安放) 2. 刷防护材料、油漆 3. 五金件安装
定额模式	个	按设计图示数量计算	

注：台柜的规格是以能分离的成品单体的长、宽、高来表示的。如一个组合书柜分上下两部分，下部则为独立的矮柜，上部则为开敞式的书柜，分开列项编码。

表 3-137 压条装饰线工程量计算规则

压条装饰线	计量单位	计算规则	工程内容
清单模式	m	按设计图示尺寸以长度计算	制作、安装
定额模式			制作、安装
			磨边、加工

表 3-138　扶手、栏杆、栏板装饰工程量计算规则

扶手、栏杆、栏板	计量单位	计算规则	工程内容
清单模式	m	按设计图示尺寸以扶手中心线长度(包括弯头长度)计算	1. 制作 2. 运输 3. 安装
定额模式			

表 3-139　暖气罩工程量计算规则

暖气罩	计量单位	计算规则	工程内容
清单模式	m^2	按设计图示尺寸以垂直投影面积(不展开)计算	制作、运输、安装
定额模式			

表 3-140　浴厕配件工程量计算规则

浴厕配件	计量单位	计算规则	工程内容
清单模式	m^2/个/套/副/个	洗漱台按设计图示尺寸台面面积计算,不扣除孔洞、挖弯、削角所占面积,挡板、吊沿板面积并入台面面积内。也可按图示设计数量,以"个"计 镜面玻璃按设计尺寸以边框外围面积计算。 其他构件以设计图示数量,以"个或副、套"计	制作、运输、安装
定额模式			

表 3-141　雨篷、旗杆工程量计算规则

项目名称	模式	计量单位	计算规则	工程内容
雨篷吊挂饰面	清单模式	m^2	按设计图示尺寸以水平投影面积计算	1. 底层抹灰 2. 龙骨基层安装 3. 面层安装
	定额模式			
金属旗杆	清单模式	根	按设计图示数量计算	1. 土石挖、填、运 2. 基础混凝土浇筑 3. 旗杆制作、安装 4. 旗杆台座制作、饰面
	定额模式			
玻璃雨篷	清单模式	m^2	按设计图示尺寸以水平投影面积计算	1. 龙骨基层安装 2. 面层安装
	定额模式			

表 3-142　招牌、灯箱工程量计算规则

模式	项目名称	计量单位	计算规则	工程内容
清单项目	招牌、灯箱	m^2/个	平面、箱式招牌，按设计图示尺寸以正立面边框外围面积计算，不考虑凹凸造型因素 竖式标箱、灯箱、信报箱按设计图示数量计算	1. 基层安装 2. 箱体及支架制作、运输、安装 3. 面层制作、安装 4. 刷防护材料、油漆
定额项目	招牌、灯箱基层	m^2/m^3	平面招牌按设计图示尺寸以正立面边框外围面积计算，不考虑凹凸造型因素 立式招牌按设计图示尺寸的展开面积计算。箱体招牌和竖式标箱按设计图示尺寸的外围体积计算	基层安装；箱体及支架制作、运输、安装
	招牌、灯箱牌面层	块	按设计图示的数量计算	牌面层制作、安装
	透光彩店牌	m^2	按设计图示的正立面投影面积计算	透光彩裁制、缓图描字、拉紧安装
	面层油漆	m^2	按设计图示尺寸以展开面积计算	刷防护材料、油漆

表 3-143　美术字工程量计算规则

美术字	计量单位	计算规则	工程内容
清单模式	个	按设计图示的数量计算	1. 字制作、运输、安装 2. 刷防护材料
定额模式			

3.15.2　工程量清单计价

3.15.2.1　编制工程量清单

工程量清单五因素要结合工程实际按照《建装计量规范》附录 Q 中规定进行。

清单项目编码的一至九位数字应按《建装计量规范》附录 Q 的规定设置。本分部清单项目编码的前 9 位以 01 – 15 – 01 ~ 08 – 001 ~ × × × 表示。从前至后的各级数字含义为：01 表示建筑与装饰工程，15 表示其他工程，01 ~ 08 表示柜类、货架，装饰线，扶手、栏杆、栏板装饰，暖气罩，浴厕配件，雨篷、旗杆，招牌、灯箱，美术字等分部工程顺序，001 ~ × × × 表示不同的构件类型或材料划分的分项工程。

3.15.2.2　**确定清单项目综合单价**

(1)列出工程量清单项目所对应的定额计价项目。根据《河南省08综合单价》计价定额规定,各清单项目所对应的定额计价项目如表3-136～表3-143所示的定额项目。

(2)计算计价项目工程量。《河南省08综合单价》中规定的各计价项目的工程量计算规则如表3-136～表3-143所示的定额项目所对应的计算规则。

(3)套用取费定额分析计算清单项目的人工费、材料费、管理费和利润,计算清单项目的综合单价,填写工程量清单项目综合单价分析表(见表1-2)。

本分部的定额取费使用说明摘要如下:

①本分部定额中除铁件带防锈漆一度外,均未包括油漆、防火漆的工料,如设计需要刷油漆、防火漆,按油漆相应定额子目套用。

②本分部定额安装子目中,设计的主材材质、品种、规格与定额不同时可以换算,其他不变。

③暖气罩挂板式是指钩挂在暖气片上,平墙式是指凹入墙内,明式是指凸出墙面,半凹半凸套用明式定额子目。

④招牌基层:平面招牌是指安装在门前的墙上;箱式招牌、竖式标箱是指六面体固定在墙上;生根于雨蓬、檐口、阳台的立式招牌,套用平面招牌复杂子目计算。一般招牌和矩形招牌是指正立面平整无凸面的招牌基层,复杂招牌和异形招牌是指正立面有凹凸或造型的招牌基层。招牌的灯饰均不包括在定额内。

⑤透光彩是按安装在墙面(墙体)、雨篷、檐口上综合考虑。安装在独立柱上时,独立柱另行计算,其他不变。

⑥美术字安装:美术字均以成品安装固定为准,不分字体按大小规格均执行本定额。美术字安装分混凝土面、砖墙面、玻璃面和其他面,其中"其他面"指铝合金扣板、钙塑板等。定额中不含基面,如美术字和基层面板单独固定成可移动的块体者,基层板制作应套用招牌的相应基层定额和面层定额。

⑦压条、装饰条以成品安装为准。如在现场制作木压条者,木材按净断面加刨光损耗计算,每10 m增加0.25工日。如在木基层天棚面上钉压条、装饰条者,其人工乘以系数1.34;在轻钢龙骨天棚板面钉压条、装饰条者,其人工乘以系数1.68:木装饰条做图案者,人工乘以系数1.8。

⑧柜类材料设计与定额含量不同时,可以调整。货架、柜类面板拼花及贴其他材料的花饰、造型艺术品另计。

⑨木材种类均以一、二类木种为准;若采用三、四类木种,其制作人工和机械乘以系数1.3,安装人工和机械乘以系数1.16。

⑩本分部采用的木材均为板方综合规格木材,子目中已考虑了施工损耗、木材的干燥费用及干燥损耗(7%)。凡注明允许换算木材用量时,所增减的木材用量均可计入施工损耗、木材的干燥费用及干燥损耗(7%)。

⑪石材仅倒磨角边,不抛光者,桉相应计价子目乘以系数0.75。石料需磨半圆形边者,执行倒磨角边计价子目,人工、机械乘以系数1.25。

⑫招牌的面层套用天棚面层相应定额子目,其人工乘以系数0.80。

⑬突出箱外的灯饰、店徽及其他艺术装潢等另行计算。

⑭招牌的面层套用天棚面层或墙面的大理石、花岗岩饰面面层定额子目。

⑮扶手、栏杆、栏板装饰执行楼地面相应定额子目。

【例3-27】 某店面墙面的钢结构箱式招牌，尺寸为1.2 m×2 m×0.2 m，铝塑板面层，钛金字1.5 m×1.5 m的6个，0.15 m×0.1 m的12个。试计算清单项目及计价项目的工程量。

解 1.列清单项目名称并计算清单工程量

(1)列清单项目名称：箱式招牌、金属字。

(2)计算清单工程量。

箱式招牌：$1.2\times2=2.4(m^2)$

金属字：$6+12=18$(个)

2.计价项目及工程量

(1)划分计价项目：矩形箱式灯箱钢结构基层、金属牌面层($0.5\ m^2$以内)、金属牌面层($0.5\ m^2$以上)、金属字。

(2)计价项目工程量：

钢结构基层 $1.2\times2\times0.2=0.48(m^3)$

金属牌面层($0.5\ m^2$以内)2块

金属牌面层($0.5\ m^2$以上)4块

金属字18个

3.16 建筑工程措施项目费

本分部包括的内容有脚手架工程，混凝土模板及支架(撑)，垂直运输，超高施工增加费，大型机械设备进出场及安拆，施工排水、降水，安全文明施工及其他措施项目等。

3.16.1 清单项目及工程量计算

3.16.1.1 清单项目

《建装计量规范》附录S.1～附录S.7列出了各措施项目的清单项目。

脚手架工程的清单项目有综合脚手架、外脚手架、里脚手架、悬空脚手架、挑脚手架、满堂脚手架、整体提升架、外装饰吊篮。

混凝土模板及支架(撑)的清单项目有基础、柱、梁、墙、板、天沟檐沟、雨篷、悬挑板、阳台板、楼梯、其他现浇构件、电缆沟、地沟、台阶扶手、散水、后浇带、化粪池、检查井等。

施工排水、降水的清单项目有成井、排水、降水。

安全文明施工及其他措施项目的清单项目有安全文明施工、夜间施工、非夜间施工照明、二次搬运、冬雨季施工、地上地下设施建筑物的临时保护设施、已完工程及设备保护。

本分部具体列项通常应结合工程的施工组织设计的具体情况，以《建装计量规范》附录S的项目划分方法进行列项。

3.16.1.2 工程量计算

工程量应按《建装计量规范》的附录S的清单项目中的工程量计算规则进行计算。可以计量的脚手架工程、混凝土模板及支架(撑)、垂直运输、超高施工增加费、大型机械设备进出场及安拆、施工排水降水等措施项目的工程量计算规则见表3-144～表3-149。

表 3-144　脚手架工程工程量计算规则

<table>
<tr><th>模式</th><th>项目名称</th><th>计量单位</th><th>计算规则</th><th>工程内容</th></tr>
<tr><td>清单项目 1</td><td rowspan="2">综合脚手架</td><td rowspan="2">m^2</td><td rowspan="2">按建筑面积计算</td><td rowspan="2">1. 场内外材料搬运
2. 搭拆脚手架、斜道、上料平台
3. 安全网的铺设
4. 选择附墙点与主体的连接
5. 测试电动装置、安全锁等
6. 拆除脚手架后材料的堆放</td></tr>
<tr><td>定额项目</td></tr>
<tr><td>清单项目 2</td><td>外脚手架</td><td rowspan="2">m^2</td><td rowspan="2">按所服务对象的垂直投影面积计算</td><td rowspan="10">1. 场内、场外材料搬运
2. 搭、拆脚手架、斜道、上料平台
3. 安全网的铺设
4. 拆除脚手架后材料的堆放</td></tr>
<tr><td>定额项目</td><td>里脚手架</td></tr>
<tr><td>清单项目 3</td><td rowspan="2">悬空脚手架</td><td rowspan="2">m^2</td><td rowspan="2">按搭设的水平投影面积计算</td></tr>
<tr><td>定额项目</td></tr>
<tr><td>清单项目 4</td><td>挑脚手架</td><td>m</td><td>按搭设长度乘以搭设层数以延长米计算</td></tr>
<tr><td rowspan="2">定额项目</td><td>挑脚手架</td><td rowspan="2">m</td><td>按搭设长度乘以搭设层数以延长米计算</td></tr>
<tr><td>门厅雨蓬外边缘的装饰脚手架</td><td>按其图示外围长度计算</td></tr>
<tr><td>清单项目 5</td><td>满堂脚手架</td><td rowspan="2">m^2</td><td>按搭设的水平投影面积计算</td></tr>
<tr><td>定额项目</td><td>满堂脚手架</td><td>按室内净面积计算
高度在 3.6～5.2 m 时，计算基本层，超过 5.2 m 时，每增加 1.2 m 按增加一层计算，不足 0.6 m 的不计</td></tr>
<tr><td></td><td></td><td></td></tr>
<tr><td>清单项目 6</td><td rowspan="2">整体提升架、外装饰吊篮</td><td rowspan="2">m^2</td><td rowspan="2">按所服务对象的垂直投影面积计算</td><td rowspan="2">1. 场内、场外材料搬运
2. 搭、拆脚手架、斜道、上料平台
3. 安全网的铺设；吊篮的安装
4. 选择附墙点与主体的连接
5. 测试电动装置、安全锁等
6. 拆除脚手架后材料的堆放
7. 吊篮的拆卸</td></tr>
<tr><td>定额项目</td></tr>
</table>

注：1. 使用综合脚手架时，不再使用外脚手架、里脚手架；综合脚手架适用于能够按"建筑工程建筑面积计算规范"计算建筑面积的建筑工程的脚手架，不适用于房屋加层、构筑物及附属工程脚手架。
2. 同一建筑物有不同檐高时，据建筑物竖向切面分别按不同檐高编制清单项目。
3. 整体提升架已包括 2 m 高的防护架体设施。
4. 除上述清单中已包括的脚手架工程项目外，其他脚手架的计算规则（定额规定）为：
a. 现浇混凝土单梁脚手架，以外露梁净长乘以地坪至梁底高度计算工程量。
b. 地上高度超过 1.2 m 的贮水（油）池壁、贮仓壁、大型设备基础立板脚手架，以其外围周长乘以高出地面的高度以面积计算；地下深度超过 1.2 m 的壁、板脚手架，以其内壁周长乘以自然地坪距底板上表面的高度以面积计算；底板脚手架以底板面积计算。
c. 室外管道脚手架按面积计算，其高度以自然地坪至管道下皮（多层排列管道时，以最上一层管道下皮为准）的垂直距离计算，长度按管道的中心线计算。
d. 网架安装脚手架按网架水平投影面积计算。
e. 烟囱脚手架按设计图示的不同直径、室外地坪至烟囱顶部的筒身高度以"座"计算。

表 3-145　混凝土模板及支架(撑)工程量计算规则

模式	项目名称	计量单位	计算规则	工程内容
清单项目 1	混凝土柱、梁、墙、板、天沟、挑檐、其他构筑物	m^2	按模板与混凝土构件的接触面积计算 1. 现浇钢筋混凝土墙、板单孔面积≤0.3 m^2 的孔洞不予扣除,洞侧壁模板亦不增加;单孔面积>0.3 m^2 时予以扣除,洞侧壁模板并入墙、板工程量内计算 2. 现浇框架分别按照梁、板、柱有关规定计算;附墙柱、暗梁、暗柱并入墙内工程量内计算 3. 柱、梁、墙、板相互连接的重叠部分,均不计算模板面积 4. 构造柱按图示外露部分计算模板面积	1. 模板制作 2. 模板安装、拆除、整理堆放及场内外运输 3. 清理模板黏结物及模内杂物、刷隔离剂等
定额项目		m^3	按混凝土构件的体积计算	
清单项目 2	雨篷、悬挑板、阳台板	m^2	按图示外挑部分尺寸的水平投影面积计算,挑出墙外的悬臂梁及板边不另计算	
定额项目		m^3	按现浇混凝土及预制构件混凝土的体积计算	
清单项目 3	楼梯 台阶	m^2	按图示水平投影面积计算 1. 楼梯包括休息平台、平台梁、斜梁和楼层板的连接梁;不扣除宽度≤500 mm 的楼梯井所占面积,楼梯踏步、踏步板、平台梁等侧面模板不另计算,伸入墙内部分不计算 2. 台阶端头两侧不另计算模板面积,架空式混凝土台阶按现浇楼梯计算	
定额项目				
清单项目 4	扶手	m^2	按模板与扶手的接触面积计算	
定额项目		m	按扶手的中心线以延长米计算	
清单项目 5	散水	m^2	按模板与散水的接触面积计算	
定额项目			按图示散水的水平投影面积计算	

注:1. 混凝土模板及支架(撑)项目,只适用于以平方米计量,按模板与混凝土构件的接触面积计算,以立方米计量的模板及支架(撑),按混凝土及钢筋混凝土实体项目执行,其综合单价应包含模板及支架(撑)。

2. 混凝土模板及支架(撑)的清单工程量的计量是按照模板与混凝土构件的接触面积进行计算的,而《河南省 08 综合单价》定额规定:现浇混凝土构件及预制构件模板所采用的工程量是现浇混凝土及预制构件混凝土的工程量(以体积计量),其计算规则和 3.5 混凝土和钢筋混凝土分部相同。但以下情况,可按本条规定计算:

a. 混凝土圈梁中的过梁模板可单独列项,按门窗洞口的外围宽度加 500 mm 乘以截面面积的体积计算。

b. 弧形板的计算范围为变形处两点连线一侧的弧状图形。

c. 设备基础体积大于 20 m 者,执行基础的相应子目。

d. 以投影面积或长度计算的构件,不得因混凝土量增减而调整其模板子目或增加工程量。

表 3-146　垂直运输工程量计算规则

模式	项目名称	计量单位	计算规则	工程内容
清单项目	垂直运输	m^2 天	1. 按建筑面积计算 2. 按施工工期日历天数计算	1. 垂直运输机械的固定装置、基础制作、安装 2. 行走式垂直运输机械轨道的铺设、拆除、摊销
定额项目	垂直运输	m^2	区分不同建筑物类型及檐高按建筑面积计算	
	地下部分	m^3	按混凝土或砌体的设计尺寸以体积计算	
	烟囱、水塔、筒仓	座	垂直运输以座计算	
	单独承包装饰工程	工日	区分檐高以装饰工程的合计定额工日为基数计算	

注：1. 建筑物的檐口高度是指设计室外地坪至檐口滴水的高度（平屋顶是指屋面板底高度），突出主体建筑物屋顶的电梯机房、楼梯出口间、水箱间、瞭望塔、排烟机房等不计入檐口高度。

2. 同一建筑物有不同檐高时，按建筑物的不同檐高做纵向分割，分别计算建筑面积，以不同檐高分别编码列项。

3. 定额规定计算建筑物垂直运输工程量时，要区分不同建筑物类型及檐高以建筑面积计算。檐高 4 m 以内的单层建筑，不计算垂直运输费；无地下室且埋置深度在 4 m 及以上的基础、地下水池垂直运输工程量，按混凝土或砌体的设计尺寸以体积计算；烟囱、水塔、筒仓垂直运输以“座”计算，超过规定高度时再按每增高 1 m 定额子目计算，其高度不足 1 m 时，亦按 1 m 计算；单独承包装饰工程垂直运输费区分檐高以装饰工程的合计定额工日为基数计算。

表 3-147　超高施工增加工程量计算规则

模式	项目名称	计量单位	计算规则	工程内容
清单项目	超高施工增加	m^2	按建筑物超高部分的建筑面积计算	1. 建筑物超高引起的人工工效降低以及人工工效降低引起的机械降效 2. 高层施工用水加压水泵的安装、拆除及工作台班 3. 通信联络设备的使用及摊销
定额项目				

注：1. 单层建筑物檐口高度超过 20 m，多层建筑物超过 6 层时，可按超高部分的建筑面积计算超高施工增加费。计算层数时，地下室不计入层数，突出主体建筑屋顶的水箱间、电梯间、楼梯间等也不计入层数，但要计入建筑面积。

2. 同一建筑物有不同檐高时，可按不同高度的建筑面积分别计算建筑面积，以不同檐高分别编码列项。

表 3-148　大型机械设备进出场及安拆工程量计算规则

模式	项目名称	计量单位	计算规则	工程内容
清单项目	大型机械设备进出场及安拆	台次	按使用机械设备的数量计算	1. 安拆费包括施工机械、设备在现场机械安装、拆卸所需人工、材料、机械和试运转费用以及机械辅助设施的折旧、搭设、拆除等费用 2. 进出场费包括施工机械、设备整体或分体自停放地点运至施工现场或由一施工地点所发生的运输、装卸、辅助材料等费用
定额项目		台次	按实际发生经签证的数量和次数计算	
		座	固定式带配重的塔吊基础铺设按座计算	
		m	轨道式基础铺设按长度计算	

表 3-149　施工排水、降水工程量计算规则

模式	项目名称		计量单位	计算规则	工程内容
清单项目 1	成井 排水、降水		m 昼夜	成井按设计图示尺寸以钻孔深度计算 排水、降水按排、降水日历天数计算	1. 准备钻孔机械、埋设护筒、钻机就位；泥浆制作、固壁；成孔、出渣、清孔等 2. 对接上、下井管(滤管)，焊接，安放，下滤料，洗井，连接试抽等 3. 管道安装、拆除、场内搬运等 4. 抽水、值班、降水设备维修等
定额项目	排水	排水管道安拆及摊销	m	按设计尺寸以长度计算	
		抽水机抽水	台班	按抽水机械台班数量计算。	
	降水	井点降水的井管安装	根	以根为单位计算	
		井点降水的井管拆除	根	以根为单位计算	
		水泥管井井点安装	m	按井深以长度计算	
		井点抽水使用	套·天	按套·天计算	

注：1. 相应专项设计不具备时，可按暂估量计算。

2. 定额计算规则中：井点降水应区分轻型井点、大口径井点，按不同井管深度以井管安装、拆除、使用 3 项计取费用；水泥管井井点不计拆除费用，仅计安装和使用 2 项费用。

3. 井点布置范围可按施工组织设计要求，若无要求，则按基础外围尺寸向外延伸 3 m 计算。

4. 井点套组成：轻型井点为 50 根为一套；大口径井点为 45 根为一套；水泥管井井点为每一管井为一套。如施工组织设计没有规定井管间距时，轻型井点管距可按 0.8～1.6 m。使用天应以每昼夜 24 h 为一天，井点降水总根数不足一套时，可按一套计算使用费。

3.16.2 工程量清单计价

3.16.2.1 编制工程量清单

可以计量的脚手架工程，混凝土模板及支架（撑），垂直运输，超高施工增加费，大型机械设备进出场及安拆，施工排水、降水等措施项目工程量清单内容由项目编码、项目名称、项目特征、计量单位、工程量五个因素组成，不能计量的安全文明施工及其他措施项目的工程量清单内容仅由项目编码、项目名称两个因素组成。

工程量清单的各因素要结合工程施工组织设计的实际情况，按照《建装计量规范》附录S中规定进行编制。

本分部清单项目编码的一至九位数字应按《建装计量规范》附录S的规定设置。本分部清单项目编码的前9位以01－17－01～07－001～×××表示。从前至后的各级数字含义为：01表示建筑与装饰工程，17表示措施项目专业工程，01～07表示脚手架工程，混凝土模板及支架（撑），垂直运输，超高施工增加费，大型机械设备进出场及安拆，施工排水、降水，安全文明施工及其他措施项目等分部工程顺序，001～×××表示不同措施项目类型的分项工程区别码。

3.16.2.2 计价

1. 可以计量的措施项目计价

对于可以计量的脚手架工程，混凝土模板及支架（撑），垂直运输，超高施工增加费，大型机械设备进出场及安拆，施工排水、降水等措施项目应采用综合单价法计价。其综合单价的分析方法如下：

(1)列出工程量清单项目所对应的定额计价项目。按清单项目所对应的工作内容与计价性定额中的工作内容相比，列出应用取费定额进行计价的项目。根据《河南省08综合单价》计价定额规定，各清单项目所对应的定额计价项目如表3-144～表3-149所示的定额项目。

(2)计算计价项目工程量。按取费定额所规定的计算规则进行计算。根据《河南省08综合单价》计价定额规定各计价项目的工程量计算规则如表3-144～表3-149所示的定额项目所对应的计算规则。

(3)套用取费定额分析计算清单项目的人工费、材料费、机械费、管理费和利润，计算清单项目的综合单价，填写工程量清单项目综合单价分析表（见表1-2）。

本分部的定额取费使用说明摘要如下：

①脚手架使用费。

a. 脚手架适用于一般工业与民用建筑工程的建筑物（构筑物）所搭设的脚手架，无论钢管、木制、竹制均按本分部执行。

b. 脚手架子目中，已综合了斜道、防护栏杆、上料平台以及挖土、现场水平运输等的费用。

c. 综合脚手架。

适用于能够按《建筑工程建筑面积计算规范》（GB/T 50353—2013）计算建筑面积的建筑工程的脚手架。不适用于房屋加层、构筑物及附属工程脚手架。

综合脚手架已综合考虑了主体施工、一般装饰和外墙抹灰脚手架。不包括无地下室的满堂基础架、室内净高超过3.6 m的天棚和内墙装饰架、悬挑脚手架、设备安装脚手架、人防通道、基础高度超过1.2 m的脚手架，该内容可另执行单项脚手架子目。

同一建筑物有不同檐高时，按建筑物竖向切面分别计算建筑面积，套用相应子目。

d. 单项脚手架。

适用于不能按《建筑工程建筑面积计算规范》(GB/T 50353—2013)计算建筑面积的建筑工程。

室内高度在3.6 m以上时，可增列满堂脚手架，但内墙装饰不再计算脚手架，也不扣除抹灰子目内的简易脚手架费用。内墙高度在3.6 m以上且无满堂脚手架时，可另计算装饰用脚手架，执行脚手架相应子目。

高度在3.6 m以上的墙、柱、梁面及板底的单独勾缝，每100 m^2 增加设施费15.00元，不得计算满堂脚手架。单独板底勾缝确需搭设悬空脚手架者，可执行装饰分册中的相应子目(B(8－36))。

贮水(油)池壁、贮仓壁、大型设备基础立板高出自然地坪1.2 m以上的，地上部分可计算双排外墙脚手架；自然地坪距底板上表面深度超过1.2 m的，地下部分可计算里脚手架；底板可计算满堂脚手架。

e. 装饰脚手架。

室内装饰脚手架：室内净高3.6 m以内的装饰脚手架已含在建筑工程综合脚手架项目内。当室内净高超过3.6 m时，天棚装饰要按建筑工程措施项目中的相应子目列项计算“满堂脚手架”，但内墙的装饰不再另计脚手架，也不扣除抹灰子目内的简易脚手架费用。内墙高度在3.6 m以上且无满堂脚手架时，可另计算装饰用脚手架，执行建筑工程措施项目中的“里脚手架”子目。满堂脚手架及里脚手架的计算同建筑工程对应分部。

阳台及雨蓬装饰脚手架：对于挑阳台突出墙面超过80 cm的正立面装饰和门厅雨蓬外边缘的装饰可计算“挑脚手架”。挑阳台装饰脚手架按其图示正立面长度和搭设层数以长度计算。门厅雨蓬外边缘的装饰脚手架按其图示外围长度计算。

外墙高级装饰脚手架：外墙一般抹灰脚手架已含在建筑工程的脚手架项目内，不另计算。当外墙进行高级装饰时，按照施工方案不同要另计“外墙装饰钢管脚手架”或“外墙装饰吊篮脚手架”“外墙装饰挑脚手架”“悬空脚手架”等。

外墙装饰钢管脚手架、外墙装饰吊篮脚手架、外墙装饰挑脚手架工程量均按外墙装饰的面积计算。

悬空脚手架按搭设水平投影面积计算。

②现浇混凝土及预制构件模板使用费见3.5.1.2节介绍。

③垂直运输费。

a. 建筑物的檐高是指设计室外地坪至檐口(屋面结构板面)的垂直距离，突出主体建筑屋顶的电梯间、水箱间等不计入檐口高度之内。构筑物的高度是指从设计室外地坪至构筑物顶面的高度。

b. 垂直运输费依据建筑物的不同檐高划分为基础及地下室、檐高20 m以内工程、檐高20 m以上工程。

c. 垂直运输费子目的工作内容，包括单位工程在合理工期内完成全部工程项目所需的垂直运输机械台班，不包括机械的场外往返运输、一次安装拆除及路基铺垫和轨道铺拆等的费用。

d. 同一建筑物有不同檐高时，分别计算建筑面积，套用相应子目。

e. 檐高4 m以内的单层建筑,不计算垂直运输费。

f. 混凝土采用泵送浇注者,相应子目中的塔式起重机台班数量乘以0.5。所减少的台班数量可计算停滞费。

g. 建筑物中的地下室应单独计算垂直运输机械费。

h. 建筑工程外墙装饰另单独分包时,垂直运输费扣减8%。

i. 无地下室且埋置深度在4 m以上的基础、地下水池可按相应项目计算垂直运输费。

j. 对于非单独承包时,其垂直运输费已含在建筑工程项目的垂直运输费内,仅当装饰工程单独承包时,装饰工程按该分部另计垂直运输费。

④超高施工增加。

a. 本分部适用于建筑物层数超过6层或檐高超过20 m的工程。计算层数时,地下室不计入层数;半地下室的地上部分,从设计室外地坪算起向上超过1 m时,可按1层计入层数内。高度指设计室外地坪至檐口屋面结构板面的垂直距离。突出主体建筑屋顶的楼梯间、水箱间等不计入高度之内。

b. 单层工业厂房檐高超过20 m时可计算超高费。突出屋面的天窗等不计入高度之内。

c. 同一建筑物檐高不同时,据不同檐高的竖向切面的建筑面积分别按相应项目计算。

d. 超高费用中的机械费用由多种机械组合取定,施工时不论采用何种机械,均按本规定费用包干,不作调整。

e. 仅施工主体不做装饰的,按相应定额子目乘以系数0.95。

f. 单独承包装饰工程的超高费执行装饰工程超高费子目。

g. 本分部子目的划分是以建筑物檐高或层数两种指标界定的,两种指标达到其一即可执行相应子目。

例如,某25层培训中心大厦,底层2层层高为4.5 m,第3层及15层为技术层,层高为2.3 m,其余各层层高为3.0 m,檐口高度为77.20 m。楼梯、电梯机房出屋顶,高度为3.0 m。其檐高为77.20 m。根据檐高为77.20 m,查定额子目为7-6(层数22~24,檐高80 m以内);根据层数为25层,查定额子目为7-7(层数25~27,檐高90 m以内),两者不在同一档次,则应按高档的25层,7-7(层数25~27,檐高90 m以内)计价。

⑤大型机械设备进出场、安拆费:大型机械设备进出场、安拆工程量计算应符合批准的施工组织设计要求。

a. 塔吊固定基础铺拆费系自升塔吊基础参考价格,允许按施工组织设计要求调整。如系非自升塔吊基础,执行该子目时,基价乘以系数0.15。

b. 轨道铺拆费按直线轨道考虑,如铺设弧线轨道,乘以系数1.15。

c. 塔吊基础铺拆费不包括轨道和枕木之间增加其他型钢或钢板的轨道、自升式塔吊行走的轨道、不带配重的自升式塔吊的固定式基础,发生时另按施工组织设计要求计算。

d. 拖式铲运机的场外运输费按相应规格的履带式推土机费用乘以系数1.1。

e. 推土机、除荆机、湿地推土机的场外运输费按相应规格的履带式推土机费用执行。

f. 本分部未设施工电梯和混凝土搅拌站的基础,发生时另按施工组织设计要求计算。

g. 机械的一次安拆费中均包括安装后的试运转费用;所列场外运输费为25 km以内的进出场费用,超过25 km时,另行计算。

h. 特大型机械场外运输费包括机械的回程费用。

i. 自升式塔吊安拆费是以塔高(檐高)45 m 确定的，如塔高超过 45 m 时，每增高 10 m，安拆费增加 10%(超过不足 5 m 者不计)。

j. 如现场塔吊转移，因改道需碾压铺垫路基，铺拆轨道，仍按费用表执行。其他有关费用按塔吊相应安拆费定额乘以系数 0.3 计算。

k. 机械停滞费，按《河南省统一施工机械台班费用定额(2008 年)》规定执行。

l. 轮胎式起重机场外运输费，以同吨位型号的机械台班单价乘以系数 1.5 计算；汽车式起重机、汽车式钻孔机场外运输费以同吨位型号的机械台班单价乘以系数 0.2 计算。

m. 大型机械一次安拆费及场外运输费，仅限于本分部列有子目的机械方能计取。

⑥施工排水、降水费：本分部子目中的抽水机、泵等机械设备和台班消耗量是综合取定的，实际使用不符时不得换算。

2. 安全文明施工及其他措施项目计价

由于安全文明施工、夜间施工、二次搬运、冬雨季施工等措施项目不可计量，因而分别以规定的费率计取，即采用一定的基数乘以规定的费率计取。《河南省 08 综合单价》计价定额规定：以分部分项工程和可以计量的措施项目(又称技术措施)中的综合工日为基数乘以相应费率计取，其计算基数及费率见表 3-150 ~ 表 3-153。

表 3-150 现场安全文明施工措施费费率

序号	工程类别	费率基数	安全文明措施费费率(%)		
			安全生产费	文明施工费	合计
1	建筑工程	综合工日 ×34 ×1.66	10.18	5.10	15.28
2	装饰工程		5.09	2.55	7.64
3	安装工程		10.18	5.10	15.28
4	市政工程		13.55	6.78	20.33
5	园林绿化工程		6.78	3.39	10.17
6	仿古建工程		5.09	2.55	7.64

注：1. 工程分类均为单独发包工程。

2. 安全文明施工措施费是建设部、财政部《建筑安装工程费用项目组成》(建标〔2013〕44 号)规定的安全文明施工费(含环境保护费、安全施工费，文明施工费，临时设施费)。河南省安全文明施工措施费计价标准划分为安全生产费、文明施工措施费两个部分。安全生产费指为保障施工现场安全生产必要投入的费用，文明施工措施费指为保障施工现场文明施工(办公、生活、生产)必要投入的费用。

3. 安全文明施工措施费支付原则，发包人应在开工后的 28 天内预付不低于当年施工进度计划的“安文费”总额的 60%。其余部分应按照提前安排的原则进行分解，并应与进度款同期支付。

4. 发包人要求获“安全文明工地”称号的工程，可给予承包人奖励，双方应在合同内约定。奖励费用不宜超过“安文费”总额的 20%。

表 3-151　夜间施工增加费费率

序号	合同工期/定额工期	费率(元/工日)
1	1 > t > 0.9	0.68
2	t > 0.8	1.36

表 3-152　材料二次搬运费费率

序号	现场面积/首层面积	费率(元/工日)
1	4.5	0
2	>3.5	1.02
3	>2.5	1.36
4	>1.5	2.04
5	≤1.5	3.40

表 3-153　冬雨季施工增加费费率

序号	合同工期/定额工期	费率(元/工日)
1	1 > t > 0.9	0.68
2	t > 0.8	1.29

【例 3-28】　某住宅楼底层 C30(40)现浇碎石混凝土框架结构平面图如图 3-89 所示。柱高为 4.2 m(板底标高为 3.48 m,梁底标高为 3.0 m),柱断面尺寸为 400 mm×400 mm,梁断面尺寸为 300 mm×600 mm,现浇板厚 120 mm。试计算该框架模板工程的综合单价。

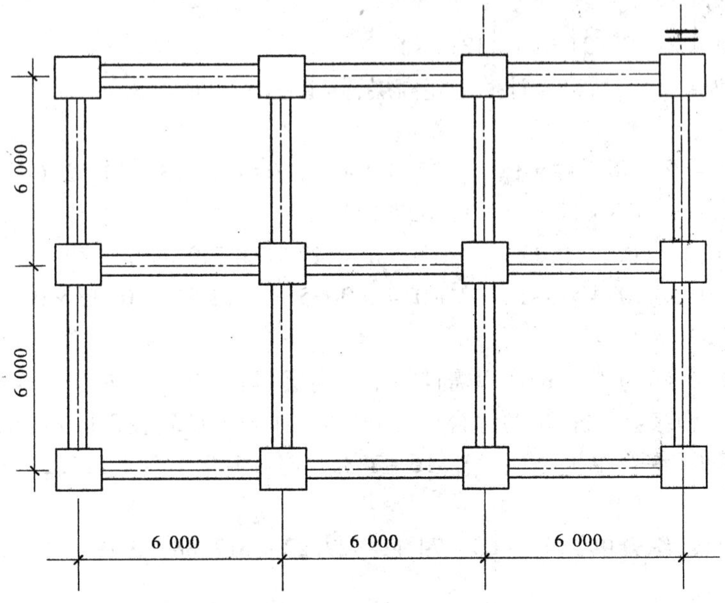

图 3-89　现浇混凝土框架结构平面图

解　1. 编制工程量清单

(1)列清单项目名称:矩形柱模板、有梁板模板。

(2)计算清单工程量:

矩形柱模板工程量 $=0.4\times4\times(4.2-0.12)\times12+(0.4\times2+0.05\times2)\times0.12\times4$(角柱外侧高出板底部分)$+(0.4+0.05\times2)\times0.12\times6$(边柱外侧高出板底部分)$-0.3\times(0.6-0.12)\times34$(梁与柱交接部分)$=74.23(m^2)$

有梁板模板工程量 $=(6\times3+0.3)\times(6\times2+0.3)$(板水平投影面积)$+(6-0.4)\times(3.48-3.0)\times24$(板下梁侧面)$+(6-0.4)\times0.6\times10$(外侧梁侧面)$=225.09+64.51+33.6=323.20(m^2)$

(3)编制"措施项目工程量清单",如表3-154所示。

表3-154　措施项目工程量清单

序号	项目编码	项目名称	项目特征	计量单位	工程量
1	011702002001	矩形柱模板	柱断面尺寸为400 mm×400 mm,屋高4.2 m	m^2	74.23
2	011702014001	有梁板模板	梁断面尺寸为300 mm×600 mm,层高4.2 m	m^2	323.20

2. 编制矩形柱模板、有梁板模板工程量清单计价表

(1)分析矩形柱模板、有梁板模板两个清单项目综合单价。根据实际情况,参照《河南省08综合单价》计价定额计算工程量并套价分析。

①划分计价项目:

矩形柱模板包括现浇混凝土矩形柱模板(断面周长1.8以内)、矩形柱模板层高超高增加费。

有梁板模板包括现浇混凝土有梁板模板(板厚100以上)、板模板层高超高增加费。

②计价项目工程量

矩形柱模板:

$V=0.4\times0.4\times4.2\times21=14.112(m^3)$

由于柱高为4.2 m,所以需计一个超高层,其工程量相同。

有梁板模板:

$V=$ 板体积 $+$ 梁体积 $-$ 柱头体积 $=27.011+13.709-0.198=40.522(m^3)$

其中,板体积 $=18.3\times12.3\times0.12=27.011(m^3)$

梁体积 $=0.3\times(0.6-0.12)\times(6-0.4)\times17=13.709(m^3)$

柱头体积 $=0.4\times0.4\times0.12\times2+0.4\times0.35\times0.12\times6+0.35\times0.35\times0.12\times4=0.198(m^3)$

由于柱高(层高)为4.2 m,所以需计一个超高层,其工程量相同。

③套定额计算综合单价,填写综合单价分析表,如表3-155、表3-156所示。

"矩形柱模板"综合单价 $=(1\,901.16+1\,356.81+169.75+1\,315.21)/74.23=63.90$(元/$m^2$)

"有梁板模板"综合单价 $=(3\,634.74+3\,929.22+617.88+3\,197.75)/323.20=35.21$(元/$m^2$)

(2)在工程量清单基础上填入综合单价,由工程量乘以综合单价计算出合价,形成计价

表,如表 3-157 所示。

表 3-155 “矩形柱模板”清单项目综合单价分析表

项目编码		011702002001		项目名称		矩形柱模板		计量单位		m²	
清单综合单价组成明细											
定额编号	定额名称	定额单位	数量	单价				合价			
				人工费	材料费	机械费	管理费和利润	人工费	材料费	机械费	管理费和利润
A(12－73)	现浇混凝土矩形柱模板(断面周长 1.8 以内)	10 m³	1.411 2	1 262.91	945.56	110.70	873.47	1 782.22	1 334.37	156.22	1 232.64
A(12－78)	矩形柱模板层高超高增加费	10 m³	1.411 2	84.28	15.90	9.59	58.51	118.94	22.44	13.53	82.57
人工单价		小计						1 901.16	1 356.81	169.75	1 315.21
43 元/工日		未计价材料费									
清单项目综合单价								63.90			

表 3-156 “有梁板模板”清单项目综合单价分析表

项目编码		011702014001		项目名称		有梁板模板		计量单位		m²	
清单综合单价组成明细											
定额编号	定额名称	定额单位	数量	单价				合价			
				人工费	材料费	机械费	管理费和利润	人工费	材料费	机械费	管理费和利润
A(12－95)	现浇混凝土有梁板模板(板厚 100 以上)	10 m³	4.052 2	812.27	929.83	130.32	729.16	3 291.48	3 767.86	528.08	2 954.70
A(12－108)	柱模板层高超高增加费	10 m³	4.052 2	84.71	39.82	22.16	59.98	343.26	161.36	89.80	243.05
人工单价		小计						3 634.74	3 929.22	617.88	3 197.75
43 元/工日		未计价材料费									
清单项目综合单价								35.21			

表 3-157　措施项目工程量清单计价表

序号	项目编码	项目名称	项目特征	计量单位	工程量	综合单价（元）	合价（元）
1	011702002001	矩形柱	柱断面尺寸为 400 mm×400 mm，层高为 4.2 m	m^2	74.23	63.90	4 743.30
2	011702014001	有梁板	梁断面尺寸为 300 mm×600 mm，层高为 4.2 m	m^2	323.20	35.21	11 379.87
合计							16 123.17

【例 3-29】 已知某建筑物共 18 层，其中 1 层层高 4.5 m，2、3 层层高为 4.2 m，4～18 层为标准层，层高为 3.0 m，室外地坪标高为 -0.45 m，又知 1～3 层每层建筑面积为 4 502 m^2，4～18 层每层建筑面积为 3 842 m^2，求该建筑物的超高费。

解　1. 编制工程量清单

（1）列清单项目名称：超高施工增加。

（2）计算清单工程量。

确定超高起算位置：6 层檐高 = 0.45 + 4.5 + 4.2 × 2 + 3.0 × 3 = 22.35（m）> 20.0 m

室外地坪算起 20 m 线位于 6 层，故从第 6 层开始计算超高费。

超高工程量 =（18 - 6 + 1）× 3 842 = 49 946（m^2）

（3）编制"措施项目工程量清单"，如表 3-158 所示。

表 3-158　措施项目工程量清单

序号	项目编码	项目名称	项目特征	计量单位	工程量
1	011704001001	超高施工增加	建筑物 18 层 檐口高度 58.35 m	m^2	49 946

2. 编制超高施工增加工程量清单计价表

（1）分析超高施工增加清单项目综合单价。根据实际情况，参照《河南省 08 综合单价》计价定额计算工程量并套价分析。

①划分计价项目。超高施工增加：多、高层建筑物超高施工增加费 16～18 层。

②计价项目工程量。

超高施工增加工程量：同清单工程量，S = 49 946（m^2）

③查定额 A（11 - 4），综合单价为：5 346.18 元/100 m^2。

由于清单项目与计价项目一一对应且工程量相等，因而可直接求得清单项目所对应的综合单价为 5 346.18/100 = 53.46（元/ m^2）

（2）编制工程量清单计价表。在工程量清单基础上填入综合单价，由工程量乘以综合单价计算出合价，见表 3-159。

表 3-159　措施项目清单计价表

序号	项目编码	项目名称	项目特征	计量单位	工程量	综合单价（元）	合价（元）
1	011704001001	超高施工增加	建筑物 18 层 檐口高度 58.35 m	m^2	49 946	53.46	2 670 113.16
合计							2 670 113.16

【例 3-30】　某工程矩形基础外围尺寸为 46.2 m×16.8 m，采用轻型井点降水，井点间距为 1 m，降水时间为 30 天。试计算降水工程的综合单价。

解　1. 编制工程量清单

(1)列清单项目名称：降水。

(2)计算清单工程量：30 昼夜。

(3)编制"措施项目工程量清单"，如表 3-160 所示。

表 3-160　措施项目工程量清单

序号	项目编码	项目名称	项目特征	计量单位	工程量
1	011706002001	降水	轻型井点降水 井点间距为 1 m	昼夜	30

2. 编制降水工程量清单计价表

(1)分析降水清单项目综合单价。参照《河南省 08 综合单价》计价定额分析计算。

①划分计价项目。

降水：轻型井点降水安装、拆除、使用。

②计价项目工程量。

"井点管安装"计价工程量 = [(46.2 + 3 × 2) + (16.8 + 3 × 2)] × 2/1.0 = 150(根)

"井点管拆除"计价工程量 = 150 根

"井点管使用"计价工程量 = 150/50 × 30 = 90(套·天)

③套定额计算综合单价，填写综合单价分析表，如表 3-161 所示。

表中的数量 = 计价工程量/定额单位/清单工程量

"降水"清单项目综合单价 = 741.11 + 371.98 + 799.62 + 515.09 = 2 427.80(元/昼夜)

(2)编制工程量清单计价表。

在工程量清单基础上填入综合单价，由工程量乘以综合单价计算出合价，形成计价表，见表 3-162。

表 3-161 “降水”综合单价分析表

项目编码	011706002001		项目名称		降水			计量单位		昼夜	
清单综合单价组成明细											
定额编号	定额名称	定额单位	数量	单价				合价			
				人工费	材料费	机械费	管理费和利润	人工费	材料费	机械费	管理费和利润
12－6	轻型井点降水安装	10 根	0.5	522.02	606.83	394.92	373.67	261.01	303.42	197.46	186.84
12－7	轻型井点降水拆除	10 根	0.5	186.19	12.73	—	127.30	93.10	6.37	—	63.65
12－8	轻型井点降水使用	套·天	3	129.00	20.73	200.72	88.20	387.00	62.19	602.16	264.6
人工单价		小计						741.11	371.98	799.62	515.09
43 元/工日		未计价材料费									
清单项目综合单价								2 427.80 元			

表 3-162 措施项目清单计价表

序号	项目编码	项目名称	项目特征	计量单位	工程量	综合单价(元)	合价(元)
1	011706002001	降水	轻型井点降水井点间距为 1 m	昼夜	30	2 427.80	72 834
合计							72 834

【例 3-31】 郑州市区内某 6 层住宅楼(地下室 1 层),檐口高度为 18.4 m,首层建筑面积为 620.73 m^2,总建筑面积为 4 519.53 m^2,施工现场面积约 2 500 m^2。预算分析表明,清单项目费用为 3 605 378.60 元,技术措施项目费用为 687 396.66 元,清单项目和技术措施项目综合工日合计为 32 770 工日。试按工程量清单招投标造价计价标准程序计算工程造价。

解 (1)清单项目费:3 605 378.60 元。

(2)措施项目费:918 700.43 元。

①技术措施费:687 396.66 元。

②安全文明措施费:32 770 × 34 × 17.76% = 197 878.37(元)

③二次搬运费:32 770 × 1.02 = 33 425.40(元)(注:现场面积/首层面积 = 2 500/620.73 = 4.03,查表 3-151 可得系数 1.02)。

(3)其他项目费:0。

(4)规费:320 490.6 元。

①社会保障费:32 770×7.48=245 119.60(元)。

②住房公积金:32 770×1.70=55 709(元)。

③意外伤害保险:32 770×0.60=19 662(元)。

(5)税前造价:(1)+(2)+(3)+(4)=3 605 378.60+918 700.43+0+320 490.6=4 844 569.63(元)。

(6)税金:税前造价×税率=4 844 569.63×3.477%=168 445.69(元)。

(7)税后造价:(5)+(6)=5 013 015.32(元)。

习 题

1. 某工程的平面图、剖面图如图3-90所示,内、外墙厚均为240 mm,平面所示尺寸均为轴线尺寸,试计算内、外墙砌筑及室内装饰脚手架。

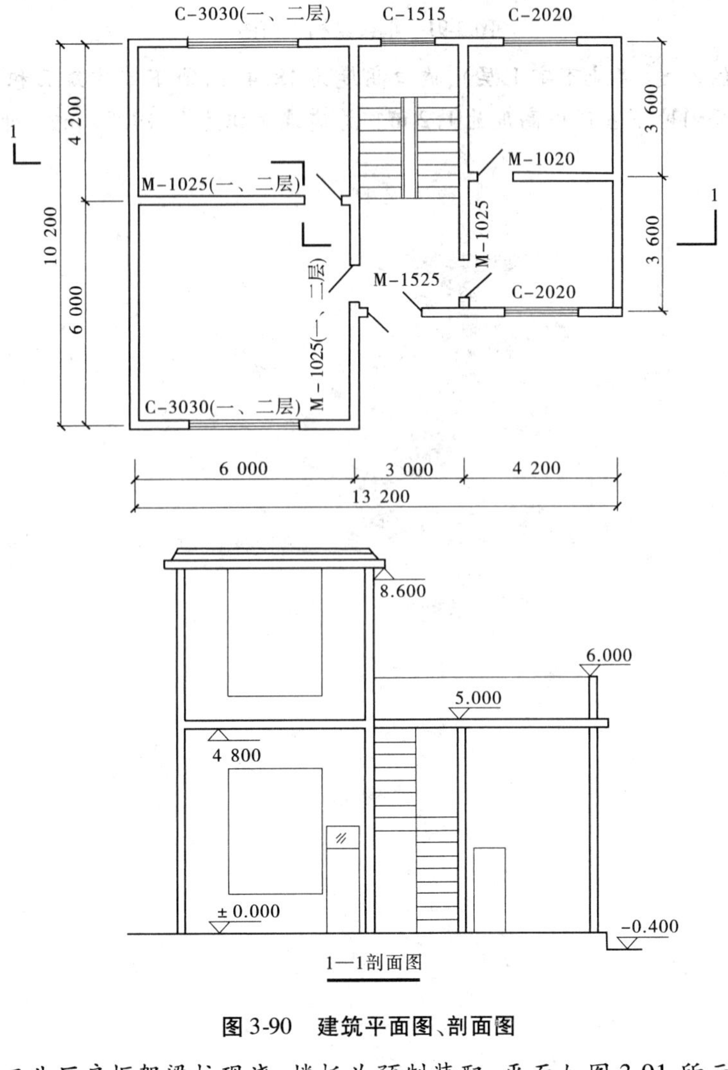

图3-90　建筑平面图、剖面图

2. 某单层工业厂房框架梁柱现浇,楼板为预制装配,平面如图3-91所示。柱子断面尺寸为 500 mm×500 mm，自然地面标高为 -0.30 m，柱及梁顶标高为 5.4 m，LL 梁断面尺寸为 300 mm×500 mm，KJL 梁断面尺寸为 300 mm×500 mm。计算该现浇框架梁、柱的专项脚手架和模板综合单价费。

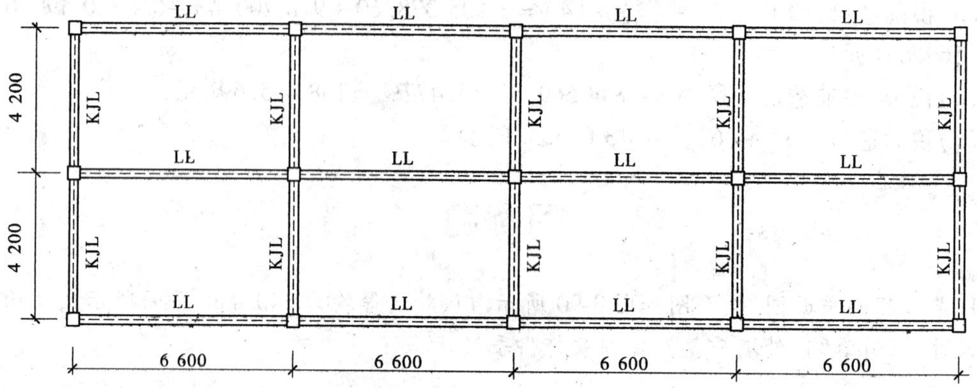

图 3-91 框架结构平面图

3. 某 6 层住宅楼（半地下室 1 层），檐口高度为 18.4 m，地下室建筑面积为 620.73 m^2，从设计室外地坪到地下室顶板高度为 1.2 m。总建筑面积为 4 519.53 m^2。计算工程的垂直运输费。

模块 4　综合实训

应用省取费定额编制本模块工程的建筑工程招标控制价。

建筑设计说明：

1. 本工程专门为学习钢筋和工程量计算最基本的知识点而设计，非常适合初级学员学习，而非实际工程，从结构上分析可能存在不妥之处。

2. 本工程为框架结构，地上三层，基础为无梁式满堂基础。

3. 本工程混凝土强度等级均为 C30，墙体为陶粒砌块墙体，砂浆强度等级为混合砂浆 M5。

4. 内装修做法见表 4-1（选用图集 88J1 －1）。装修做法明细见表 4-2。

表 4-1　内装修做法

层号	房间名称	地面（楼面）	踢脚（高 120 mm）	墙裙（高 1 200 mm）	墙面	天棚吊顶（高 2 700 mm）
一层	大厅	地 19	踢 11C		内墙 502	棚 7B
	办公室	地 9	踢 11C		内墙 5D2	棚 7B
	会议室	地 16	踢 10C1	裙 10D2	内墙 5D2	棚 26
	厕所	地 9F			内墙 38C－F	棚 27
	走廊	地 9	踢 11C		内墙 5D2	棚 23
	楼梯间	地 9	踢 11C		内墙 5D2	棚 7B
二层	办公室	楼 8C	踢 11C		内墙 5D2	棚 7B
	会议室	楼 15D	踢 10C1		内墙 5D2	棚 7B
	厕所	楼 8F2			内墙 38C－F	棚 27
	走廊	楼 8C	踢 6D		内墙 5D2	棚 23
	楼梯间	楼 8C	踢 11C		内墙 5D2	棚 7B
三层	办公室	楼 8C	踢 11C		内墙 5D2	棚 7B
	会议室	楼 15D	踢 10C1		内墙 5D2	棚 7B
	厕所	楼 8F2			内墙 38C－F	棚 27
	走廊	楼 8C	踢 11C		内墙 5D2	棚 23
	楼梯间	楼 8C	踢 11C		内墙 5D2	棚 7B

表 4-2　装修做法明细表

编号	装修名称	用料及分层做法
地 19	花岗石地面	1. 20 mm 厚磨光花岗石板（正/背面及四周边满涂防污剂），灌稀水泥浆（或掺色）擦缝； 2. 撒素水泥面（洒适量清水）； 3. 30 mm 厚 1∶3干硬性水泥砂浆黏结层； 4. 素水泥浆一道（内掺建筑胶）； 5. 50 mm 厚 C10 混凝土； 6. 150 mm 厚 5 ~ 32 mm 卵石灌 M2.5 混合砂浆，平板振捣器振捣密实（或 100 mm 厚 3∶7灰土）； 7. 素土夯实，压实系数为 0.90
地 9	铺地砖地面	1. 5 ~ 10 mm 厚铺 800 mm × 800 mm 地砖，稀水泥浆（或彩色水泥浆）擦缝； 2. 6 mm 厚建筑胶水泥砂浆黏结层； 3. 20 mm 厚 1∶3水泥砂浆找平； 4. 素水泥结合层一道； 5. 50 mm 厚 C10 混凝土； 6. 150 mm 厚 5 ~ 32 mm 卵石灌 M2.5 混合砂浆，平板振捣器振捣密实（或 100 mm 厚 3∶7灰土）； 7. 素土夯实，压实系数为 0.90
地 16	大理石地面	1. 20 mm 厚大理石板（正/背面及四周边满涂防污剂），灌稀水泥浆（或彩色水泥浆）擦缝； 2. 撒素水泥面（洒适量清水）； 3. 30 mm 厚 1∶3干硬性水泥砂浆黏结层； 4. 素水泥浆一道（内掺建筑胶）； 5. 50 mm 厚 C10 混凝土； 6. 150 mm 厚 5 ~ 32 mm 卵石灌 M2.5 混合砂浆，平板振捣器振捣密实（或 100 mm 厚 3∶7灰土）； 7. 素土夯实，压实系数为 0.90
地 9F	铺地砖地面	1. 5 ~ 10 mm 厚铺 300mm × 300 mm 地砖，稀水泥浆（或彩色水泥浆）擦缝； 2. 6 mm 厚建筑胶水泥砂浆黏结层； 3. 35 mm 厚 C15 细石混凝土随打随抹； 4. 3 mm 厚高聚物改性沥青涂膜防水层（材料或按工程设计）； 5. 最薄处 30 mm 厚 C15 细石混凝土，从门口处向地漏找 1% 坡； 6. 150 mm 厚 5 ~ 32 mm 卵石灌 M2.5 混合砂浆，平板振捣器振捣密实（或 100 mm 厚 3∶7灰土）； 7. 素土夯实，压实系数为 0.90

续表 4-2

编号	装修名称	用料及分层做法
楼 8C	铺地砖楼面	1.5 ~ 10 mm 厚铺 800 mm × 800 mm 地砖，稀水泥浆（或彩色水泥浆）擦缝； 2.6 mm 厚建筑胶水泥砂浆黏结层； 3. 素水泥浆一道（内掺建筑胶）； 4.34 ~ 39 mm 厚 C15 细石混凝土找平层； 5. 素水泥浆一道（内掺建筑胶）； 6. 钢筋混凝土楼板
楼 15D	大理石楼面	1. 铺 20 mm 厚大理石板（正/背面及四周边满涂防污剂），灌稀水泥浆（或彩色水泥浆）擦缝； 2. 撒素水泥面； 3.30 mm 厚 1∶3 干硬性水泥砂浆黏结层； 4. 素水泥浆一道； 5. 钢筋混凝土楼板
楼 8F2	铺地砖楼面	1.5 ~ 10 mm 厚铺 300 mm × 300 mm 地砖，稀水泥浆（或彩色水泥浆）擦缝； 2. 撒素水泥面（洒适量清水）； 3.20 mm 厚 1∶2 干硬性水泥砂浆黏结层； 4.20 mm 厚 1∶3 水泥砂浆保护层（装修一步到位时无此道工序）； 5.1.5 mm 厚聚氨酯涂膜防水层（材料或按工程设计）； 6.20 mm 厚 1∶3 水泥砂浆找平层，四周及竖管根部位抹小八字角； 7. 素水泥浆一道（内掺建筑胶）； 8. 最薄处 30 厚 C15 细石混凝土从门口处向地漏找 1% 坡； 9. 防水砂浆填堵预制楼板缝，板缝上铺宽聚酯布，涂刷防水涂料两遍（现浇钢筋混凝土楼板时无此道工序）； 10. 现浇（或预制）钢筋混凝土楼板
踢 11C	花岗石踢脚板	1.10 ~ 15 mm 厚花岗石板，正背面及四周边满涂防污剂，稀水泥浆（或彩色水泥浆）擦缝； 2.12 mm 厚 1∶2 水泥砂浆（内掺建筑胶）黏结层； 3. 素水泥浆一道（内掺建筑胶）
踢 10C1	大理石板踢脚	1.10 ~ 15 mm 厚大理石板，正背面及四周边满涂防污剂，稀水泥浆（或彩色水泥浆）擦缝； 2.12 mm 厚 1∶2 水泥砂浆（内掺建筑胶）黏结层； 3. 素水泥浆一道（内掺建筑胶）
裙 10D2	胶合板墙裙	1. 刷油漆； 2. 钉 5 mm 厚胶合板面层； 3.25 mm × 30 mm 松木龙骨中距 450 mm（正面抛刨光，满涂氟化钠防腐剂）； 4. 刷高聚物改性沥青涂膜防潮层（材料或按工程设计）； 5. 墙缝原浆抹平，聚合物水泥砂浆修补墙面； 6. 扩孔钻扩孔，预埋木砖，孔内满填聚合物水泥砂浆将木砖卧牢，中距 450 mm

续表 4-2

编号	装修名称	用料及分层做法
内墙 5D2	胶合板墙面	1. 刷油漆; 2. 钉 5 mm 厚胶合板面层; 3. 25 mm × 30 mm 松木龙骨中距 450 mm(正面抛刨光,满涂氟化钠防腐剂); 4. 刷高聚物改性沥青涂膜防潮层(材料或按工程设计); 5. 墙缝原浆抹平,聚合物水泥砂浆修补墙面; 6. 扩孔钻扩孔,预埋木砖,孔内满填聚合物水泥砂浆将木砖卧牢,中距 450 mm
内墙 38C-F	釉面砖(陶瓷砖)防水墙面	1. 白水泥擦缝(或 1∶1彩色水泥细砂浆勾缝); 2. 5 mm 厚釉面砖面层(粘贴前先将釉面砖浸水 2 小时以上); 3. 4 mm 厚强力胶粉浆黏结层,揉挤压实; 4. 1.5 mm 厚聚合物水泥基复合防水涂料防水层(防水层材料或按工程设计); 5. 9 mm 厚 1∶3水泥砂浆打底压实抹平; 6. 素水泥浆一道甩毛(内掺建筑胶)
棚 7B	板底抹水泥砂浆顶棚	1. 喷(刷/辊)面浆饰面; 2. 3 mm 厚 1∶2.5 水泥砂浆找平; 3. 5 mm 厚 1∶3水泥砂浆找底扫毛或划出纹道; 4. 素水泥浆一道甩毛(内掺建筑胶)
棚 26	纸面石膏板吊顶	1. 饰面(饰 1 ~ 饰 12,从 J19/20 页选,也可不做,由设计人定); 2. 满刮 2 mm 厚面层耐水腻子找平; 3. 满刷氯偏乳胶(或乳化光油)防潮涂料两道,横纵向各刷一道(防水石膏板无此道工序); 4. 9.5 mm 厚纸面石膏板,用自攻螺丝与龙骨固定,中距≤200 mm; 5. U 形轻钢龙骨横撑 CB60 × 27(或 CB50 × 20)mm,中距 1 200 mm; 6. U 形轻钢次龙骨 CB60 × 27(或 CB50 × 20)mm,中距 429 mm; 7. U 形轻钢主龙骨 CB50 × 20(或 CB60 × 27),中距≤1 200 mm; 8. 6(或 8)钢筋吊顶,中距横向≤1 200 mm,纵向≤1 100 mm,吊顶上部与预留钢筋吊环固定; 9. 钢筋混凝土板内预留 10 钢筋吊环(钩),中距横向≤1 200,纵向≤1 100 mm(预留混凝土板可在板缝内预留吊环)
棚 27	纸面石膏板吊顶	1. 饰面(饰 1 ~ 饰 12,从 J19/20 页选,也可不做,由设计人定); 2. 满刮 2 mm 厚面层耐水腻子找平; 3. 满刷氯偏乳胶(或乳化光油)防潮涂料两道,横纵向各刷一道(防水石膏板无此道工序); 4. 9.5 mm 厚纸面石膏板,用自攻螺丝与龙骨固定,中距≤200 mm; 5. U 形轻钢龙骨横撑 CB60 × 27(或 CB50 × 20)mm,中距 1 200 mm; 6. U 形轻钢次龙骨 CB60 × 27(或 CB50 × 20)mm,中距 429 mm; 7. 10 号镀锌低碳钢丝(或 6 钢筋)吊杆,中距横向≤800 mm,纵向 429 mm,吊顶上部与预留钢筋吊环固定; 8. 钢筋混凝土板内预留 10 钢筋吊环(钩),中距横向≤800 mm,纵向 429 mm(预制混凝土板可在板缝内预留吊环)
棚 23	胶合板吊顶	1. 钉装饰条(材质由设计人定); 2. 刷无光油漆(由设计人定); 3. 5 mm 厚胶合板面层 50 × 50 木次龙骨(正面刨光),中距 450 ~ 600 mm(或根据纤维板尺寸确定)与主龙骨固定,并用 12 号镀锌低碳钢丝每隔一道绑牢一道; 4. 50 mm × 70 mm 木主龙骨找平用 8 号镀锌低碳钢丝(或 6 钢筋)吊顶与上部预留钢筋吊环固定; 5. 现浇钢筋混凝土板预留 8 钢筋吊环(钩),双向中距 900 ~ 1 200 mm(预留混凝土板可在板缝内预留吊环)

5. 门窗表(见表 4-3)。

表 4-3　门窗表

类别	名称	宽度(mm)	高度(mm)	离地高(mm)	材质	数量			
						首层	二层	三层	总数
门	M－1	4 200	2 900	0	全玻门	1	0	0	1
	M－2	900	2 400	0	胶合板门	6	7	7	20
	M－3	750	2 100	0	胶合板门	2	2	2	6
窗	C－1	1 500	2 000	900	塑钢窗	6	6	6	18
	C－2	3 000	2 000	900	塑钢窗	3	3	3	9
	C－3	3 300	2 000	900	塑钢窗	1	2	2	5

6. 过梁表(见表 4-4)。

表 4-4　过梁表

类别	名称	洞口宽度(mm)	过梁高度(mm)	过梁宽度(mm)	过梁长度(mm)	过梁配筋
门	M－1	4 200	无			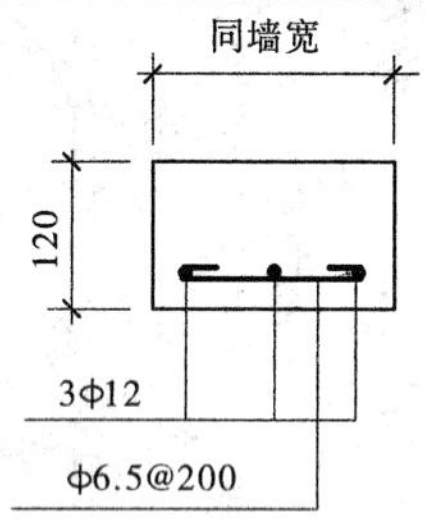
	M－2	900	120	同墙宽	洞口宽＋250	
	M－3	750	120	同墙宽	洞口宽＋470	
窗	C－1	1 500	无			
	C－2	3 000	无			
	C－3	3 300	无			

结构设计说明：

1. 本工程为 3 级抗震。

2. 混凝土保护层厚度板：板 15 mm，梁 30 mm，柱 30 mm，基础底板 40 mm。

3. 钢筋接头形式：

钢筋直径≥18 mm 采用机械连接，钢筋直径＜18 mm 采用绑扎连接。

4. 未注明的分布筋均为Φ8@200。

5. 砌块墙与框架柱及构造柱连接处均设置连接筋，须每隔 500 mm 高度配 2 根Φ6 拉接筋，并伸进墙内 1 000 mm。

施工图纸见图 4-1 ~ 图 4-18。

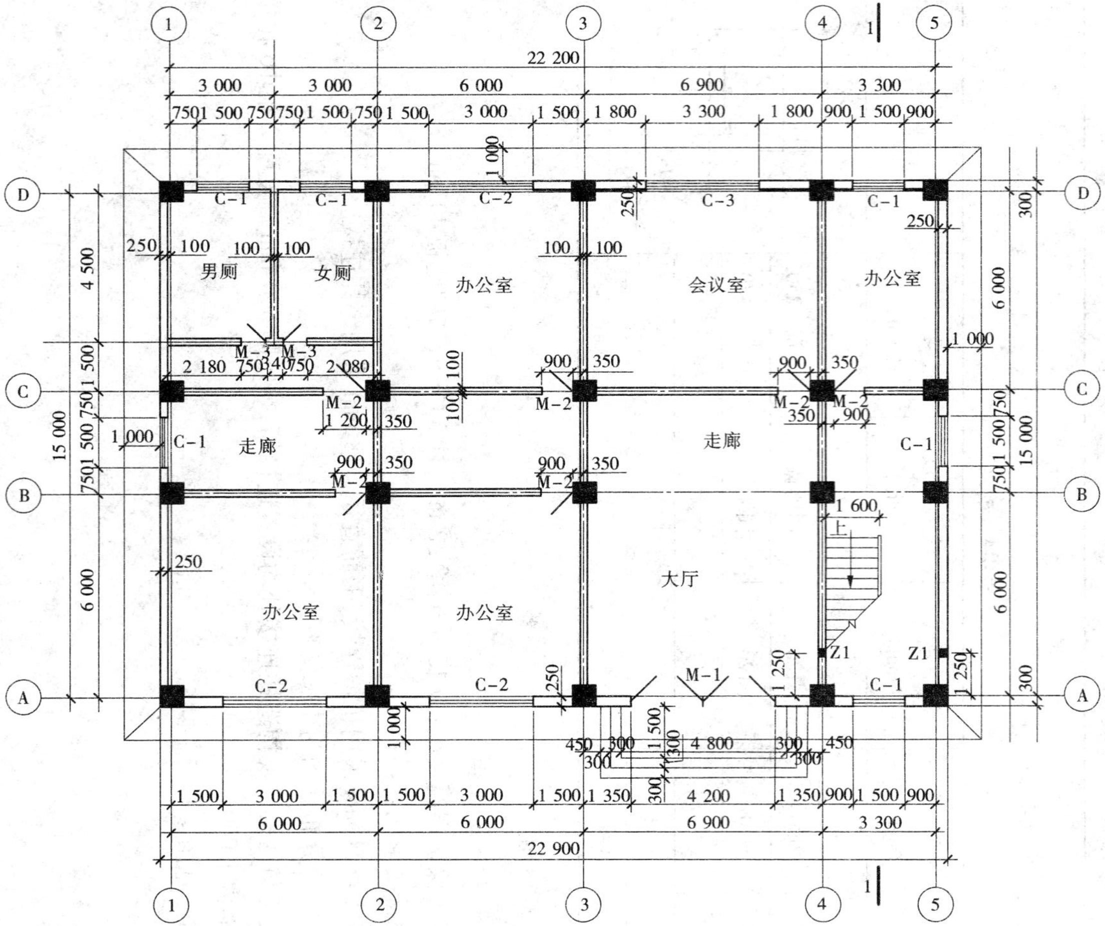

首层平面图

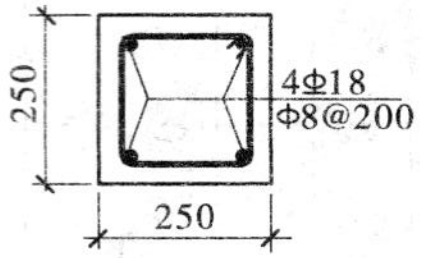

Z1详图

说明:Z1生根于基础,顶标高1.800

说明:未定位内墙墙厚200,对所在轴线、定位线定位居中

图 4-1

建施－1

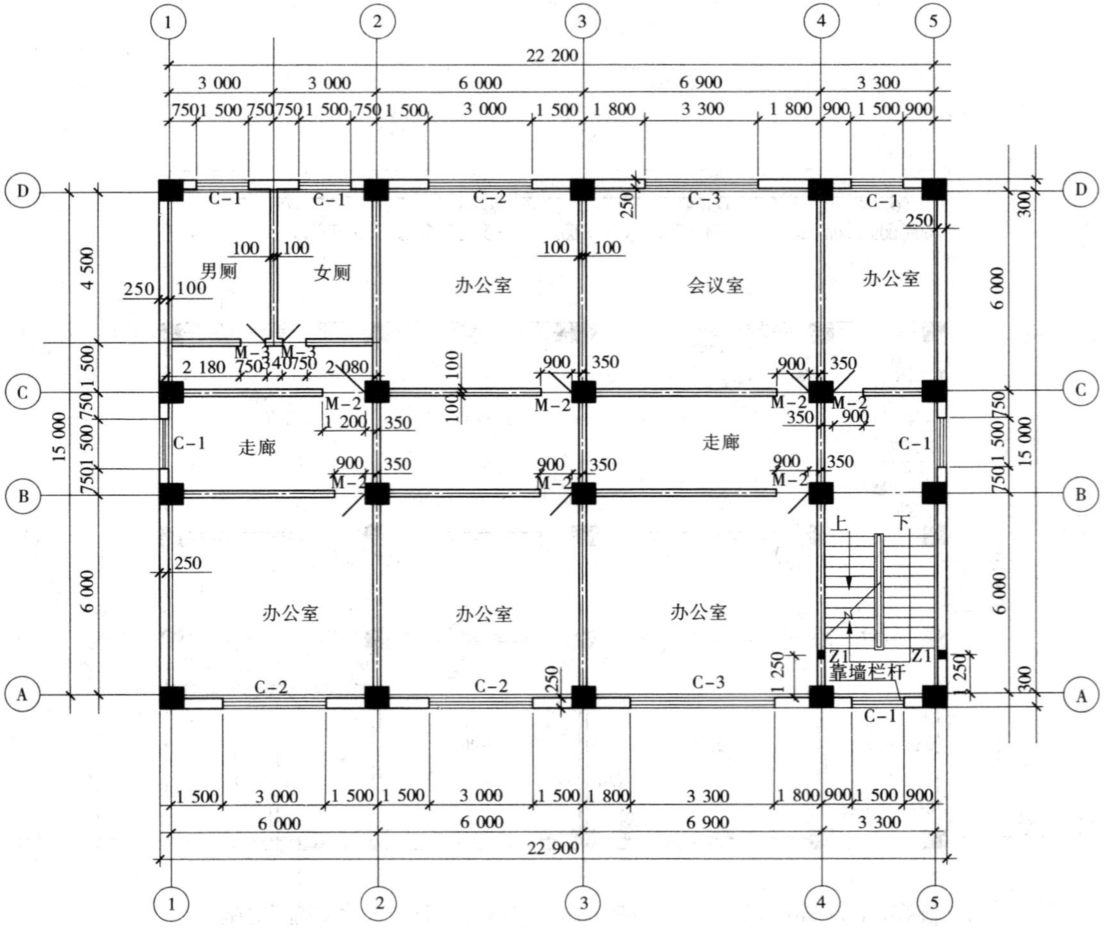

二层平面图

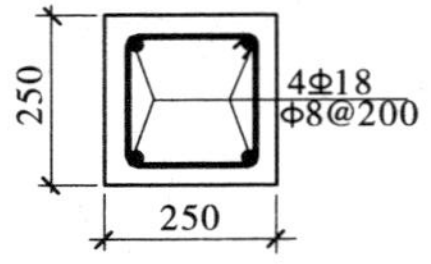

Z1详图

说明:Z1生根于一层梁,顶标高5.400

说明:未定位内墙墙厚200,对所在轴线、定位线定位居中

图 4-2

建施 -2

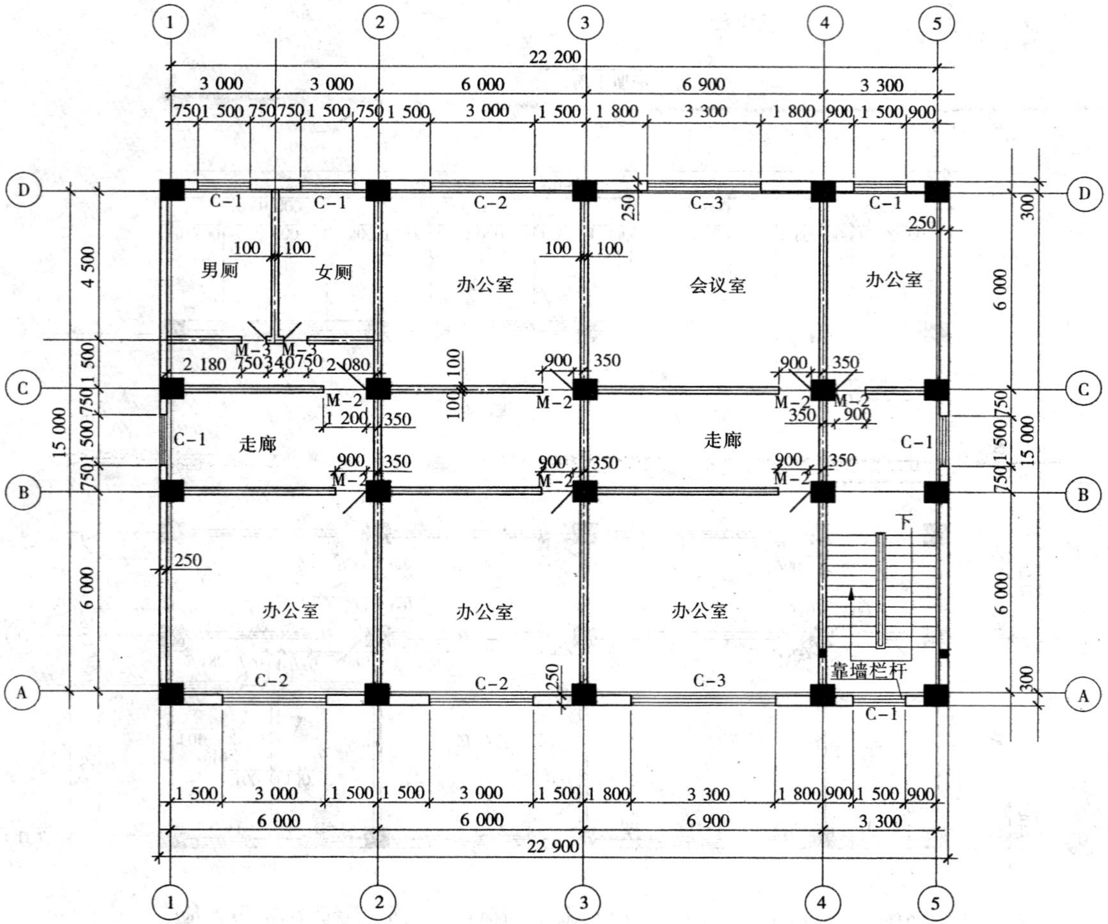

三层平面图

说明:未定位内墙墙厚200,对所在轴线、定位线定位居中

图 4-3

建施 -3

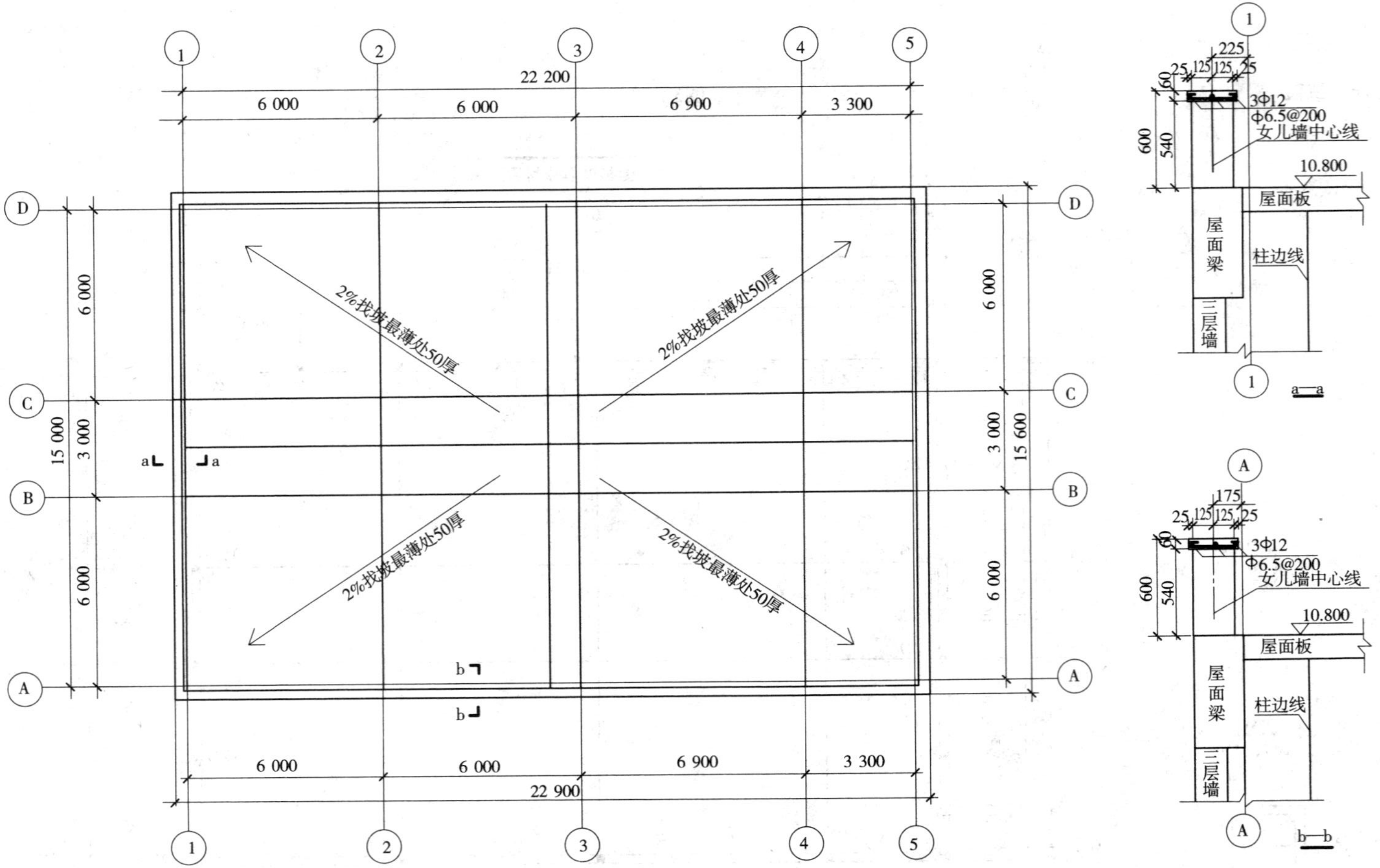

屋面层平面图

图 4-4

建施－4(1)

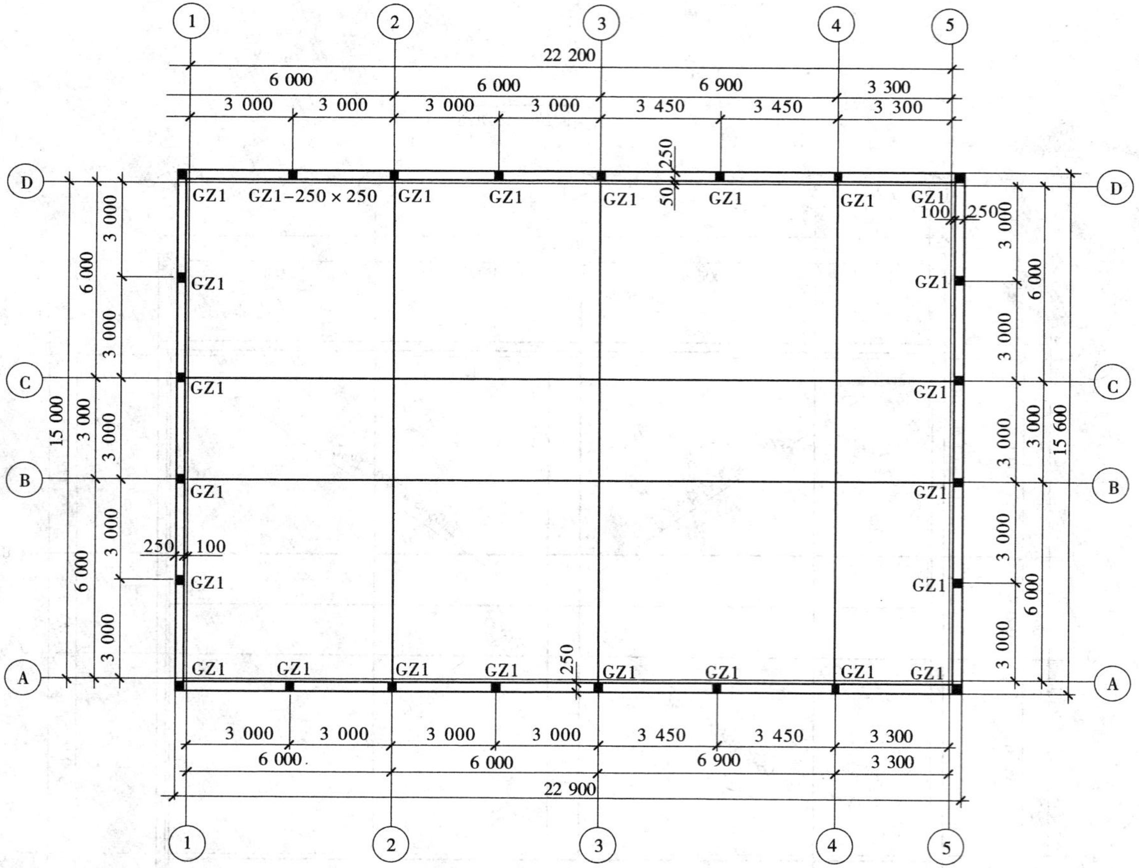

屋面层构造柱布置图

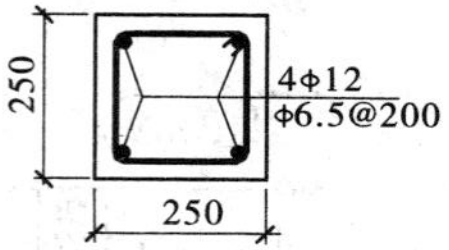

GZ1详图

续图 4-4

建施 -4(2)

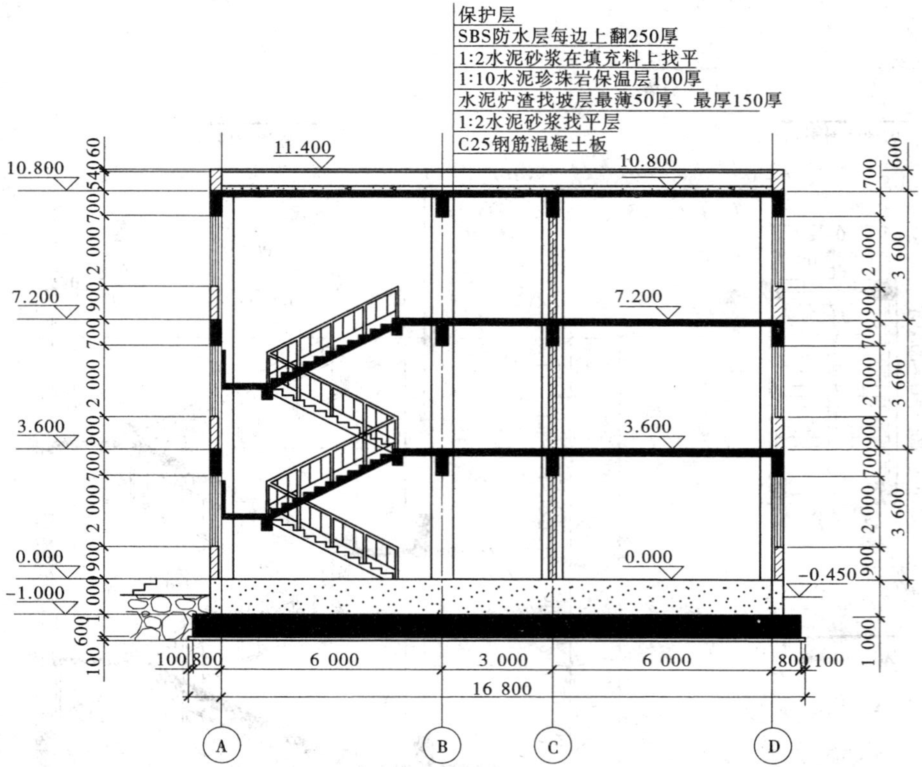

1—1剖面图

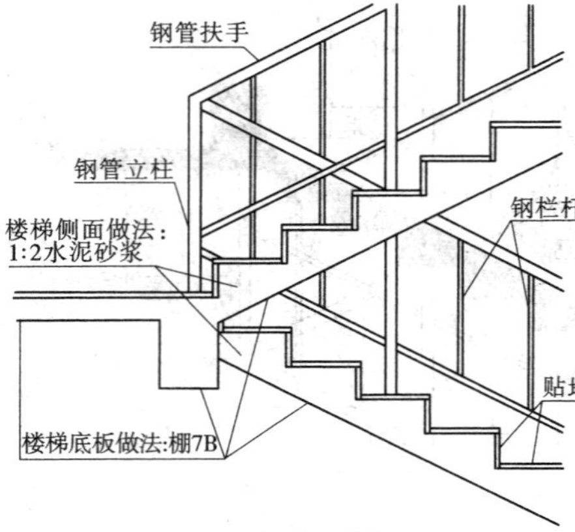

楼梯装修做法

图 4-5

建施 -5

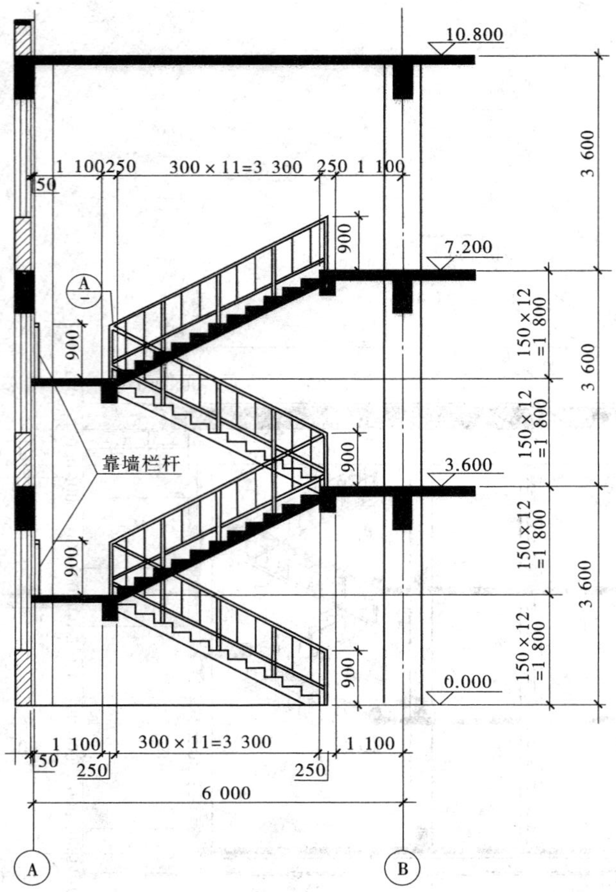

楼梯剖面图

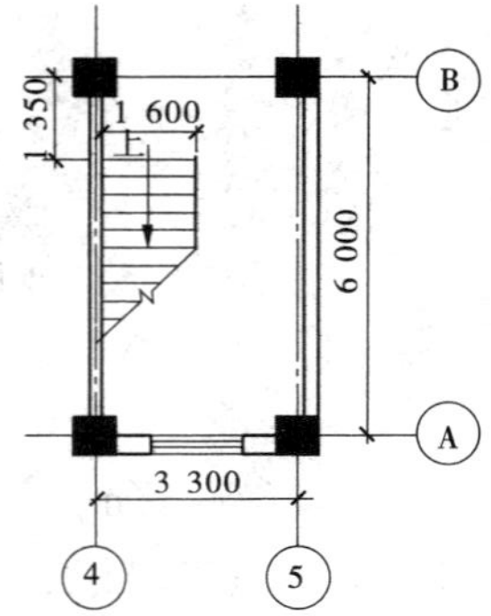

首层楼梯平面图

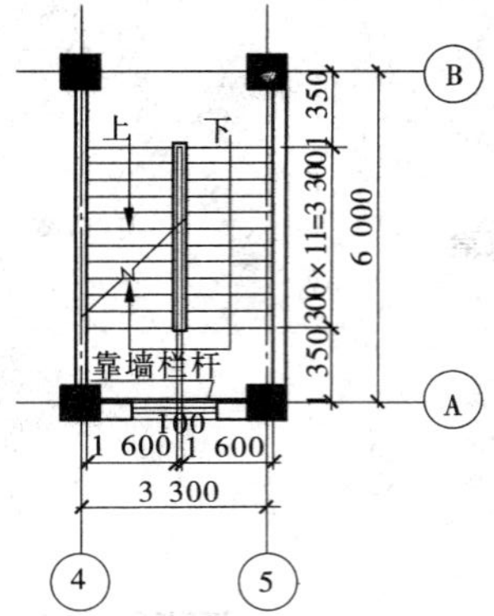

二层楼梯平面图

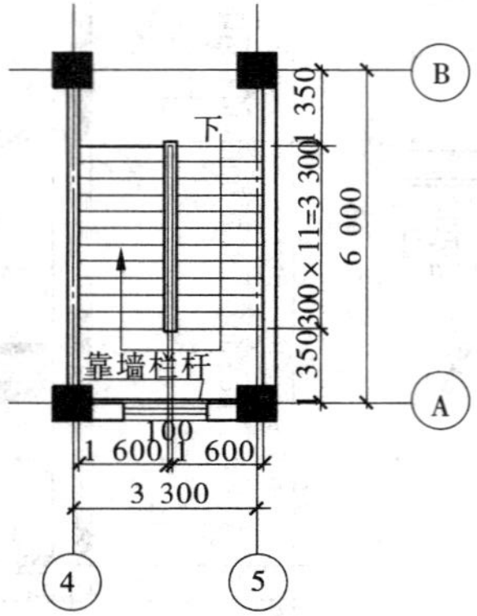

三层楼梯平面图

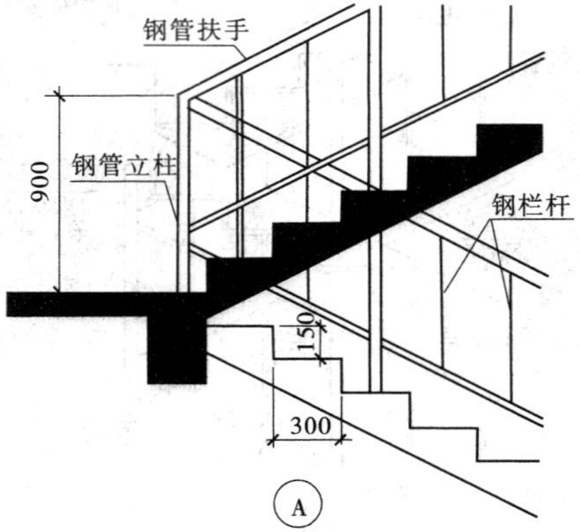

楼梯详图

图 4-6

建施 －6

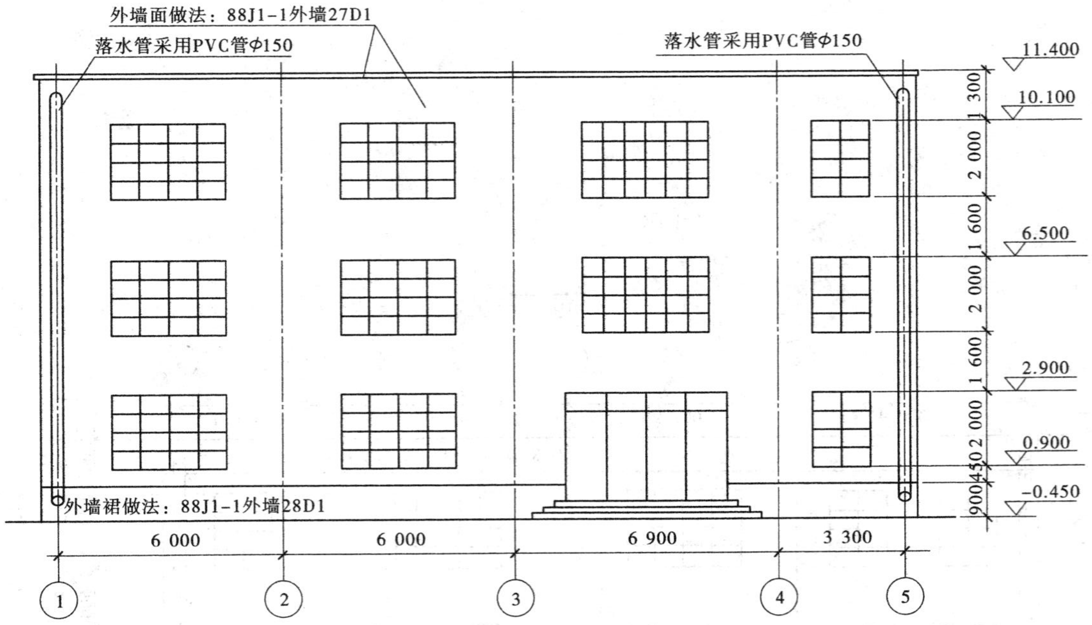

南立面图

外墙裙做法：贴仿石砖，
选用图集88J1-1外墙28D1。
外墙28D1做法明细：(由内而外)
1.15 mm厚1:3水泥砂浆；
2.素水泥浆一道；
3.4 mm厚强力胶粉浆；
4.5 mm厚仿石面砖，
1:1水泥砂浆勾缝

外墙面27D1做法明细：
1.15 mm厚1:3水泥砂浆；
2.素水泥浆一道；
3.4 mm厚强力胶粉浆；
4.5 mm厚彩釉面砖，
1:1水泥砂浆勾缝

图 4-7

建施 -7

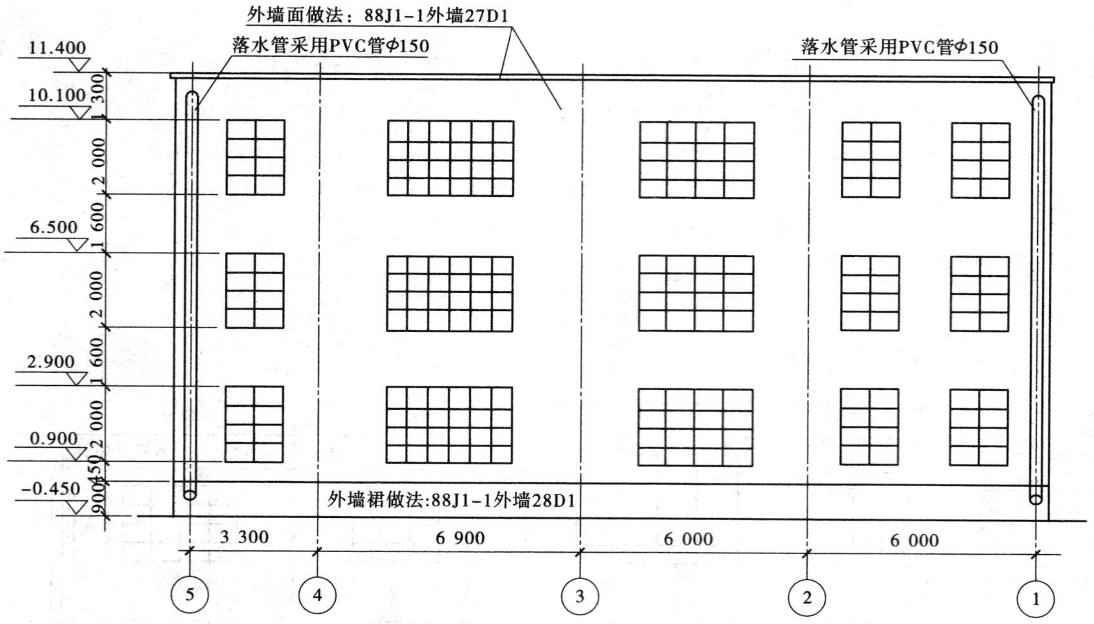

外墙面做法：贴彩釉面砖
选用图集88J1-1 外墙27D1

北立面图

图 4-8

建施－8

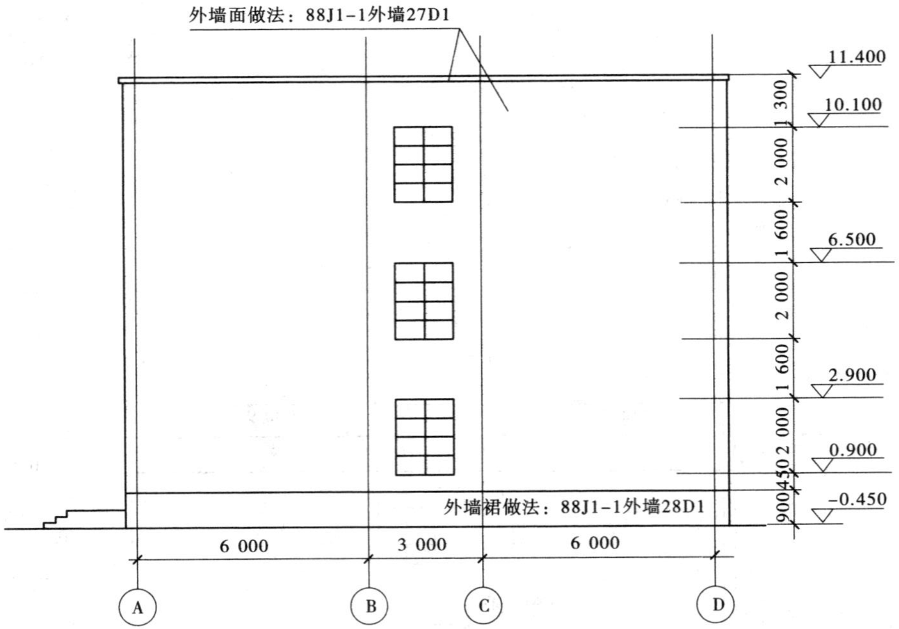

东立面图

散水做法:细石混凝土散水(卵石灌浆垫层),
选用图集88J1-1 散1A

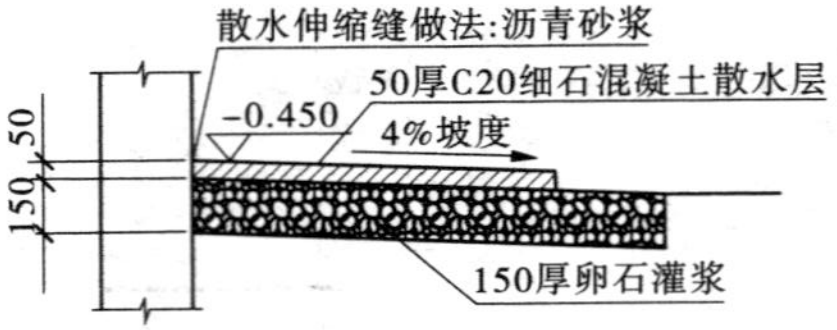

图4-9

建施-9

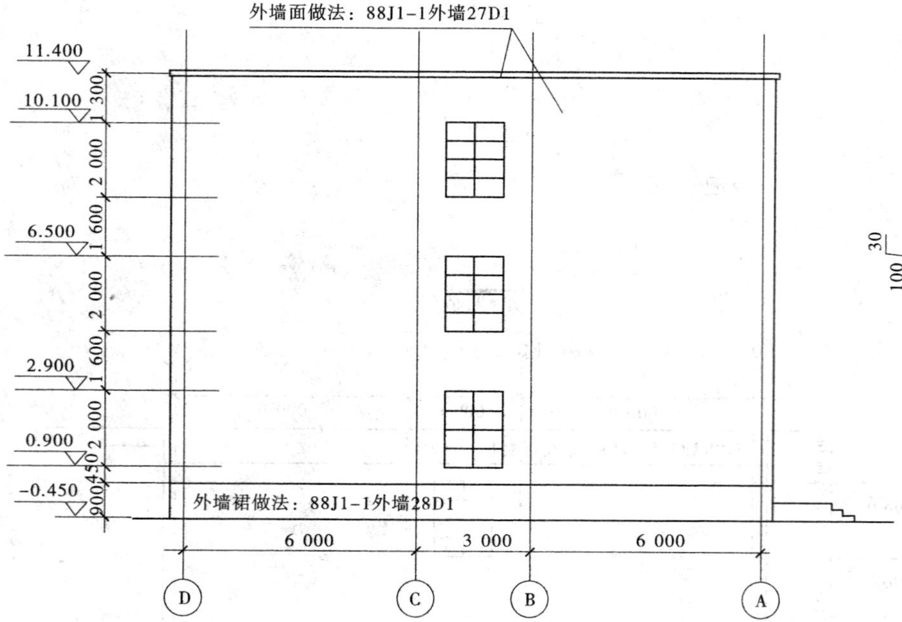

西立面图

台阶做法:花岗岩铺面台阶(卵石灌浆垫层),
选用图集88J1-1　台13A
台阶做法明细：1.花岗岩长条石；
2.30 mm厚1:4干硬性水泥砂浆面上撒素水泥；
3.素水泥浆结合层一道；
4.100 mm厚C15混凝土；
5.300 mm厚3:7灰土

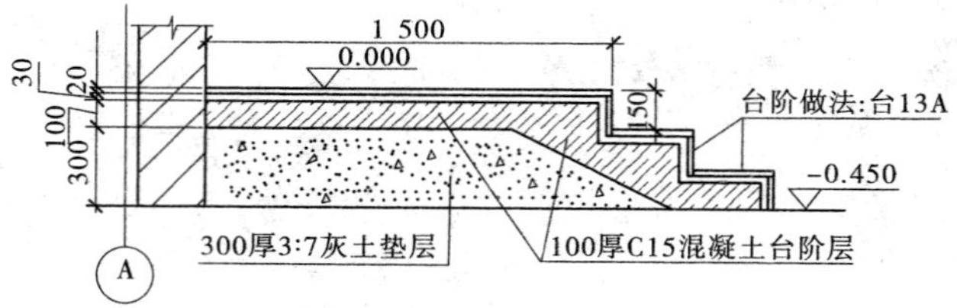

台阶装饰详图

图 4-10

建施－10

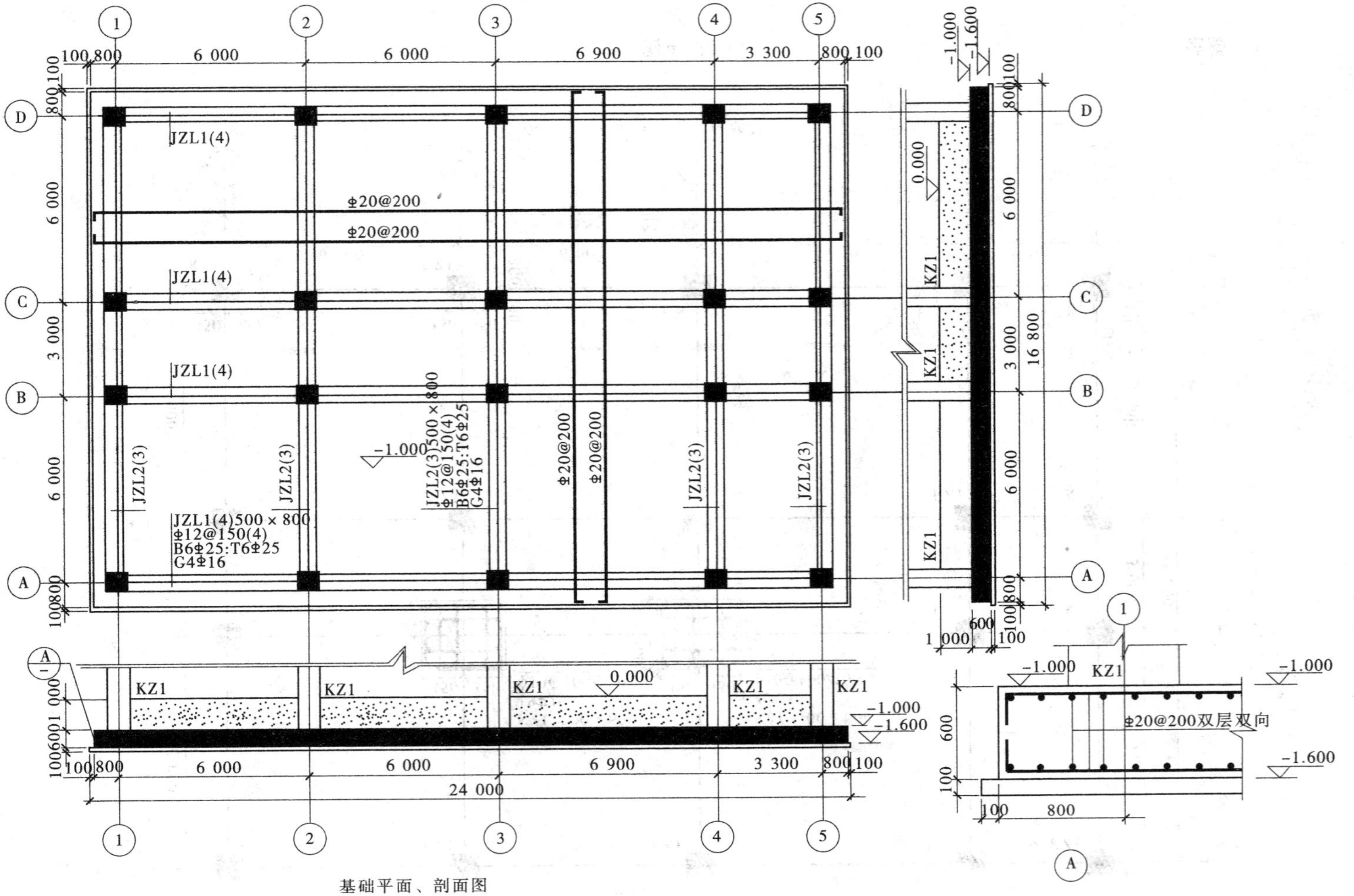

基础平面、剖面图

图 4-11

结施－1

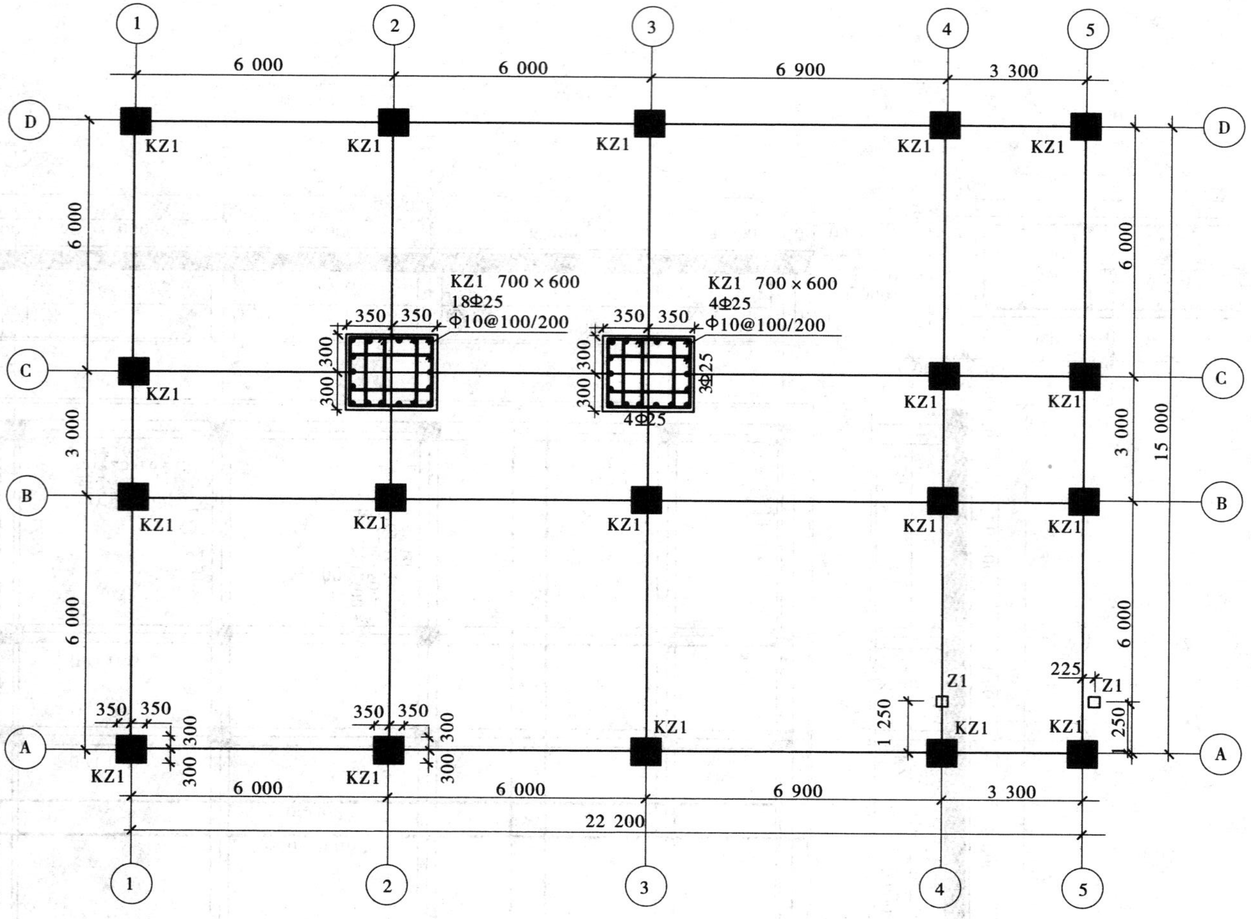

柱子定位配筋图

图 4-12

结施 －2

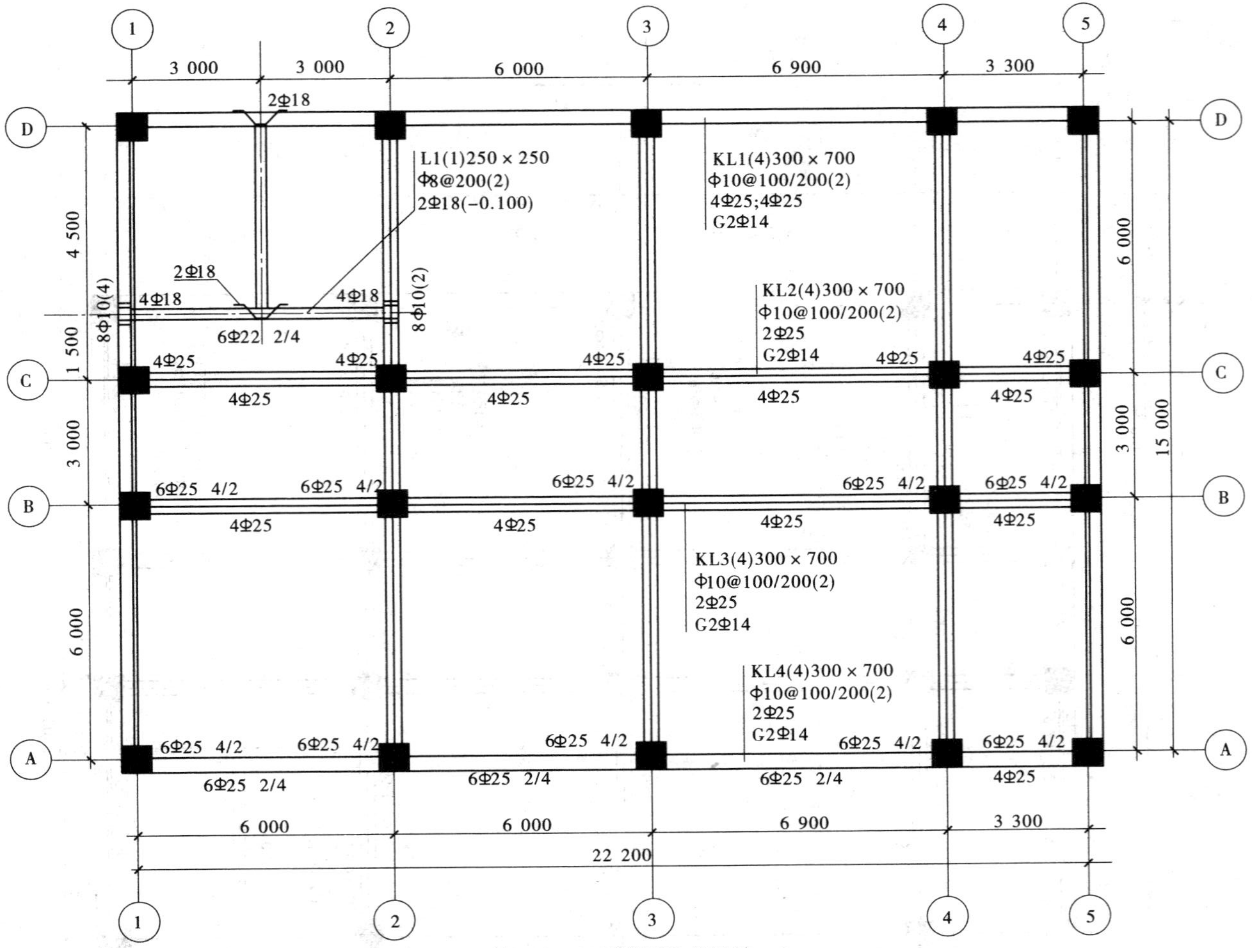

3.55、7.15横梁平法施工图

图 4-13

结施－3

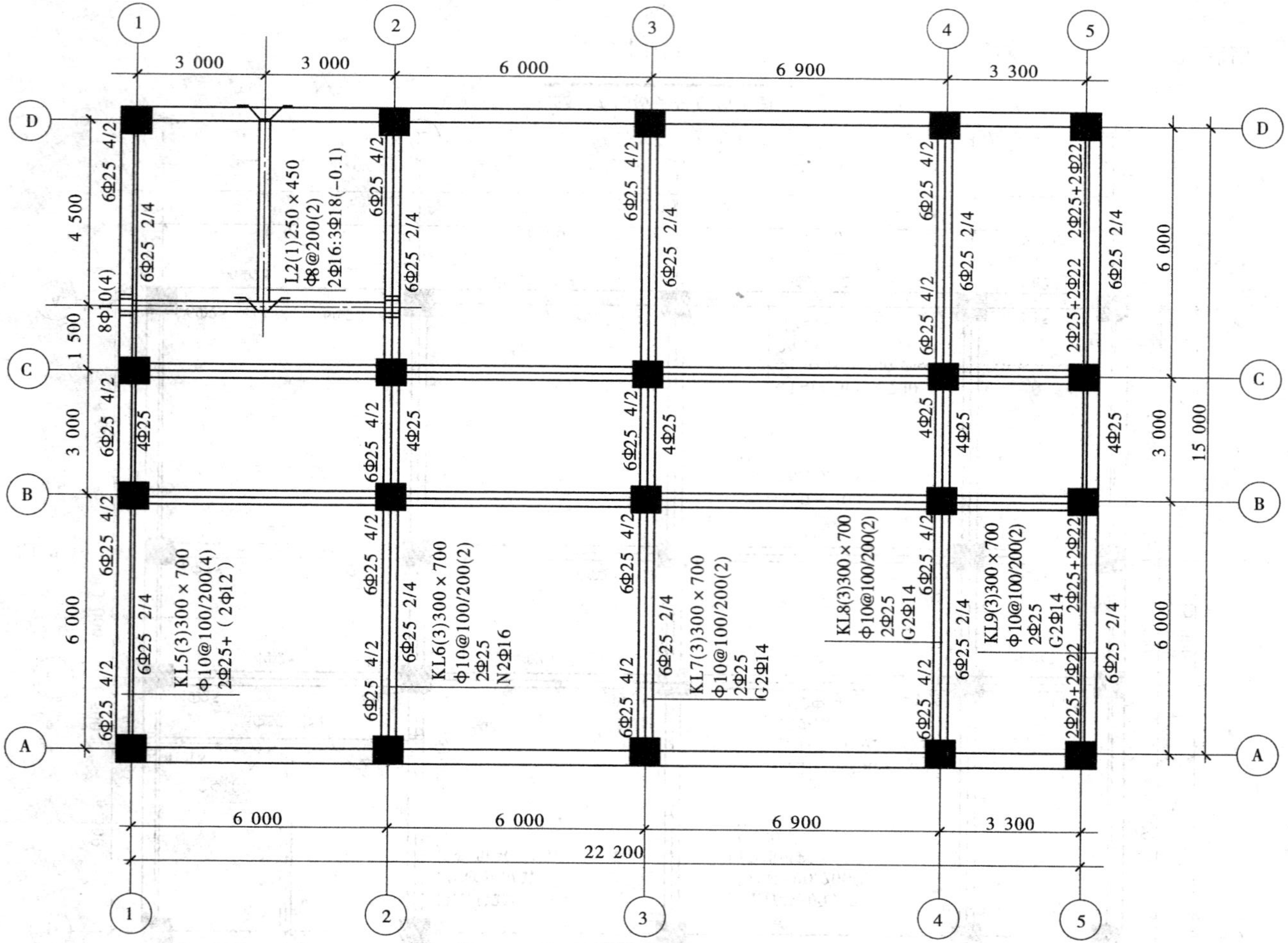

3.55、7.15纵梁平法施工图

图 4-14

结施－4

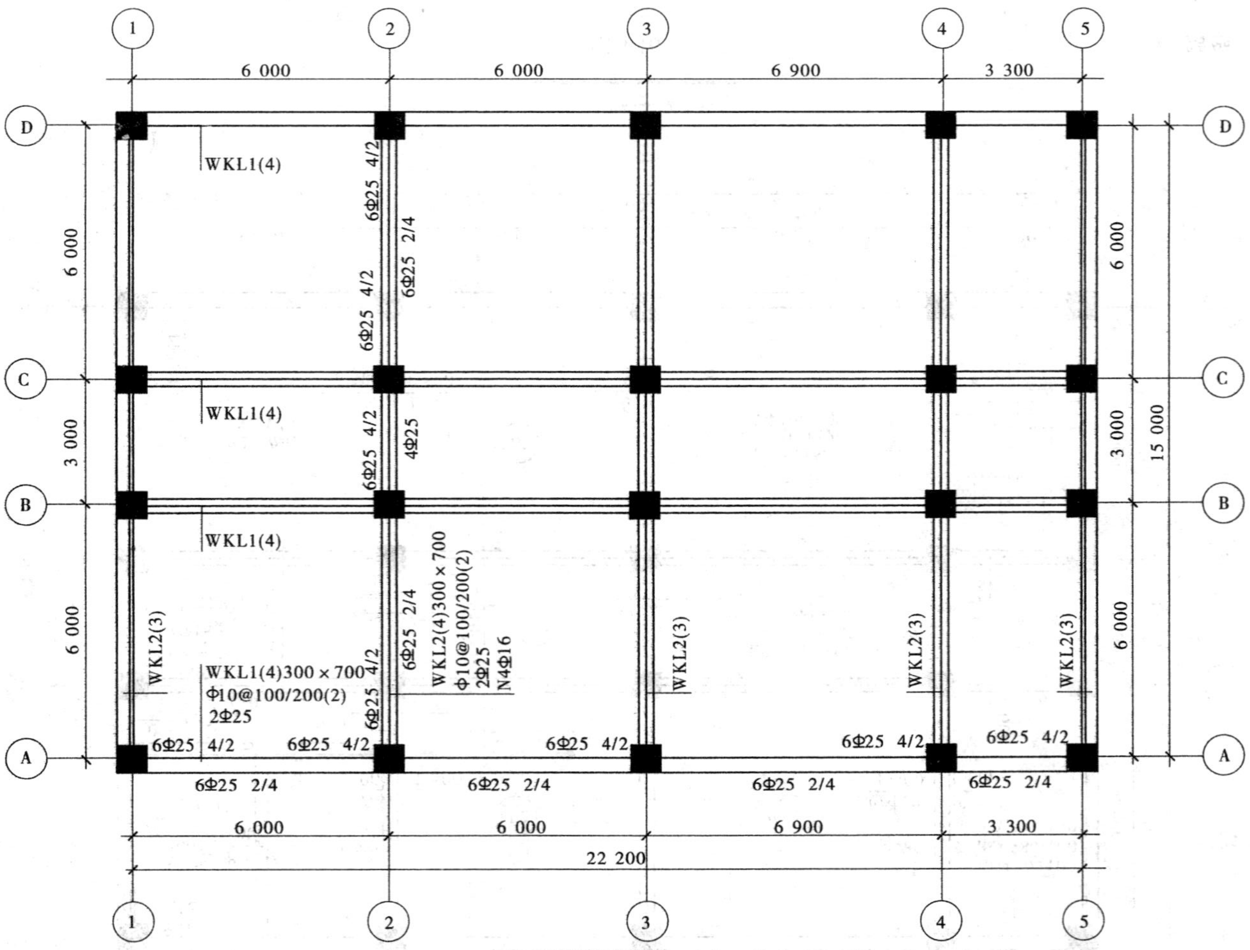

10.75梁平法施工图

图 4-15

结施－5

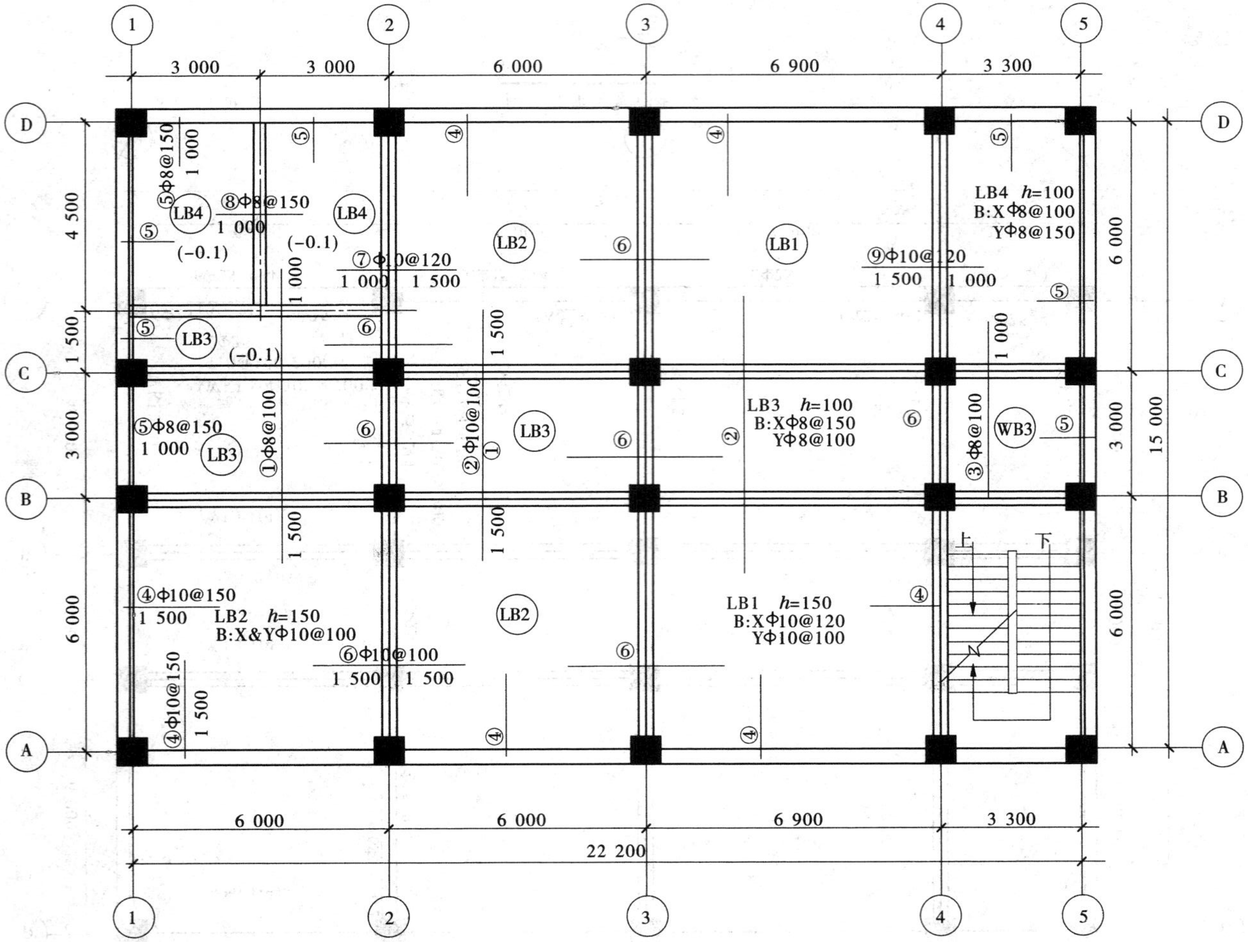

3.55、7.15楼面板平法施工图

图 4-16

结施 －6

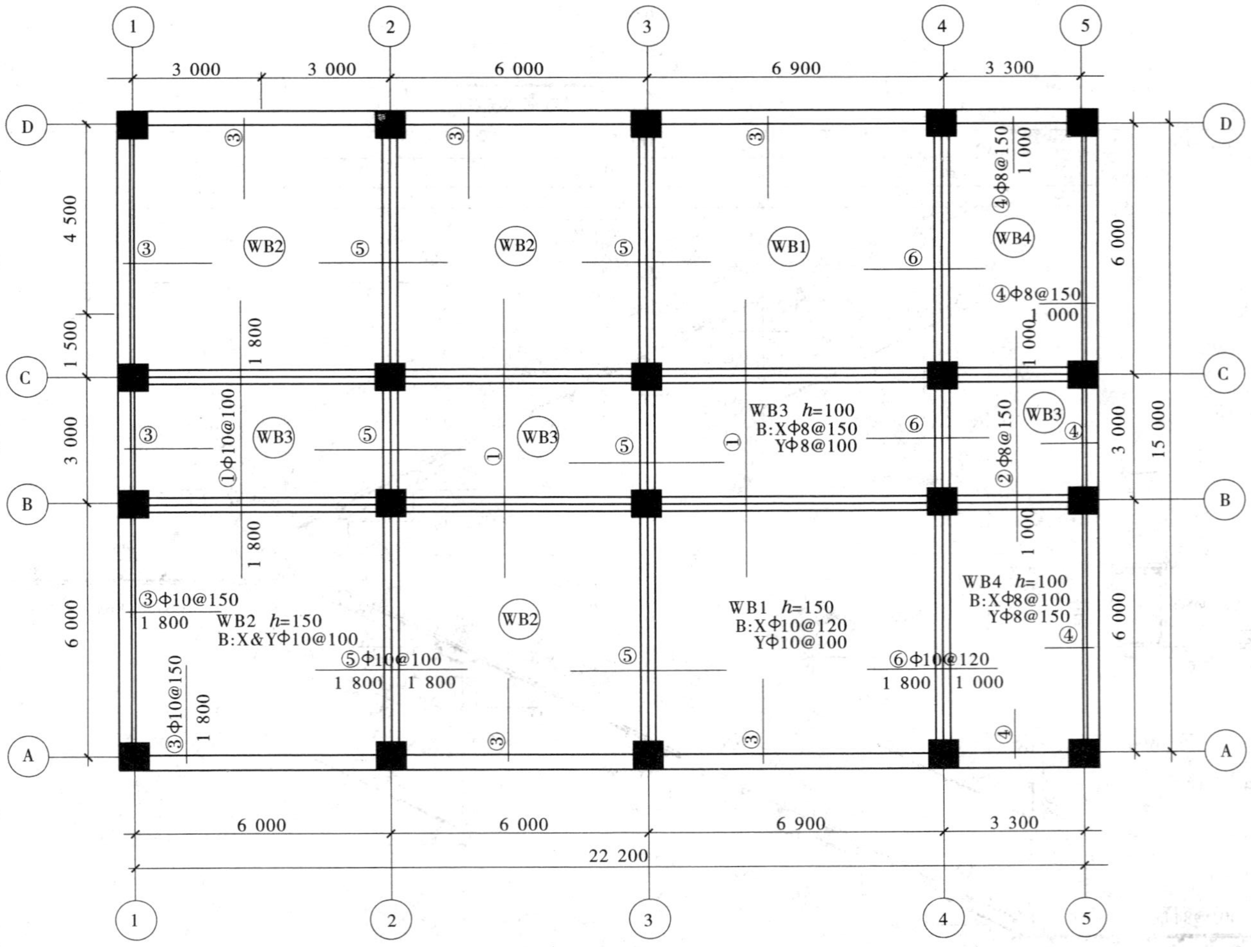

10.75屋面板平法施工图

图 4-17

结施 −7

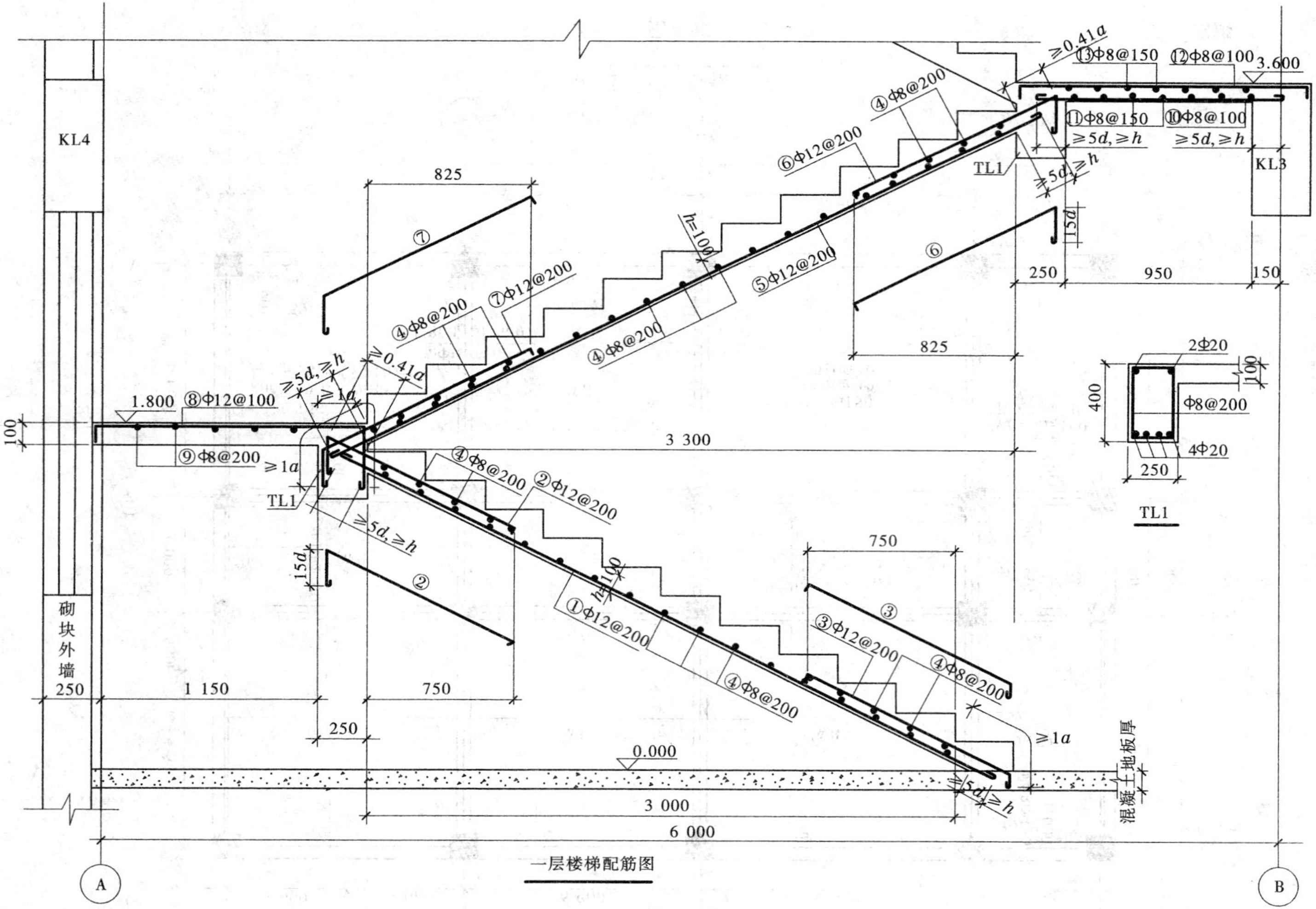
KL4
砌块外墙
250
1.800
⑧Φ12@100
⑨Φ8@200
100
≥5d,≥h
≥1a
≥0.41a
≥1a
TL1
≥5d,≥h
825
⑦
④Φ8@200
⑦Φ12@200
④Φ8@200
h=100
⑤Φ12@200
⑥Φ12@200
④Φ8@200
≥0.41a
⑬Φ8@150
⑫Φ8@100
3.600
①Φ8@150
⑩Φ8@100
≥5d,≥h
≥5d,≥h
TL1
≥5d,≥h
KL3
15d
⑥
250
950
150
825
3 300
2Φ20
100
400
Φ8@200
4Φ20
250
TL1
④Φ8@200
②Φ12@200
15d
②
①Φ12@200
④Φ8@200
750
③
③Φ12@200
④Φ8@200
≥1a
1 150
750
250
0.000
混凝土地板厚
5d,≥h
3 000
6 000
一层楼梯配筋图
A
B

图 4-18

结施 -8(1)

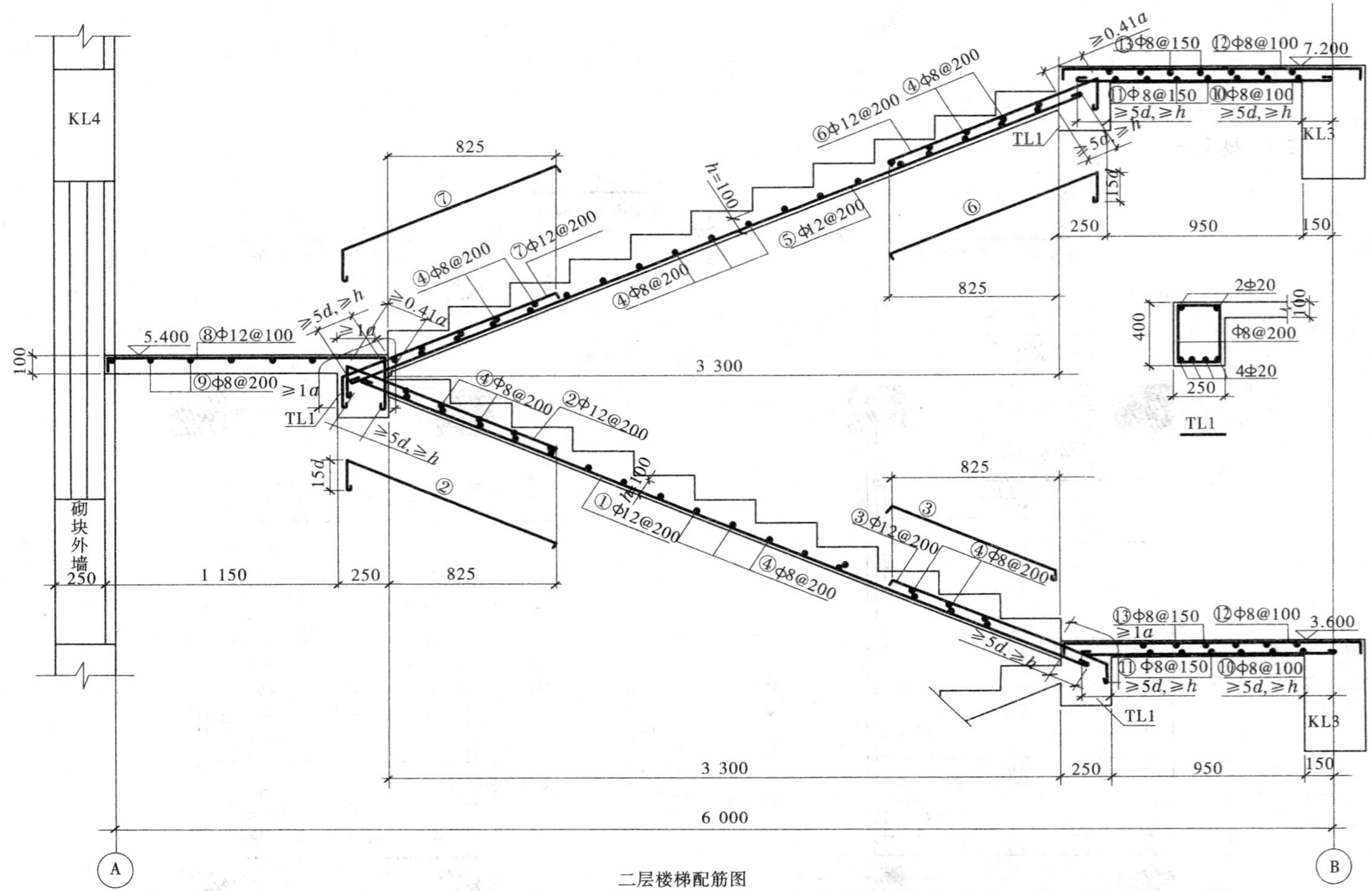

二层楼梯配筋图

续图 4-18

结施－8(2)

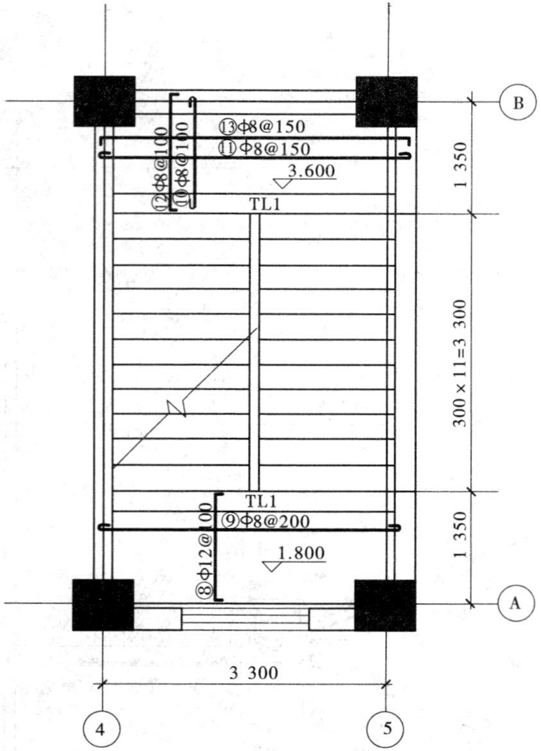

一层楼梯平台配筋图

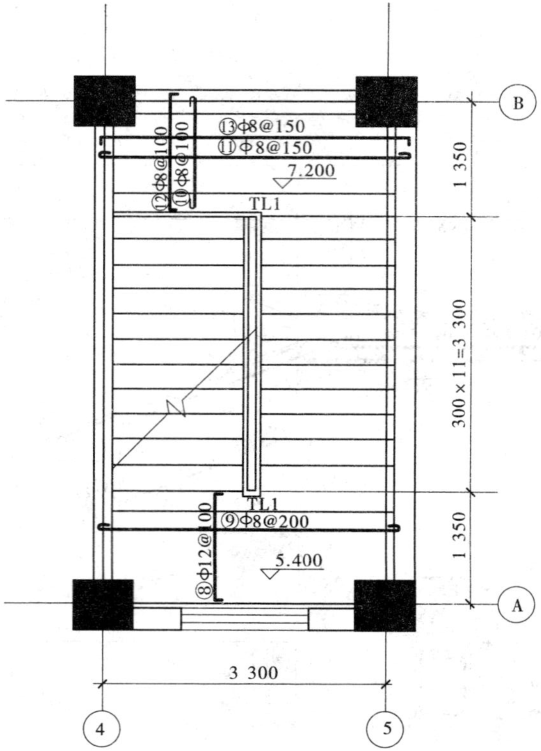

二层楼梯平台配筋图

楼梯平台配筋图

续图 4-18

结施－8(3)

参 考 文 献

[1] 中华人民共和国住房和城乡建设部,中华人民共和国国家质量监督检验检疫总局. GB 50500—2013 建设工程工程量清单计价规范[S]. 北京:中国计划出版社,2013.

[2] 中华人民共和国住房和城乡建设部. GB 50854—2013 房屋建筑与装饰工程工程量计算规范[S]. 北京:中国计划出版社,2013.

[3] 中华人民共和国住房和城乡建设部. GB/T 50353—2013 建筑工程建筑面积计算规范[S]. 北京:中国计划出版社,2013.

[4] 中国建筑标准设计研究院. 11G101 -1 国家建筑标准设计图集[S]. 北京:中国计划出版社,2013.

[5] 中国建筑标准设计研究院. 11G101 -3 国家建筑标准设计图集[S]. 北京:中国计划出版社,2013.

[6] 河南省建筑工程标准定额站. 2008 河南省建设工程工程量清单综合单价 A 建筑工程(上、下册)、B 装饰装修工程[S]. 北京:中国计划出版社,2008.

[7] 孙久艳. 建筑工程造价[M]. 北京:机械工业出版社,2008.

[8] 温艳芳,蔡红新. 建筑工程计量计价[M]. 北京:高等教育出版社,2013.

[9] 王春梅. 工程造价案例分析[M]. 北京:清华大学出版社,2014.